机械设计手册

第 6 版

单行本

轴

弹 簧

主　编　闻邦椿

副主编　鄂中凯　张义民　陈良玉　孙志礼
　　　　宋锦春　柳洪义　巩亚东　宋桂秋

机械工业出版社

《机械设计手册》第6版 单行本共26分册，内容涵盖机械常规设计、机电一体化设计与机电控制、现代设计方法及其应用等内容，具有系统全面、信息量大、内容现代、突显创新、实用可靠、简明便查、便于携带和翻阅等特色。各分册分别为：《常用设计资料和数据》《机械制图与机械零部件精度设计》《机械零部件结构设计》《连接与紧固》《带传动和链传动 摩擦轮传动与螺旋传动》《齿轮传动》《减速器和变速器》《机构设计》《轴 弹簧》《滚动轴承》《联轴器、离合器与制动器》《起重运输机械零部件和操作件》《机架、箱体与导轨》《润滑 密封》《气压传动与控制》《机电一体化技术及设计》《机电系统控制》《机器人与机器人装备》《数控技术》《微机电系统及设计》《机械系统概念设计》《机械系统的振动设计及噪声控制》《疲劳强度设计 机械可靠性设计》《数字化设计》《工业设计与人机工程》《智能设计 仿生机械设计》。

本单行本为《轴 弹簧》，"轴"主要介绍轴的分类、轴的结构设计、轴的强度计算、轴的刚度校核、轴的临界转速校核、钢丝软轴的结构型式和规格、软轴的选择和使用、低速曲轴的受力分析和强度计算等；"弹簧"主要介绍弹簧的基本特性、类型及应用，圆柱螺旋弹簧，多股螺旋弹簧，非线性特性螺旋弹簧，碟形弹簧，开槽碟形弹簧，环形弹簧，板弹簧，片弹簧和线弹簧，平面涡卷弹簧，扭杆弹簧，橡胶弹簧，空气弹簧，弹簧的热处理和强化处理等内容。

本书供从事机械设计、制造、维修及有关工程技术人员作为工具书使用，也可供大专院校的有关专业师生使用和参考。

图书在版编目（CIP）数据

机械设计手册. 轴 弹簧/闻邦椿主编. —6版. —北京：机械工业出版社，2020.1（2023.4重印）
ISBN 978-7-111-64746-1

Ⅰ.①机…　Ⅱ.①闻…　Ⅲ.①机械设计-技术手册②连接轴-技术手册③弹簧-技术手册　Ⅳ.①TH122-62②TH133.2-62③TH135-62

中国版本图书馆 CIP 数据核字（2020）第 024378 号

机械工业出版社（北京市百万庄大街22号　邮政编码100037）
策划编辑：曲彩云　责任编辑：曲彩云　高依楠
责任校对：徐　强　封面设计：马精明
责任印制：常天培
北京机工印刷厂有限公司印刷
2023 年 4 月第 6 版第 2 次印刷
184mm×260mm·14 印张·342 千字
标准书号：ISBN 978-7-111-64746-1
定价：48.00 元

电话服务　　　　　　　　网络服务
客服电话：010-88361066　机　工　官　网：www.cmpbook.com
　　　　　010-88379833　机　工　官　博：weibo.com/cmp1952
　　　　　010-68326294　金　书　网：www.golden-book.com
封底无防伪标均为盗版　机工教育服务网：www.cmpedu.com

出 版 说 明

《机械设计手册》自出版以来，已经进行了 5 次修订，2018 年第 6 版出版发行。截至 2019 年，《机械设计手册》累计发行 39 万套。作为国家级重点科技图书，《机械设计手册》深受广大读者的欢迎和好评，在全国具有很大的影响力。该书曾获得中国出版政府奖提名奖、中国机械工业科学技术奖一等奖、全国优秀科技图书奖二等奖、中国机械工业部科技进步奖二等奖，并多次获得全国优秀畅销书奖等奖项。《机械设计手册》已成为机械设计领域的品牌产品，是机械工程领域最具权威和影响力的大型工具书之一。

《机械设计手册》第 6 版共 7 卷 55 篇，是在前 5 版的基础上吸收并总结了国内外机械工程设计领域中的新标准、新材料、新工艺、新结构、新技术、新产品、新的设计理论与方法，并配合我国创新驱动战略的需求编写而成的。与前 5 版相比，第 6 版无论是从体系还是内容，都在传承的基础上进行了创新。重点充实了机电一体化系统设计、机电控制与信息技术、现代机械设计理论与方法等现代机械设计的最新内容，将常规设计方法与现代设计方法相融合，光、机、电设计融为一体，局部的零部件设计与系统化设计互相衔接，并努力将创新设计的理念贯穿其中。《机械设计手册》第 6 版体现了国内外机械设计发展的新水平，精心诠释了常规与现代机械设计的内涵、全面荟萃凝练了机械设计各专业技术的精华，它将引领现代机械设计创新潮流、成就新一代机械设计大师，为我国实现装备制造强国梦做出重大贡献。

《机械设计手册》第 6 版的主要特色是：体系新颖、系统全面、信息量大、内容现代、突显创新、实用可靠、简明便查。应该特别指出的是，第 6 版手册具有较高的科技含量和大量技术创新性的内容。手册中的许多内容都是编著者多年研究成果的科学总结。这些内容中有不少依托国家 "863 计划" "973 计划" "985 工程" "国家科技重大专项" "国家自然科学基金" 重大、重点和面上项目资助项目。相关项目有不少成果曾获得国际、国家、部委、省市科技奖励、技术专利。这充分体现了手册内容的重大科学价值与创新性。如仿生机械设计、激光及其在机械工程中的应用、绿色设计与和谐设计、微机电系统及设计等前沿新技术；又如产品综合设计理论与方法是闻邦椿院士在国际上首先提出，并综合 8 部专著后首次编入手册，该方法已经在高铁、动车及离心压缩机等机械工程中成功应用，获得了巨大的社会效益和经济效益。

在《机械设计手册》历次修订的过程中，出版社和作者都广泛征求和听取各方面的意见，广大读者在对《机械设计手册》给予充分肯定的同时，也指出《机械设计手册》卷册厚重，不便携带，希望能出版篇幅较小、针对性强、便查便携的更加实用的单行本。为满足读者的需要，机械工业出版社于 2007 年首次推出了《机械设计手册》第 4 版单行本。该单行本出版后很快受到读者的欢迎和好评。《机械设计手册》第 6 版已经面市，为了使读者能按需要、有针对性地选用《机械设计手册》第 6 版中的相关内容并降低购书费用，机械工业出版社在总结《机械设计手册》前几版单行本经验的基础上推出了《机械设计手册》第 6 版单行本。

《机械设计手册》第 6 版单行本保持了《机械设计手册》第 6 版（7 卷本）的优势和特色，依据机械设计的实际情况和机械设计专业的具体情况以及手册各篇内容的相关性，将原手册的 7 卷 55 篇进行精选、合并，重新整合为 26 个分册，分别为：《常用设计资料和数据》《机械制图与机械零部件精度设计》《机械零部件结构设计》《连接与紧固》《带传动和链传动 摩擦轮传动与螺旋传动》《齿轮传动》《减速器和变速器》《机构设计》《轴 弹簧》《滚动轴承》《联轴器、离合器与制动器》《起重运输机械零部件和操作件》《机架、箱体与导轨》《润滑 密封》《气压传动与控制》《机电一体化技术及设计》《机电系统控制》《机器人与机器人装备》《数控技术》《微机电系统及设计》《机械系统概念设计》《机械系统的振动设计及噪声控制》《疲劳强度设计 机械可靠性设计》《数字化设计》《工业设计与人机工程》《智能设计 仿生机械设计》。各分册内容针对性强、篇幅适中、查阅和携带方便，读者可根据需要灵活选用。

《机械设计手册》第 6 版单行本是为了助力我国制造业转型升级、经济发展从高增长迈向高质量，满足广大读者的需要而编辑出版的，它将与《机械设计手册》第 6 版（7 卷本）一起，成为机械设计人员、工程技术人员得心应手的工具书，成为广大读者的良师益友。

由于工作量大、水平有限，难免有一些错误和不妥之处，殷切希望广大读者给予指正。

机械工业出版社

前　言

本版手册为新出版的第 6 版 7 卷本《机械设计手册》。由于科学技术的快速发展，需要我们对手册内容进行更新，增加新的科技内容，以满足广大读者的迫切需要。

《机械设计手册》自 1991 年面世发行以来，历经 5 次修订，截至 2016 年已累计发行 38 万套。作为国家级重点科技图书的《机械设计手册》，深受社会各界的重视和好评，在全国具有很大的影响力，该手册曾获得全国优秀科技图书奖二等奖（1995 年）、中国机械工业部科技进步奖二等奖（1997 年）、中国机械工业科学技术奖一等奖（2011 年）、中国出版政府奖提名奖（2013 年），并多次获得全国优秀畅销书奖等奖项。1994 年，《机械设计手册》曾在我国台湾建宏出版社出版发行，并在海内外产生了广泛的影响。《机械设计手册》荣获的一系列国家和部级奖项表明，其具有很高的科学价值、实用价值和文化价值。《机械设计手册》已成为机械设计领域的一部大型品牌工具书，已成为机械工程领域权威的和影响力较大的大型工具书，长期以来，它为我国装备制造业的发展做出了巨大贡献。

第 5 版《机械设计手册》出版发行至今已有 7 年时间，这期间我国国民经济有了很大发展，国家制定了《国家创新驱动发展战略纲要》，其中把创新驱动发展作为了国家的优先战略。因此，《机械设计手册》第 6 版修订工作的指导思想除努力贯彻"科学性、先进性、创新性、实用性、可靠性"外，更加突出了"创新性"，以全力配合我国"创新驱动发展战略"的重大需求，为实现我国建设创新型国家和科技强国梦做出贡献。

在本版手册的修订过程中，广泛调研了厂矿企业、设计院、科研院所和高等院校等多方面的使用情况和意见。对机械设计的基础内容、经典内容和传统内容，从取材、产品及其零部件的设计方法与计算流程、设计实例等多方面进行了深入系统的整合，同时，还全面总结了当前国内外机械设计的新理论、新方法、新材料、新工艺、新结构、新产品和新技术，特别是在现代设计与创新设计理论与方法、机电一体化及机械系统控制技术等方面做了系统和全面的论述和凝练。相信本版手册会以崭新的面貌展现在广大读者面前，它将对提高我国机械产品的设计水平、推进新产品的研究与开发、老产品的改造，以及产品的引进、消化、吸收和再创新，进而促进我国由制造大国向制造强国跃升，发挥出巨大的作用。

本版手册分为 7 卷 55 篇：第 1 卷　机械设计基础资料；第 2 卷　机械零部件设计（连接、紧固与传动）；第 3 卷　机械零部件设计（轴系、支承与其他）；第 4 卷　流体传动与控制；第 5 卷　机电一体化与控制技术；第 6 卷　现代设计与创新设计（一）；第 7 卷　现代设计与创新设计（二）。

本版手册有以下七大特点：

一、构建新体系

构建了科学、先进、实用、适应现代机械设计创新潮流的《机械设计手册》新结构体系。该体系层次为：机械基础、常规设计、机电一体化设计与控制技术、现代设计与创新设计方法。该体系的特点是：常规设计方法与现代设计方法互相融合，光、机、电设计融为一体，局部的零部件设计与系统化设计互相衔接，并努力将创新设计的理念贯穿于常规设计与现代设计之中。

二、凸显创新性

习近平总书记在 2014 年 6 月和 2016 年 5 月召开的中国科学院、中国工程院两院院士大会上分别提出了我国科技发展的方向就是"创新、创新、再创新",以及实现创新型国家和科技强国的三个阶段的目标和五项具体工作。为了配合我国创新驱动发展战略的重大需求,本版手册突出了机械创新设计内容的编写,主要有以下几个方面:

(1) 新增第 7 卷,重点介绍了创新设计及与创新设计有关的内容。

该卷主要内容有:机械创新设计概论,创新设计方法论,顶层设计原理、方法与应用,创新原理、思维、方法与应用,绿色设计与和谐设计,智能设计,仿生机械设计,互联网上的合作设计,工业通信网络,面向机械工程领域的大数据、云计算与物联网技术,3D 打印设计与制造技术,系统化设计理论与方法。

(2) 在一些篇章编入了创新设计和多种典型机械创新设计的内容。

"第 11 篇　机构设计"篇新增加了"机构创新设计"一章,该章编入了机构创新设计的原理、方法及飞剪机剪切机构创新设计,大型空间折展机构创新设计等多个创新设计的案例。典型机械的创新设计有大型全断面掘进机(盾构机)仿真分析与数字化设计、机器人挖掘机的机电一体化创新设计、节能抽油机的创新设计、产品包装生产线的机构方案创新设计等。

(3) 编入了一大批典型的创新机械产品。

"机械无级变速器"一章中编入了新型金属带式无级变速器,"并联机构的设计与应用"一章中编入了数十个新型的并联机床产品,"振动的利用"一章中新编入了激振器偏移式自同步振动筛、惯性共振式振动筛、振动压路机等十多个典型的创新机械产品。这些产品有的获得了国家或省部级奖励,有的是专利产品。

(4) 编入了机械设计理论和设计方法论等方面的创新研究成果。

1) 闻邦椿院士团队经过长期研究,在国际上首先创建了振动利用工程学科,提出了该类机械设计理论和方法。本版手册中编入了相关内容和实例。

2) 根据多年的研究,提出了以非线性动力学理论为基础的深层次的动态设计理论与方法。本版手册首次编入了该方法并列举了若干应用范例。

3) 首先提出了和谐设计的新概念和新内容,阐明了自然环境、社会环境(政治环境、经济环境、人文环境、国际环境、国内环境)、技术环境、资金环境、法律环境下的产品和谐设计的概念和内容的新体系,把既有的绿色设计篇拓展为绿色设计与和谐设计篇。

4) 全面系统地阐述了产品系统化设计的理论和方法,提出了产品设计的总体目标、广义目标和技术目标的内涵,提出了应该用 IQCTES 六项设计要求来代替 QCTES 五项要求,详细阐明了设计的四个理想步骤,即"3I 调研""7D 规划""1+3+X 实施""5(A+C)检验",明确提出了产品系统化设计的基本内容是主辅功能、三大性能和特殊性能要求的具体实现。

5) 本版手册引入了闻邦椿院士经过长期实践总结出的独特的、科学的创新设计方法论体系和规则,用来指导产品设计,并提出了创新设计方法论的运用可向智能化方向发展,即采用专家系统来完成。

三、坚持科学性

手册的科学水平是评价手册编写质量的重要方面,因此,本版手册特别强调突出内容的科学性。

(1) 本版手册努力贯彻科学发展观及科学方法论的指导思想和方法,并将其落实到手册内容的编写中,特别是在产品设计理论方法的和谐设计、深层次设计及系统化设计的编写中。

(2) 本版手册中的许多内容是编著者多年研究成果的科学总结。这些内容中有不少是国家863、973 计划项目,国家科技重大专项,国家自然科学基金重大、重点和面上项目资助项目的研究成果,有不少成果曾获得国际、国家、部委、省市科技奖励及技术专利,充分体现了本版手册内容的重大科学价值与创新性。

下面简要介绍本版手册编入的几方面的重要研究成果：

1）振动利用工程新学科是闻邦椿院士团队经过长期研究在国际上首先创建的。本版手册中编入了振动利用机械的设计理论、方法和范例。

2）产品系统化设计理论与方法的体系和内容是闻邦椿院士团队提出并加以完善的，编写者依据多年的研究成果和系列专著，经综合整理后首次编入本版手册。

3）仿生机械设计是一门新兴的综合性交叉学科，近年来得到了快速发展，它为机械设计的创新提供了新思路、新理论和新方法。吉林大学任露泉院士领导的工程仿生教育部重点实验室开展了大量的深入研究工作，取得了一系列创新成果且出版了专著，据此并结合国内外大量较新的文献资料，为本版手册构建了仿生机械设计的新体系，编写了"仿生机械设计"篇（第50篇）。

4）激光及其在机械工程中的应用篇是中国科学院长春光学精密机械与物理研究所王立军院士依据多年的研究成果，并参考国内外大量较新的文献资料编写而成的。

5）绿色制造工程是国家确立的五项重大工程之一，绿色设计是绿色制造工程的最重要环节，是一个新的学科。合肥工业大学刘志峰教授依据在绿色设计方面获多项国家和省部级奖励的研究成果，参考国内外大量较新的文献资料为本版手册首次构建了绿色设计新体系，编写了"绿色设计与和谐设计"篇（第48篇）。

6）微机电系统及设计是前沿的新技术。东南大学黄庆安教授领导的微电子机械系统教育部重点实验室多年来开展了大量研究工作，取得了一系列创新研究成果，本版手册的"微机电系统及设计"篇（第28篇）就是依据这些成果和国内外大量较新的文献资料编写而成的。

四、重视先进性

（1）本版手册对机械基础设计和常规设计的内容做了大规模全面修订，编入了大量新标准、新材料、新结构、新工艺、新产品、新技术、新设计理论和计算方法等。

1）编入和更新了产品设计中需要的大量国家标准，仅机械工程材料篇就更新了标准126个，如 GB/T 699—2015《优质碳素结构钢》和 GB/T 3077—2015《合金结构钢》等。

2）在新材料方面，充实并完善了铝及铝合金、钛及钛合金、镁及镁合金等内容。这些材料由于具有优良的力学性能、物理性能以及回收率高等优点，目前广泛应用于航空、航天、高铁、计算机、通信元件、电子产品、纺织和印刷等行业。增加了国内外粉末冶金材料的新品种，如美国、德国和日本等国家的各种粉末冶金材料。充实了国内外工程塑料及复合材料的新品种。

3）新编的"机械零部件结构设计"篇（第4篇），依据11个结构设计方面的基本要求，编写了相应的内容，并编入了结构设计的评估体系和减速器结构设计、滚动轴承部件结构设计的示例。

4）按照 GB/T 3480.1~3—2013（报批稿）、GB/T 10062.1~3—2003 及 ISO 6336—2006 等新标准，重新构建了更加完善的渐开线圆柱齿轮传动和锥齿轮传动的设计计算新体系；按照初步确定尺寸的简化计算、简化疲劳强度校核计算、一般疲劳强度校核计算，编排了三种设计计算方法，以满足不同场合、不同要求的齿轮设计。

5）在"第4卷　流体传动与控制"卷中，编入了一大批国内外知名品牌的新标准、新结构、新产品、新技术和新设计计算方法。在"液力传动"篇（第23篇）中新增加了液黏传动，它是一种新型的液力传动。

（2）"第5卷　机电一体化与控制技术"卷充实了智能控制及专家系统的内容，大篇幅增加了机器人与机器人装备的内容。

机器人是机电一体化特征最为显著的现代机械系统，机器人技术是智能制造的关键技术。由于智能制造的迅速发展，近年来机器人产业呈现出高速发展的态势。为此，本版手册大篇幅增加了"机器人与机器人装备"篇（第 26 篇）的内容。该篇从实用性的角度，编写了串联机器人、并联机器人、轮式机器人、机器人工装夹具及变位机；编入了机器人的驱动、控制、传感、视角和人工智能等共性技术；结合喷涂、搬运、电焊、冲压及压铸等工艺，介绍了机器人的典型应用实例；介绍了服务机器人技术的新进展。

（3）为了配合我国创新驱动战略的重大需求，本版手册扩大了创新设计的篇数，将原第 6 卷扩编为两卷，即新的"现代设计与创新设计（一）"（第 6 卷）和"现代设计与创新设计（二）"（第 7 卷）。前者保留了原第 6 卷的主要内容，后者编入了创新设计和与创新设计有关的内容及一些前沿的技术内容。

本版手册"现代设计与创新设计（一）"卷（第 6 卷）的重点内容和新增内容主要有：

1）在"现代设计理论与方法综述"篇（第 32 篇）中，简要介绍了机械制造技术发展总趋势、在国际上有影响的主要设计理论与方法、产品研究与开发的一般过程和关键技术、现代设计理论的发展和根据不同的设计目标对设计理论与方法的选用。闻邦椿院士在国内外首次按照系统工程原理，对产品的现代设计方法做了科学分类，克服了目前产品设计方法的论述缺乏系统性的不足。

2）新编了"数字化设计"篇（第 40 篇）。数字化设计是智能制造的重要手段，并呈现应用日益广泛、发展更加深刻的趋势。本篇编入了数字化技术及其相关技术、计算机图形学基础、产品的数字化建模、数字化仿真与分析、逆向工程与快速原型制造、协同设计、虚拟设计等内容，并编入了大型全断面掘进机（盾构机）的数字化仿真分析和数字化设计、摩托车逆向工程设计等多个实例。

3）新编了"试验优化设计"篇（第 41 篇）。试验是保证产品性能与质量的重要手段。本篇以新的视觉优化设计构建了试验设计的新体系、全新内容，主要包括正交试验、试验干扰控制、正交试验的结果分析、稳健试验设计、广义试验设计、回归设计、混料回归设计、试验优化分析及试验优化设计常用软件等。

4）将手册第 5 版的"造型设计与人机工程"篇改编为"工业设计与人机工程"篇（第 42 篇），引入了工业设计的相关理论及新的理念，主要有品牌设计与产品识别系统（PIS）设计、通用设计、交互设计、系统设计、服务设计等，并编入了机器人的产品系统设计分析及自行车的人机系统设计等典型案例。

（4）"现代设计与创新设计（二）"卷（第 7 卷）主要编入了创新设计和与创新设计有关的内容及一些前沿技术内容，其重点内容和新编内容有：

1）新编了"机械创新设计概论"篇（第 44 篇）。该篇主要编入了创新是我国科技和经济发展的重要战略、创新设计的发展与现状、创新设计的指导思想与目标、创新设计的内容与方法、创新设计的未来发展战略、创新设计方法论的体系和规则等。

2）新编了"创新设计方法论"篇（第 45 篇）。该篇为创新设计提供了正确的指导思想和方法，主要编入了创新设计方法论的体系、规则，创新设计的目的、要求、内容、步骤、程序及科学方法，创新设计工作者或团队的四项潜能，创新设计客观因素的影响及动态因素的作用，用科学哲学思想来统领创新设计工作，创新设计方法论的应用，创新设计方法论应用的智能化及专家系统，创新设计的关键因素及制约的因素分析等内容。

3）创新设计是提高机械产品竞争力的重要手段和方法，大力发展创新设计对我国国民经济发展具有重要的战略意义。为此，编写了"创新原理、思维、方法与应用"篇（第47篇）。除编入了创新思维、原理和方法，创新设计的基本理论和创新的系统化设计方法外，还编入了29种创新思维方法、30种创新技术、40种发明创造原理，列举了大量的应用范例，为引领机械创新设计做出了示范。

4）绿色设计是实现低资源消耗、低环境污染、低碳经济的保护环境和资源合理利用的重要技术政策。本版手册中编入了"绿色设计与和谐设计"篇（第48篇）。该篇系统地论述了绿色设计的概念、理论、方法及其关键技术。编者结合多年的研究实践，并参考了大量的国内外文献及较新的研究成果，首次构建了系统实用的绿色设计的完整体系，包括绿色材料选择、拆卸回收产品设计、包装设计、节能设计、绿色设计体系与评估方法，并给出了系列典型范例，这些对推动工程绿色设计的普遍实施具有重要的指引和示范作用。

5）仿生机械设计是一门新兴的综合性交叉学科，本版手册新编入了"仿生机械设计"篇（第50篇），包括仿生机械设计的原理、方法、步骤，仿生机械设计的生物模本，仿生机械形态与结构设计，仿生机械运动学设计，仿生机构设计，并结合仿生行走、飞行、游走、运动及生机电仿生手臂，编入了多个仿生机械设计范例。

6）第55篇为"系统化设计理论与方法"篇。装备制造机械产品的大型化、复杂化、信息化程度越来越高，对设计方法的科学性、全面性、深刻性、系统性提出的要求也越来越高，为了满足我国制造强国的重大需要，亟待创建一种能统领产品设计全局的先进设计方法。该方法已经在我国许多重要机械产品（如动车、大型离心压缩机等）中成功应用，并获得重大的社会效益和经济效益。本版手册对该系统化设计方法做了系统论述并给出了大型综合应用实例，相信该系统化设计方法对我国大型、复杂、现代化机械产品的设计具有重要的指导和示范作用。

7）本版手册第7卷还编入了与创新设计有关的其他多篇现代化设计方法及前沿新技术，包括顶层设计原理、方法与应用，智能设计，互联网上的合作设计，工业通信网络，面向机械工程领域的大数据、云计算与物联网技术，3D打印设计与制造技术等。

五、突出实用性

为了方便产品设计者使用和参考，本版手册对每种机械零部件和产品均给出了具体应用，并给出了选用方法或设计方法、设计步骤及应用范例，有的给出了零部件的生产企业，以加强实际设计的指导和应用。本版手册的编排尽量采用表格化、框图化等形式来表达产品设计所需要的内容和资料，使其更加简明、便查；对各种标准采用摘编、数据合并、改排和格式统一等方法进行改编，使其更为规范和便于读者使用。

六、保证可靠性

编入本版手册的资料尽可能取自原始资料，重要的资料均注明来源，以保证其可靠性。所有数据、公式、图表力求准确可靠，方法、工艺、技术力求成熟。所有材料、零部件、产品和工艺标准均采用新公布的标准资料，并且在编入时做到认真核对以避免差错。所有计算公式、计算参数和计算方法都经过长期检验，各种算例、设计实例均来自工程实际，并经过认真的计算，以确保可靠。本版手册编入的各种通用的及标准化的产品均说明其特点及适用情况，并注明生产厂家，供设计人员全面了解情况后选用。

七、保证高质量和权威性

本版手册主编单位东北大学是国家211、985重点大学、"重大机械关键设计制造共性技术" 985创新平台建设单位、2011国家钢铁共性技术协同创新中心建设单位，建有"机械设计及理论国家重点学科"和"机械工程一级学科"。由东北大学机械及相关学科的老教授、老专家和中青年学术精英组成了实力强大的大型工具书编写团队骨干，以及一批来自国家重点高校、研究院所、大型企业等 30 多个单位、近 200 位专家、学者组成了高水平编审团队。编审团队成员的大多数都是所在领域的著名资深专家，他们具有深广的理论基础、丰富的机械设计工作经历、丰富的工具书编纂经验和执着的敬业精神，从而确保了本版手册的高质量和权威性。

在本版手册编写中，为便于协调，提高质量，加快编写进度，编审人员以东北大学的教师为主，并组织邀请了清华大学、上海交通大学、西安交通大学、浙江大学、哈尔滨工业大学、吉林大学、天津大学、华中科技大学、北京科技大学、大连理工大学、东南大学、同济大学、重庆大学、北京化工大学、南京航空航天大学、上海师范大学、合肥工业大学、大连交通大学、长安大学、西安建筑科技大学、沈阳工业大学、沈阳航空航天大学、沈阳建筑大学、沈阳理工大学、沈阳化工大学、重庆理工大学、中国科学院长春光学精密机械与物理研究所、中国科学院沈阳自动化研究所等单位的专家、学者参加。

在本版手册出版之际，特向著名机械专家、本手册创始人、第 1 版及第 2 版的主编徐灏教授致以崇高的敬意，向历次版本副主编邱宣怀教授、蔡春源教授、严隽琪教授、林忠钦教授、余俊教授、汪恺总工程师、周士昌教授致以崇高的敬意，向参加本手册历次版本的编写单位和人员表示衷心感谢，向在本手册历次版本的编写、出版过程中给予大力支持的单位和社会各界朋友们表示衷心感谢，特别感谢机械科学研究总院、郑州机械研究所、徐州工程机械集团公司、北方重工集团沈阳重型机械集团有限责任公司和沈阳矿山机械集团有限责任公司、沈阳机床集团有限责任公司、沈阳鼓风机集团有限责任公司及辽宁省标准研究院等单位的大力支持。

由于编者水平有限，手册中难免有一些不尽如人意之处，殷切希望广大读者批评指正。

主编　闻邦椿

目　　录

出版说明

前言

第 12 篇　轴

第 1 章　概　　述

1　轴的分类 …………………………… 12-3
2　轴的设计特点和步骤 ………………… 12-3
3　轴的常用材料 ……………………… 12-3

第 2 章　轴的结构设计

1　轴上零件的布置 …………………… 12-6
2　轴上零件的定位与固定 …………… 12-7
　2.1　轴上零件的轴向定位与固定 …… 12-7
　2.2　轴上零件的周向定位与固定 …… 12-9
3　提高轴疲劳强度的结构措施 ……… 12-10
4　轴伸和轴颈的结构尺寸 …………… 12-11
　4.1　圆柱形轴伸结构尺寸 …………… 12-11
　4.2　圆锥形轴伸结构尺寸 …………… 12-12
　4.3　滑动轴承的轴颈和轴端润滑油孔 … 12-15
　4.4　旋转电动机轴伸的结构尺寸 …… 12-16
5　轴的结构工艺性 …………………… 12-18
6　轴的零件工作图 …………………… 12-19

第 3 章　轴的强度计算

1　按转矩估算轴径 …………………… 12-22
2　按当量弯矩近似计算轴的强度 …… 12-22
3　轴安全系数的精确校核计算 ……… 12-24
　3.1　轴的疲劳强度安全系数校核 …… 12-24
　3.2　轴的静强度安全系数校核 ……… 12-27
4　轴的强度计算实例 ………………… 12-32

第 4 章　轴的刚度校核

1　轴的弯曲刚度校核 ………………… 12-36
　1.1　能量法 ………………………… 12-36
　1.2　当量直径法 …………………… 12-38

2　轴的扭转刚度校核 ………………… 12-39
3　轴的刚度计算实例 ………………… 12-40

第 5 章　轴的临界转速

1　不带圆盘的均质轴的临界转速 …… 12-43
2　带圆盘的轴的临界转速 …………… 12-44
3　光轴的一阶临界转速计算 ………… 12-44
4　轴的临界转速计算示例 …………… 12-46

第 6 章　钢丝软轴

1　软轴的结构型式和规格 …………… 12-48
　1.1　钢丝软轴的结构与规格 ………… 12-49
　1.2　软管的结构与规格 …………… 12-49
　1.3　软轴的接头及连接 …………… 12-51
　1.4　软管的接头及连接 …………… 12-51
　1.5　防逆转装置 …………………… 12-52
2　软轴的选择和使用 ………………… 12-53
　2.1　软轴的选择 …………………… 12-53
　2.2　软轴使用时的注意事项 ………… 12-53

第 7 章　低 速 曲 轴

1　曲轴的结构设计 …………………… 12-54
　1.1　曲轴的设计要求 ……………… 12-54
　1.2　曲轴的结构 …………………… 12-54
　1.3　提高曲轴强度的工艺措施 ……… 12-56
2　曲轴的受力分析与计算 …………… 12-56
　2.1　曲轴的受力分析 ……………… 12-56
　2.2　曲轴应力集中系数的计算 ……… 12-57
　2.3　曲轴的强度计算 ……………… 12-58
　　2.3.1　曲轴的静强度计算 ………… 12-58
　　2.3.2　曲轴的疲劳强度计算 ……… 12-59

参考文献 …………………………… 12-60

第 16 篇　弹　簧

第 1 章　弹簧的基本特性、类型及应用

1　弹簧的基本特性 ……………………………… 16-3
　1.1　刚度和特性线 …………………………… 16-3
　1.2　变形能 …………………………………… 16-3
　1.3　自振频率 ………………………………… 16-4
　1.4　强迫振动时振幅 ………………………… 16-4
2　弹簧的类型、性能及应用 …………………… 16-5

第 2 章　圆柱螺旋弹簧

1　圆柱螺旋弹簧的结构型式、代号及参数
　系列 …………………………………………… 16-10
2　弹簧材料、载荷类型及许用应力 …………… 16-12
3　圆柱螺旋压缩弹簧的设计 …………………… 16-18
　3.1　弹簧结构和载荷-变形图 ……………… 16-18
　3.2　设计计算与参数选择 …………………… 16-19
　3.3　弹簧强度校核、稳定性校核与共振
　　　验算 ……………………………………… 16-33
　3.4　组合弹簧的设计计算 …………………… 16-34
　3.5　圆柱螺旋压缩弹簧压力调整结构 ……… 16-34
　3.6　设计计算示例 …………………………… 16-35
4　圆柱螺旋拉伸弹簧的设计 …………………… 16-37
　4.1　弹簧结构和载荷-变形图 ……………… 16-37
　4.2　设计计算与参数选择 …………………… 16-37
　4.3　弹簧强度校核 …………………………… 16-45
　　4.3.1　疲劳强度校核 ……………………… 16-45
　　4.3.2　钩环强度校核 ……………………… 16-45
　4.4　圆柱螺旋拉伸弹簧拉力调整结构 ……… 16-45
　4.5　设计计算示例 …………………………… 16-46
5　圆柱螺旋扭转弹簧的设计 …………………… 16-47
　5.1　弹簧结构和载荷-变形图 ……………… 16-47
　5.2　圆柱螺旋扭转弹簧基本计算公式 ……… 16-47
　5.3　弹簧疲劳强度校核 ……………………… 16-48
　5.4　设计计算示例 …………………………… 16-49
6　圆柱螺旋弹簧技术要求 ……………………… 16-51
　6.1　弹簧特性和尺寸的极限偏差 …………… 16-51
　6.2　弹簧的热处理和其他技术要求 ………… 16-54
7　矩形截面圆柱螺旋压缩弹簧 ………………… 16-54
　7.1　矩形截面圆柱螺旋压缩弹簧的计算
　　　公式 ……………………………………… 16-54
　7.2　矩形截面圆柱螺旋压缩弹簧有关参数

　　　的选择 …………………………………… 16-56

第 3 章　多股螺旋弹簧

1　多股螺旋弹簧的类型、结构及特性 ……… 16-57
2　多股螺旋弹簧的材料及许用应力 ………… 16-57
3　多股螺旋弹簧的设计计算 ………………… 16-58
4　多股螺旋弹簧的技术要求 ………………… 16-58

第 4 章　非线性特性螺旋弹簧

1　圆锥螺旋压缩弹簧 ………………………… 16-62
　1.1　圆锥螺旋压缩弹簧的结构及
　　　特性线 ………………………………… 16-62
　1.2　圆锥螺旋压缩弹簧的设计计算 ……… 16-62
2　截锥涡卷螺旋弹簧 ………………………… 16-64
　2.1　截锥涡卷螺旋弹簧的特性线 ………… 16-64
　2.2　截锥涡卷螺旋弹簧的材料及许用
　　　应力 …………………………………… 16-64
　2.3　设计计算 …………………………………… 16-64

第 5 章　碟 形 弹 簧

1　碟形弹簧的结构和尺寸系列 ……………… 16-66
2　碟形弹簧的设计计算 ……………………… 16-70
　2.1　单片碟形弹簧的设计计算 …………… 16-70
　2.2　组合碟形弹簧的设计计算 …………… 16-72
3　碟形弹簧的许用应力和疲劳极限 ………… 16-72
4　碟形弹簧的技术要求 ……………………… 16-73
5　设计计算示例 ……………………………… 16-74
6　碟形弹簧工作图 …………………………… 16-76
7　膜片碟簧 …………………………………… 16-76
　7.1　膜片碟簧的特点及用途 ……………… 16-76
　7.2　膜片碟簧的设计计算 ………………… 16-77

第 6 章　开槽碟形弹簧

1　开槽碟形弹簧的特性曲线 ………………… 16-79
2　开槽碟形弹簧设计参数的选择 …………… 16-79
3　开槽碟形弹簧的设计计算 ………………… 16-80
　3.1　计算载荷 ……………………………… 16-80
　3.2　变形量 ………………………………… 16-80
　3.3　计算应力 ……………………………… 16-80
　3.4　特性曲线 ……………………………… 16-80
4　设计计算示例 ……………………………… 16-80

第7章　环形弹簧

1　环形弹簧的结构、特点和应用 ……… 16-82
2　环形弹簧的材料和许用应力 ………… 16-82
3　环形弹簧的设计计算 ………………… 16-82
　3.1　设计参数选择 …………………… 16-82
　3.2　基本计算公式 …………………… 16-83
4　环形弹簧的技术要求 ………………… 16-84

第8章　板　弹　簧

1　板弹簧的类型与结构 ………………… 16-85
　1.1　板弹簧的类型 …………………… 16-85
　1.2　板弹簧的结构 …………………… 16-86
　　1.2.1　弹簧钢板的截面形状 ……… 16-86
　　1.2.2　主板端部结构 ……………… 16-86
　　1.2.3　副板端部结构 ……………… 16-87
　　1.2.4　板弹簧固定结构 …………… 16-87
2　板弹簧的材料及许用应力 …………… 16-88
　2.1　板弹簧的材料 …………………… 16-88
　2.2　板弹簧的许用应力 ……………… 16-88
3　板弹簧的设计计算 …………………… 16-89
　3.1　单板弹簧的设计计算 …………… 16-89
　3.2　多板弹簧的设计计算 …………… 16-89
　　3.2.1　多板弹簧主要形状尺寸参数的
　　　　　选择 ………………………… 16-89
　　3.2.2　多板弹簧的展开计算法 …… 16-91
　　3.2.3　多板弹簧的共同曲率计算法 … 16-93
　3.3　变刚度和变截面板弹簧的设计计算 … 16-93
　　3.3.1　变刚度板弹簧的设计计算 … 16-93
　　3.3.2　变截面板弹簧的设计计算 … 16-93
4　板弹簧的技术要求 …………………… 16-95

第9章　片弹簧和线弹簧

1　片弹簧 ………………………………… 16-97
　1.1　片弹簧的结构和特点 …………… 16-97
　1.2　片弹簧的应力集中 ……………… 16-97
　1.3　片弹簧的材料和许用应力 ……… 16-98
　1.4　片弹簧的设计计算 ……………… 16-98
　1.5　片弹簧技术要求 ……………… 16-102
　1.6　设计计算示例 ………………… 16-102
2　线弹簧 ……………………………… 16-103
　2.1　线弹簧的基本计算公式 ……… 16-103
　2.2　设计计算示例 ………………… 16-104

第10章　平面涡卷弹簧

1　平面涡卷弹簧的特点和类型 ……… 16-105

2　平面涡卷弹簧的材料和许用应力 … 16-105
3　平面涡卷弹簧的设计计算 ………… 16-105
　3.1　非接触型平面涡卷弹簧的设计
　　　计算 …………………………… 16-105
　3.2　接触型平面涡卷弹簧的设计计算 … 16-106
　　3.2.1　结构和特性线 …………… 16-106
　　3.2.2　设计计算 ………………… 16-106
4　平面涡卷弹簧的技术要求 ………… 16-108
　4.1　材料尺寸系列 ………………… 16-108
　4.2　各尺寸与几何参数的允许偏差 … 16-108
5　设计计算示例 ……………………… 16-108

第11章　扭杆弹簧

1　扭杆弹簧的结构和特点 …………… 16-110
2　扭杆弹簧的材料和许用应力 ……… 16-110
3　扭杆弹簧的端部结构和有效工作长度 … 16-111
　3.1　扭杆弹簧的端部结构 ………… 16-111
　3.2　扭杆弹簧的有效工作长度 …… 16-111
4　扭杆弹簧的设计计算 ……………… 16-112
　4.1　单根扭杆弹簧的设计计算 …… 16-112
　4.2　扭杆弹簧和转臂组合时的设计计算 … 16-113
5　扭杆弹簧的技术要求 ……………… 16-114
6　设计计算示例 ……………………… 16-114

第12章　橡　胶　弹　簧

1　橡胶弹簧的特点、类型及结构 …… 16-116
　1.1　橡胶弹簧的特点和类型 ……… 16-116
　1.2　橡胶弹簧的形状和结构 ……… 16-116
2　橡胶弹簧的材料和许用应力 ……… 16-116
　2.1　材料的选择 …………………… 16-116
　2.2　弹簧结构对疲劳寿命的影响 … 16-117
　2.3　许用应力和许用应变 ………… 16-117
3　橡胶材料的静弹性特性 …………… 16-117
4　橡胶材料的动弹性特性 …………… 16-118
5　橡胶弹簧的设计计算 ……………… 16-118
　5.1　单块橡胶弹簧的设计计算 …… 16-118
　5.2　组合橡胶弹簧的设计计算 …… 16-124
　5.3　橡胶弹簧不同组合方式的刚度
　　　计算 …………………………… 16-125
　5.4　橡胶弹簧的稳定性计算 ……… 16-126
6　设计计算示例 ……………………… 16-126
7　橡胶-金属螺旋复合弹簧设计计算 … 16-127
　7.1　橡胶-金属螺旋复合弹簧的结构
　　　型式及代号 …………………… 16-127
　7.2　橡胶-金属螺旋复合弹簧的主要计算
　　　公式 …………………………… 16-128

7.3 橡胶-金属螺旋复合弹簧的选用 …… 16—128
7.4 橡胶-金属螺旋复合弹簧的技术要求 … 16—129

第13章 空 气 弹 簧

1 空气弹簧的结构和特性 …………… 16—130
2 空气弹簧的刚度计算 ……………… 16—130
　2.1 空气弹簧的轴向刚度 …………… 16—131
　2.2 空气弹簧的径向刚度 …………… 16—132
3 空气弹簧的强度计算 ……………… 16—133

第14章 弹簧的热处理和强化处理

1 弹簧的热处理 ……………………… 16—135
　1.1 弹簧热处理的目的、要求和方法…… 16—135
　1.2 弹簧的预备热处理 ……………… 16—135
　1.3 弹簧的去应力回火 ……………… 16—136
　　1.3.1 常用弹簧钢材料的去应力
　　　　　回火 ………………………… 16—136
　　1.3.2 去应力回火温度对弹簧力学性能
　　　　　的影响 ……………………… 16—136
　　1.3.3 去应力回火温度和保温时间
　　　　　对拉伸弹簧初拉力的影响……… 16—137
　1.4 弹簧的淬火和回火 ……………… 16—137
　1.5 弹簧的等温淬火 ………………… 16—138
　1.6 碳素弹簧钢的热处理 …………… 16—138
　1.7 不锈钢的热处理 ………………… 16—139
　　1.7.1 不锈钢热处理的方法与选择…… 16—139
　　1.7.2 奥氏体不锈弹簧钢稳定回火
　　　　　处理 ………………………… 16—139
　　1.7.3 马氏体不锈弹簧钢的热处理…… 16—139
　　1.7.4 沉淀硬化不锈弹簧钢的热
　　　　　处理 ………………………… 16—139
　1.8 合金弹簧钢的热处理 …………… 16—139
　　1.8.1 硅锰弹簧钢的热处理 ………… 16—140
　　1.8.2 铬钒弹簧钢和铬锰弹簧钢的热
　　　　　处理 ………………………… 16—140
　　1.8.3 高强度弹簧钢的热处理 ……… 16—141
　　1.8.4 硅锰弹簧钢新钢种的热处理 … 16—141
　　1.8.5 耐热弹簧钢的热处理 ………… 16—141
　　1.8.6 高速弹簧钢的热处理 ………… 16—141
　1.9 铜合金弹簧材料的热处理 ……… 16—141
　　1.9.1 锡青铜的热处理 ……………… 16—141
　　1.9.2 铍铜的热处理 ………………… 16—141
　　1.9.3 硅青铜的热处理 ……………… 16—142
　　1.9.4 铝青铜的热处理 ……………… 16—142
　1.10 高温弹性合金和钛合金的热处理 … 16—142
　　1.10.1 高温弹性合金的热处理 …… 16—142
　　1.10.2 钛合金的热处理 …………… 16—143
2 弹簧的强化处理 …………………… 16—144
　2.1 弹簧的立定处理 ………………… 16—144
　2.2 弹簧的强压处理 ………………… 16—145
　2.3 弹簧的喷丸处理 ………………… 16—145
参考文献 ……………………………… 16—147

第 12 篇　轴

主　编　巩云鹏
编写人　巩云鹏　张伟华
审稿人　孙志礼

第 5 版
轴

主　编　张伟华
编写人　张伟华　巩云鹏
审稿人　孙志礼　刘　杰

第1章 概　　述

轴是机械的重要组成零件。它通过轴承与机架相连，装在轴上的零件（如齿轮、带轮、联轴器等）都围绕轴心线做回转运动，形成了一个以轴为基础的轴系部件。所以轴的设计不能只考虑轴本身，必须和装在轴上的零部件一起考虑。轴的设计应考虑多方面的因素和要求，其中主要问题是轴的材料、结构、强度和刚度，对于高速运转的轴还应考虑振动稳定性问题。

1 轴的分类

（1）按轴承受载荷情况分

1）转轴。支承传动零件又传递动力，即同时承受转矩和弯矩的轴。

2）心轴。只支承传动零件而不传递动力，即只承受弯矩的轴。心轴又分为固定心轴（工作时轴不转动）和转动心轴（工作时轴转动）。

3）传动轴。主要起传递动力作用，即主要承受转矩的轴。

（2）按轴的结构形状分

1）光轴；

2）阶梯轴；

3）实心轴；

4）空心轴。

（3）按轴心线形状分

1）直轴；

2）曲轴；

3）钢丝软轴。

2 轴的设计特点和步骤

由于在轴的具体结构确定之前，轴上力的作用点和支点跨距未知，不能精确计算弯矩，所以轴的设计程序是先结构设计，后强度校核，对不满足强度要求的部位，修改结构设计再校核强度，即结构设计和强度计算交替进行。

轴设计的基本准则是：

1）保证轴具有足够的强度和刚度，使用中不发生断裂和过大的弹性变形；

2）轴的结构具有良好的加工工艺性，轴上零件定位可靠、装拆方便。

轴设计的步骤如下：

1）根据机械传动方案的整体布局，确定轴上零件的布置和装配方案；

2）选择轴的材料；

3）按纯转矩作用，估算轴的最小直径；

4）根据轴上零件的定位和装拆要求，确定各轴段的轴向尺寸和径向尺寸；

5）进行轴的强度和刚度计算；

6）进行轴承的寿命计算、键连接的强度计算；

7）对转速较高、跨距较大、外伸端较长的轴进行临界转速计算；

8）根据计算结果修改设计；

9）绘制轴的零件工作图。

3 轴的常用材料

轴的材料种类很多，设计时主要根据对轴的强度、刚度、耐磨性等要求，以及为实现这些要求而采用的热处理方式，同时考虑制造工艺问题加以选用，力求经济合理。

轴的常用材料是35、45、50优质碳素结构钢，最常用的是45钢。对于受载较小或不太重要的轴，也可用Q235、Q275等普通碳素结构钢。对于受力较大的情形，轴的尺寸和重量受到限制，以及有某些特殊要求的轴，可采用合金钢。

球墨铸铁和一些高强度铸铁，由于铸造性能好，容易铸成复杂形状，且减振性能好，应力集中敏感性低，支点位移的影响小，故常用于制造外形复杂的轴。特别是我国研制成功的稀土-镁球墨铸铁，冲击韧度好，同时具有减摩、吸振和对应力集中敏感性小等优点，已用于制造汽车、拖拉机、机床上的重要轴类零件。

根据工作条件要求，轴可在加工前或加工后经过整体或表面处理，以及表面强化处理（如喷丸、辊压等）和化学处理（如渗碳、渗氮、氮化等），以提高其强度（尤其是疲劳强度）和耐磨、耐蚀等性能。

在一般工作温度下，合金钢的弹性模量与碳素钢相近，所以只为了提高轴的刚度而选用合金钢是不合适的。

轴一般由轧制圆钢或锻件经切削加工制造。轴的直径较小，可用圆钢棒制造；对于重要的、大直径或阶梯直径变化较大的轴，采用锻坯制造。为节约金属和提高工艺性，直径大的轴还可以制成空心的，并且带有焊接的或者锻造的凸缘。

对于形状复杂的轴（如凸轮轴、曲轴）可采

用铸造。

轴的常用材料及力学性能见表 12.1-1。

表 12.1-1 轴的常用材料及力学性能

材料牌号	热处理	毛坯直径 /mm	硬度 HBW	抗拉强度 R_m	屈服强度 R_{eL}	弯曲疲劳极限 σ_{-1}	扭转疲劳极限 τ_{-1}	许用静应力 $[\sigma_{+1}]$	许用疲劳应力 $[\sigma_{-1}]$	备 注
							MPa			
Q235, Q235F	—	—	—	440	240	180	105	176	120~138	用于不重要或载荷不大的轴
20	正火	25	≤156	420	250	180	100	168	120~138	用于载荷不大,要求韧性较高的轴
20	正火	≤100	103~156	400	220	165	95	160	110~127	
20	正火	>100~300	103~156	380	200	155	90	152	103~119	
20	回火	>300~500	103~156	370	190	150	85	148	100~115	
20	回火	>500~700	103~156	360	180	145	80	144	96~111	
35	正火	25	≤187	540	320	230	130	216	153~176	应用较广泛
35	正火	≤100	149~187	520	270	210	120	208	140~161	
35	正火	>100~300	149~187	500	260	205	115	200	136~158	
35	正火	>300~500	143~187	480	240	190	110	192	126~146	
35	回火	>500~750	137~187	460	230	185	105	184	123~142	
35	回火	>750~1000	137~187	440	220	175	100	176	116~134	
35	调质	≤100	156~207	560	300	230	130	224	153~177	
35	调质	>100~300	156~207	540	280	220	125	216	146~169	
45	正火	25	≤241	610	360	260	150	244	173~200	应用最广泛
45	正火	≤100	170~217	600	300	240	140	240	160~184	
45	正火	>100~300	162~217	580	290	235	135	238	156~180	
45	正火	>300~500	162~217	560	280	225	130	224	150~173	
45	回火	>500~750	156~217	540	270	215	125	216	143~165	
45	调质	≤200	217~255	650	360	270	155	260	180~207	
40Cr	调质	25		1000	800	485	280	400	269~323	用于载荷较大,而无很大冲击的重要轴
40Cr	调质	≤100	241~286	750	550	350	200	300	194~233	
40Cr	调质	>100~300	229~269	700	500	320	185	280	177~213	
40Cr	调质	>300~500	229~269	650	450	295	170	260	163~196	
40Cr	调质	>500~800	217~255	600	350	255	145	240	170~196	
35SiMn (42SiMn)	调质	25		900	750	445	255	360	178~247	性能接近于40Cr,用于中小型轴
35SiMn (42SiMn)	调质	≤100	229~286	800	520	355	205	320	197~236	
35SiMn (42SiMn)	调质	>100~300	217~269	750	450	320	185	300	213~246	
35SiMn (42SiMn)	调质	>300~400	217~255	700	400	295	170	280	196~227	
35SiMn (42SiMn)	调质	>400~500	196~255	650	380	275	160	260	183~211	
40MnB	调质	25		1000	800	485	280	400	269~323	性能接近于40Cr,用于重要的轴
40MnB	调质	≤200	241~286	750	500	335	195	300	186~223	
40CrNi	调质	25		1000	800	485	280	400	269~323	用于很重要的轴
35CrMo	调质	25		1000	850	50	285	400	200~277	性能接近于40CrNi,用于重载荷的轴
35CrMo	调质	≤100	207~269	750	550	350	200	300	194~233	
35CrMo	调质	>100~300	207~269	700	500	320	185	280	177~213	
35CrMo	调质	>300~500	207~269	650	450	295	170	260	163~196	
35CrMo	调质	>500~800	207~269	600	400	270	155	240	150~180	

（续）

材料牌号	热处理	毛坯直径 /mm	硬 度 HBW	抗拉强度 R_m	屈服强度 R_{eL}	弯曲疲劳极限 σ_{-1}	扭转疲劳极限 τ_{-1}	许用静应力 $[\sigma_{+1}]$	许用疲劳应力 $[\sigma_{-1}]$	备 注
							MPa			
38SiMnMo	调质	≤100	229~286	750	600	360	210	300	200~240	性能接近于35CrMo
		>100~300	217~269	700	550	335	195	280	186~223	
		>300~500	196~241	650	500	310	175	260	172~206	
		>500~800	187~241	600	400	270	155	240	150~180	
37SiMn-2MoV	调质	25		1000	850	495	285	400	198~275	用于高强度、大尺寸及重载荷的轴
		≤200	269~302	880	700	425	245	352	236~283	
		>200~400	241~286	830	650	395	230	332	219~263	
		>400~600	241~269	780	600	370	215	312	205~246	
38Cr-MoAlA	调质	30	229	1000	850	495	285	400	198~275	用于要求高耐磨性、高强度且热处理变形很小的（氮化）轴
20Cr	渗碳淬火回火	15	表面 56~62 HRC	850	550	375	215	340	208~250	用于要求强度和韧性均较高的轴（如某些齿轮轴、蜗杆等）
		30		650	400	280	160	260	155~186	
		≤60		650	400	280	160	260	155~186	
20CrMnTi	渗碳淬火回火	15	表面 56~62 HRC	1100	850	525	300	440	291~350	
10Cr13	调质	≤60	187~217	600	420	275	155	240	152~183	用于在腐蚀条件下工作的轴
20Cr13	调质	≤100	197~248	660	450	295	170	264	163~196	
06Cr18-Ni11Ti	淬火	≤60	≤192	550	220	205	120	220	136~157	用于在高、低温及强腐蚀条件下工作的轴
		>60~180		540	200	195	115	216	130~150	
		>100~200		500	200	185	105	200	123~142	
QT400-15			156~197	400	300	145	125	100		用于结构形状复杂的轴
QT450-10			170~207	450	330	160	140	112		
QT500-7			187~255	500	380	180	155	125		
QT600-3			197~269	600	420	215	185	150		

注：1. 表中所列疲劳极限数值，均按下式计算 $\sigma_{-1} \approx 0.27 (R_m + R_{eL})$，$\tau_{-1} \approx 0.156 (R_m + R_{eL})$。

2. 其他性能，一般可取 $\tau_s \approx (0.55 \sim 0.62) R_{eL}$，$\sigma_0 \approx 1.4 \sigma_{-1}$，$\tau_0 \approx 1.5 \tau_{-1}$。

3. 球墨铸铁 $\sigma_{-1} \approx 0.36 R_m$，$\tau_{-1} \approx 0.31 R_m$。

4. 许用静应力 $[\sigma_{+1}] = R_m / [S_s]$，许用疲劳应力 $[\sigma_{-1}] = \sigma_{-1} / [S]$。

5. 选用 $[\sigma_{-1}]$ 值时，重要零件取较小值，一般零件取较大值。

第2章　轴的结构设计

轴的结构决定于受载情况、轴上零件的布置和固定方式、轴承的类型和尺寸、轴的毛坯、制造和装配工艺及安装、运输等条件。轴的结构应尽量减小应力集中，受力合理，有良好工艺性，并使轴上零件定位可靠，装拆方便。对于要求刚度大的轴，还应在结构上考虑减小轴的变形。

由于影响轴的结构因素较多，故轴不可能有标准的结构形式，必须根据情况具体分析比较，确定方案。

1　轴上零件的布置

在拟定轴上零件的布置方案时，应考虑以下几个方面：

1) 载荷流的合理分配。图 12.2-1a 中，输入齿轮布置在轴的右端，转矩流不合理。图 12.2-1b 中输入齿轮位于中部，转矩双向分流，轴上最大转矩降低，布局合理。

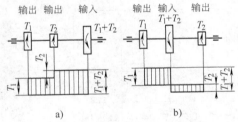

a) b)

图 12.2-1　轴上转矩的合理分流

2) 支承载荷的合理分配。图 12.2-2a 中，由于齿轮啮合力及带传动周向拉力的作用，轴承 1 的支承力较大，图 12.2-2b 中 1 和 2 两轴承载荷接近，结构合理。

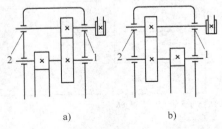

a) b)

图 12.2-2　支承载荷的合理分配

3) 减载结构。图 12.2-3 中，V 带轮 5 上的周向拉力由套筒 7 承受，减轻了转轴 1 上的载荷。图

12.2-4a 的方案是大齿轮和卷筒连在一起，转矩经大齿轮直接传给卷筒，卷筒轴只受弯矩而不受转矩；而图 12.2-4b 的方案是大齿轮将转矩通过轴传到卷筒，因而卷筒轴既受弯矩又受转矩。在同样的载荷 F_Q 作用下，图 12.2-4a 中轴的直径显然可比图 12.2-4b 中的轴径小。图 12.2-5a 所示转动心轴设计改为图

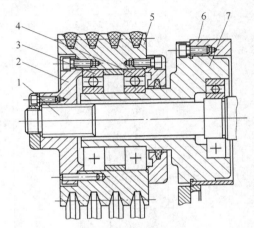

图 12.2-3　轴的减载结构

1—轴　2、7—套筒　3、4—轴承
5—V 带轮　6—机体

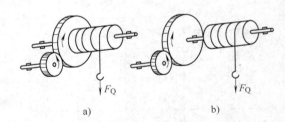

a) b)

图 12.2-4　起重卷筒的两种安装方案

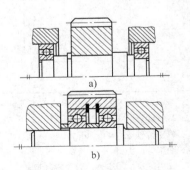

a)

b)

图 12.2-5　转动心轴改变为固定心轴

12.2-5b 固定心轴设计, 使轴由承受交变应力改为静

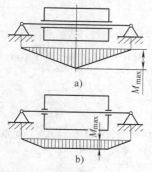

a)

M_{max}

b)

M_{max}

图 12.2-6　卷筒的两种轮毂结构

应力, 提高了强度。图 12.2-6a 中卷筒的轮毂很长, 轴的弯曲力矩较大, 如把轮毂分成两段 (见图 12.2-6b), 不仅可以减小轴的弯矩, 提高轴的强度和刚度, 而且能得到良好的轴孔配合。

2　轴上零件的定位与固定

零件与轴的固定或连接方式, 随零件的作用而异。一般情况下, 为了保证零件在轴上具有确定的工作位置, 需从轴向和周向加以固定。

2.1　轴上零件的轴向定位与固定 (见表 12.2-1)

表 12.2-1　轴上零件轴向固定方法及特点

固定方法	简　　图	特　　点
轴肩、轴环	轴肩　　轴环	结构简单, 定位可靠, 可承受较大轴向力。常用于齿轮、链轮、带轮、联轴器和轴承等定位 为保证零件紧靠定位面, 应使 $r < c$ 或 $r < R$ 轴肩高度 a 应大于 R 或 c, 通常取 $$a = (0.07 \sim 0.1)d$$ 轴环宽度 $b \approx 1.4a$ 与滚动轴承相配合处的 a 与 r 值应根据滚动轴承的类型与尺寸确定 (见滚动轴承篇) 轴肩配合处的圆角半径与倒角尺寸推荐值见表 12.2-2
轴套		结构简单, 定位可靠, 轴上不需开槽、钻孔和切制螺纹, 因而不影响轴的疲劳强度。一般用于零件间距较小的场合, 以免增加结构重量。轴的转速很高时不宜采用
锁紧挡圈		结构简单, 不能承受大的轴向力, 不宜用于高速。常用于光轴上零件的固定 螺钉锁紧挡圈的结构尺寸见 GB/T 884—1986
圆锥面		能消除轴与轮毂间的径向间隙, 装拆较方便, 可兼做周向固定, 能承受冲击载荷。多用于轴端零件固定, 常与轴端压板或螺母联合使用, 使零件获得双向轴向固定 圆锥形轴伸见 GB/T 1570—2005
圆螺母		固定可靠, 装拆方便, 可承受较大轴向力。由于轴上切制螺纹, 使轴的疲劳强度降低。常用双圆螺母或圆螺母与止动垫圈固定轴端零件, 当零件间距较大时, 亦可用圆螺母代替轴套以减小结构重量 圆螺母和止动垫圈的结构尺寸见 GB/T 810—1988, GB/T 812—1988 及 GB/T 858—1988

（续）

固定方法	简　图	特　　点
轴端挡圈		适用于固定轴端零件，可承受剧烈振动和冲击载荷 螺钉(螺栓)紧固轴端挡圈的结构尺寸见 GB/T 891—1986、GB/T 892—1986
轴端挡板		适用于心轴和轴端固定，既可轴向定位又可周向定位，只能承受小的轴向力
弹性挡圈		结构简单紧凑，只能承受很小的轴向力，常用于固定滚动轴承 轴用弹性挡圈的结构尺寸见 GB/T 894.1—1986
紧定螺钉		适用于轴向力很小，转速很低或仅为防止零件偶然沿轴向滑动的场合。为防止螺钉松动，可加锁圈 紧定螺钉亦起周向固定作用 紧定螺钉用孔的结构尺寸见 GB/T 71—1985
胀紧连接套		既用于轴向定位也用于周向定位 轴不需加工键槽，提高了轴的强度。对中性好，压紧力可调整，多次拆卸能保持良好的配合性质。轴的加工精度要求不高 可方便地在轴向和周向调整安装位置，拆装方便

表 12.2-2　轴肩配合处的圆角半径与倒角尺寸推荐值（GB/T 6403.4—2008）　　　（mm）

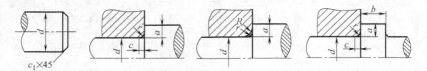

轴直径 d	<3	>3~6	>6~10	>10~18	>18~30	>30~50	>50~80	>80~120	>120~180
R、c 或 c_1	0.2	0.4	0.6	0.8	1.0	1.6	2.0	2.5	3.0
轴直径 d	>180~250	>250~320	>320~400	>400~500	>500~630	>630~800	>800~1000	>1000~1250	>1250~1600
R、c 或 c_1	4.0	5.0	6.0	8.0	10	12	16	20	25

注：1. 为确保零件可靠定位，应使 $r<c$ 或 $r<R$；轴肩高度 $a=(2\sim3)R$ 或 $a=(2\sim3)c$。轴环宽度 $b\approx1.4h$。
　　2. 与滚动轴承相配合处的 h 与 r 值应根据滚动轴承的类型与尺寸确定（见滚动轴承篇）。

2.2　轴上零件的周向定位与固定（见表 12.2-3）

表 12.2-3　轴上零件的周向定位与固定方式及特点

固定方法	简　图	特　点
平键		制造简单，装拆方便，对中性好。用于较高精度、高转速及受冲击或变载荷作用下的固定连接中，还可用于一般要求的导向连接中 齿轮、蜗轮、带轮与轴的连接常用此形式 平键断面及键槽见 GB/T 1096—2003 导向平键见 GB/T 1097—2003
楔键		能传递转矩，同时能承受单向轴向力。由于装配后造成轴上零件的偏心或偏斜，故不适于要求严格对中、有冲击载荷及高速传动连接 楔键及键槽见 GB/T 1563~1565—2003
切向键		可传递较大的转矩，对中性差，对轴的削弱较大，常用于重型机械中 一个切向键只能传递一个方向的转矩，传递双向转矩时，需用两个互成 120° 的切向键，见 GB/T 1974—2003
花键		有矩形、渐开线及三角形花键之分 承载能力高、定心性及导向性好，制造困难，成本较高。适于载荷较大，对定心精度要求较高的滑动连接或固定连接 三角形齿细小，适于轴径小、轻载或薄壁套筒的连接，见 GB/T 1144—2001
滑键		键固定在轮毂上，随轮毂一同沿轴上键槽做轴向移动 常用于轴向移动距离较大的场合
半圆键		键在轴上键槽中能绕其几何中心摆动，故便于轮毂往轴上装配，但轴上键槽很深，削弱了轴的强度 用于载荷较小的连接或作为辅助性连接，也用于锥形轴及轮毂连接，见 GB/T 1098~1099—2003

（续）

固定方法	简　图	特　点
圆柱销	$d_0 \approx (0.1 \sim 0.3)d$ $l_0 \approx (3 \sim 4)d_0$	适用于轮毂宽度较小（如 $l/d < 0.6$），用键连接难以保证轮毂和轴可靠固定的场合。这种连接一般采用过盈配合，并可同时采用几只圆柱销。为避免钻孔时钻头偏斜，要求轴和轮毂的硬度差不能太大
圆锥销		用于固定不太重要、受力不大但同时需要轴向固定的零件，或作为安全装置使用。由于在轴上钻孔，对强度削弱较大，故对重载的轴不宜采用。有冲击或振动时可采用开尾锥销
过盈配合		结构简单，对中性好，承载能力高，可同时起周向和轴向固定作用，但不宜用于常拆卸的场合。对于过盈量在中等以下的配合，常与平键连接同时采用，以承受较大的交变、振动和冲击载荷

3　提高轴疲劳强度的结构措施

　　轴的破坏多属于疲劳破坏。在轴的截面变化处（如轴肩、键槽、横孔、环槽等），会产生应力集中，因此轴的疲劳破坏多发生在这些部位。所以设计轴的结构时应力求降低应力集中。表 12.2-4 列出了降低轴上应力集中的主要措施。

　　由于轴表面的工作应力最大，故提高轴的表面质量也是提高轴的疲劳强度的有力措施。提高轴的表面质量包括减小轴的表面粗糙度，对轴表面进行处理，如热处理、机械处理和化学处理等，都能达到提高轴的疲劳强度的目的。

表 12.2-4　降低轴应力集中的主要措施举例

结构名称	措　　施			
圆角	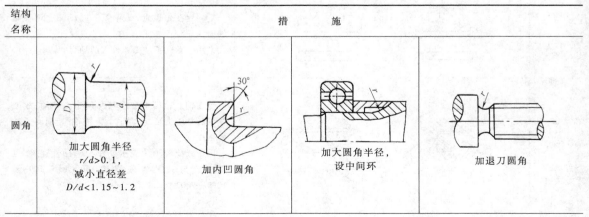			
	加大圆角半径 $r/d > 0.1$，减小直径差 $D/d < 1.15 \sim 1.2$	加内凹圆角	加大圆角半径，设中间环	加退刀圆角

（续）

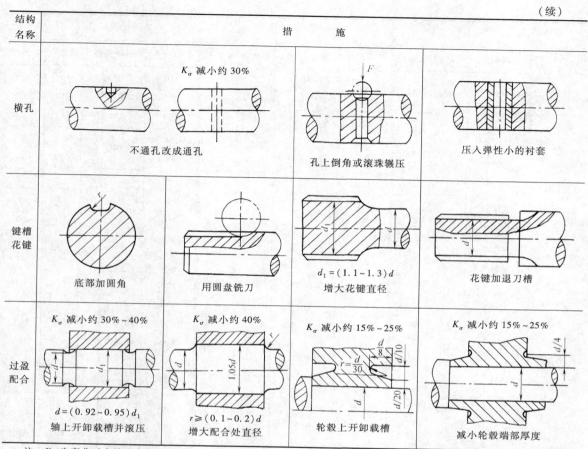

结构名称	措　　施			
横孔	不通孔改成通孔	K_σ 减小约 30%	孔上倒角或滚珠辗压	压入弹性小的衬套
键槽花键	底部加圆角	用圆盘铣刀	增大花键直径 $d_1 = (1.1 \sim 1.3)d$	花键加退刀槽
过盈配合	轴上开卸载槽并滚压 $d = (0.92 \sim 0.95)d_1$ K_σ 减小约 30% ~ 40%	增大配合处直径 $r \geqslant (0.1 \sim 0.2)d$ K_σ 减小约 40%	轮毂上开卸载槽 K_σ 减小约 15% ~ 25%	减小轮毂端部厚度 K_σ 减小约 15% ~ 25%

注：K_σ 为弯曲时有效应力集中系数，其减小值为概略值，仅供参考。

4　轴伸和轴颈的结构尺寸

4.1　圆柱形轴伸结构尺寸 （见表 12.2-5）

表 12.2-5　圆柱形轴伸结构尺寸 （GB/T 1569—2005）　　　　　（mm）

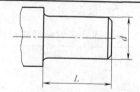

d		L		d		L		d		L	
公称尺寸	极限偏差	长系列	短系列	公称尺寸	极限偏差	长系列	短系列	公称尺寸	极限偏差	长系列	短系列
6	+0.006 −0.002	16	—	10	+0.007 −0.002	23	20	18	+0.008 −0.003	40	28
7				11				19			
8	+0.007 −0.002 j6	20		12 14	+0.008 −0.003 j6	30	25	20 22	+0.009 −0.004 j6	50	36
9		16		16		40	28	24			

（续）

公称尺寸	极限偏差	长系列	短系列	公称尺寸	极限偏差	长系列	短系列	公称尺寸	极限偏差	长系列	短系列
25	+0.009 −0.004 j6	60	42	80	+0.030 +0.011			240	+0.046 +0.017	410	330
28				85	+0.035 +0.013	170	130	250			
30		80	58	90				260	+0.052 +0.020		
32				95				280		470	380
35				100				300			
38				110		210	165	320	+0.057 +0.021		
40	+0.018 +0.002 k6	110	82	120				340		550	450
42				125	+0.040 +0.015			360			
45				130				380			
48				140		250	200	400	+0.063 +0.023	650	540
50				150				420	m6		
55				160				440			
56				170	m6	300	240	450			
60	+0.030 +0.001 m6	140	105	180				460			
63				190	+0.046 +0.017	350	280	480			
65				200				500		800	680
70				220				530	+0.070 +0.026		
71								560			
75								600			
								630			

注：1. 直径大于 630~1250mm 的轴伸直径和长度系列可参见原标准附录 A。

　　2. 本表适用于一般机器之间的连接并传递转矩的场合。

4.2　圆锥形轴伸结构尺寸 （见表 12.2-6~表 12.2-9）

表 12.2-6　直径 220mm 以下的圆锥形轴伸形式与尺寸（GB/T 1570—2005）　　　　（mm）

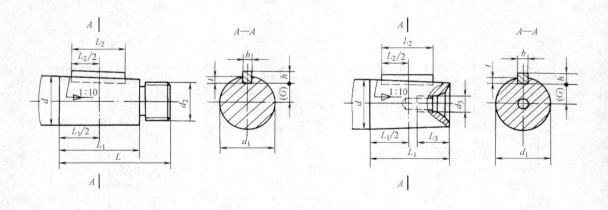

（续）

长 系 列

d	L	L₁	L₂	b	h	d_1	t	(G)	d_2	d_3	L₃
6	16	10	6	—	—	5.5			M4	—	—
7						6.5					
8	20	12	8			7.4	—		M6		
9						8.4					
10	23	15	12	2	2	9.25					
11						10.25	1.2	3.9			
12	30	18	16			11.1		4.3	M8×1	M4	10
14				3	3	13.1	1.8	4.7			
16	40	28	25			14.6		5.5	M10×1.25		
18				4	4	16.6		5.8		M5	13
19						17.6		6.3			
20	50	36	32			18.2	2.5	6.6	M12×1.25	M6	16
22						20.2		7.6			
24						22.2		8.1			
25	60	42	36	5	5	22.9		8.4	M16×1.5	M8	19
28						25.9	3	9.9			
30	80	58	50	6	6	27.1		10.5	M20×1.5	M10	22
32						29.1		11.0			
35						32.1	3.5	12.5			
38						35.1		14.0			
40				10	8	35.9		12.9	M24×2	M12	28
42						37.9		13.9			
45						40.9	5	15.4			
48	110	82	70	12	8	43.9		16.9	M30×2	M16	36
50						45.9		17.9			
55				14	9	50.9	5.5	19.9	M36×3		
56						51.9		20.4			
60	140	105	100	16	10	54.75		21.4	M42×3	M20	42
63						57.75	6	22.9			
65						59.75		23.9			
70						64.75		25.4			
71				18	11	65.75	7	25.9	M48×3	M24	50
75						69.75		27.9			
80	170	130	110	20	12	73.5	7.5	29.2	M56×4	—	—
85						78.5		31.7			

长 系 列

d	L	L₁	L₂	b	h	d_1	t	(G)	d_2	d_3	L₃
90	170	130	110	22	14	83.5		32.7	M64×4	—	—
95						88.5	9	35.2			
100	210	165	140	25	14	91.75		36.9	M72×4		
110						101.75		41.9	M80×4		
120	210	165	140	28	16	111.75		45.9	M90×4		
125						116.75	10	48.3			
130	250	200	180	32	18	120		50	M100×4		
140						130	11	54			
150						140		59	M110×4		
160	300	240	220	36	20	148	12	62	M125×4	—	—
170						158		67			
180						168		71	M140×6		
190				40	22	176	13	75			
200	350	280	250			186		80	N160×6		
220				45	25	206	15	88			

短 系 列

d	L	L₁	L₂	b	h	d_1	t	(G)	d_2	d_3	L₃
16	28	16	14	3	3	15.2	1.8	5.8	M10×1.25	M4	10
18						17.2		6.1			
19				4	4	18.2	2.5	6.6		M5	13
20	36	22	20			18.9		6.9	M12×1.25	M6	16
22						20.9		7.9			
24						22.9		8.4			
25	42	24	22	5	5	23.8	3	8.9	M16×1.5	M8	19
28						26.8		10.4			
30	58	36	32	6	6	28.2		11.1	M20×1.5	M10	22
32						30.2		11.6			
35						33.2	3.5	13.1			
38						36.2		14.6			
40				10	8	37.3		13.6	M24×2	M12	28
42						39.3		14.6			
45	82	54	50	12	8	42.3	5	16.1	M30×2	M16	36
48						45.3		17.6			
50						47.3		18.6			
55				14	9	52.3	5.5	20.6	M36×3	M20	42
56						53.3		21.1			

（续）

d	L	L₁	L₂	b	h	d₁	t	(G)	d₂	d₃	L₃
						短　系　列					
60						56.5		22.2			
63	105	70	63	16	10	59.5	6	23.7	M42×3	M20	42
65						61.5		24.7			
70						66.5		26.2			
71				18	11	67.5	7	26.7	M48×3	M24	50
75						71.5		28.7			
80				20	12	75.5	7.5	30.2	M56×4		
85	130	90	80			80.5		32.7			
90				22	14	85.5		33.7	M64×4		
95						90.5		36.2			
100				25	14	94	9	38	M72×4	—	—
110	165	120	110			104		43	M80×4		
120				28	16	114	10	47	M90×4		
125						119		49.5			

d	L	L₁	L₂	b	h	d₁	t	(G)	d₂	d₃	L₃
						短　系　列					
130				28	16	122.5	10	51.2	M100×4		
140	200	150	125			132.5		55.2			
150				32	18	142.5	11	60.2	M110×4		
160				36	20	151	12	63.5	M125×4		
170	240	180	160			161		68.5			
180						171		72.5			
190				40	22	179.5	13	76.5	M140×6	—	—
200	280	210	180			189.5		81.7			
220				45	25	209.5	15	89.7	M160×6		

注：1. 键槽深度 t，可用测量 G 来代替，或按表 12.2-8 的规定。

　　2. L_2 可根据需要选取小于表中的数值。

表 12.2-7　直径 220mm 以上的圆锥形轴伸形式与尺寸（GB/T 1570—2005）　　　（mm）

d	L	L₁	L₂	b	h	d₁	t	d₂
240	410	330	280	50	28	223.5	17	M180×6
250						233.5		
260						243.5		M200×6
280	470	380	320	56	32	261	20	M220×6
300				63		281		M250×6
320						301		
340	550	450	400	70	36	317.5	22	M280×6
360						337.5		
380						357.5		M300×6
400	650	540	450	80	40	373	25	M320×6
420						393		
440						413		M350×6
450						423		
460				90	45	433	28	M380×6
480						453		
500						473		M420×6
530	800	680	500	100	50	496	31	M450×6
560						526		M500×6
600						566		
630						596		M550×6

注：1. L_2 可根据需要选取小于表中的数值。

　　2. 本标准规定了 1∶10 圆锥形轴伸的形式和尺寸，适用于一般机器之间的连接并传递转矩的场合。

表 12.2-8　圆锥形轴伸大端处键槽深度尺寸（参考）　　　　　　　　　　（mm）

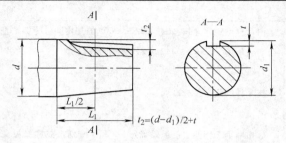

$$t_2=(d-d_1)/2+t$$

d	t_2		d	t_2		d	t_2	
	长系列	短系列		长系列	短系列		长系列	短系列
11	1.6	—	40	7.1	6.4	95	12.3	11.3
12	1.7	—	42	7.1	6.4	100	13.1	12.0
14	2.3	—	45	7.1	6.4	110	13.1	12.0
16	2.5	2.2	48	7.1	6.4	120	14.1	13.0
18	3.2	2.9	50	7.1	6.4	125	14.1	13.0
19	3.2	2.9	55	7.6	6.9	130	15.0	13.8
20	3.4	3.1	56	7.6	6.9	140	16.0	14.8
22	3.4	3.1	60	8.6	7.8	150	16.0	14.8
24	3.9	3.6	65	8.6	7.8	160	18.0	16.5
25	4.1	3.6	70	9.6	8.8	170	18.0	16.5
28	4.1	3.6	71	9.6	8.8	180	19.0	17.5
30	4.5	3.9	75	9.6	8.8	190	20.0	18.3
32	5.0	4.4	80	10.8	9.8	200	20.0	18.3
35	5.0	4.4	85	10.8	9.8	220	22.0	20.3
38	5.0	4.4	90	12.3	11.3			

注：t_2 的极限偏差与 t 的极限偏差相同，按大端直径检验键槽深度时，表 12.2-6 中的 t 作为参考尺寸。

表 12.2-9　圆锥形轴伸 L_1 的轴向极限偏差　　　　　　　　　　（mm）

直径 d	L_1 的轴向极限偏差	直径 d	L_1 的轴向极限偏差	直径 d	L_1 的轴向极限偏差
6～10	0 −0.22	55～80	0 −0.46	260～300	0 −0.81
11～18	0 −0.27	85～120	0 −0.54	320～400	0 −0.89
19～30	0 −0.33	125～180	0 −0.63	420～500	0 −0.97
32～50	0 −0.39	190～250	0 −0.72	530～630	0 −1.10

注：1. 直径 d 的公差选用 GB/T 1800.1 及 GB/T 1800.2 中的 IT8。

　　2. 1:10 的圆锥角公差选用 GB/T 11334 中的 AT6。

4.3　滑动轴承的轴颈和轴端润滑油孔　（见表 12.2-10～表 12.2-12）

表 12.2-10　滑动轴承的向心轴颈结构尺寸

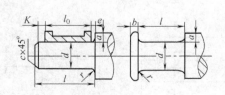

端轴颈

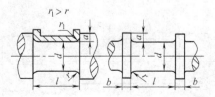

中轴颈

（续）

代号	名　　称	说　　　　明
d	轴颈直径	由计算确定，并按 GB/T 2822—2005 的规定圆整为标准直径
a	轴肩（环）高度	$a \approx (0.07 \sim 0.1)d$，$d+2a$ 最好圆整为整数值
b	轴环宽度	$b \approx 1.4a$
r、r_1	倒圆半径	按零件倒圆半径标准取
l	轴颈长度	$l = l_0 + k + e + c$
		l_0 由轴承工作能力的需要确定，e 和 k 分别由热膨胀量和安装误差确定，c 按倒角标准取，对于固定轴轴颈 $l = l_0$

表 12.2-11　滑动轴承的止推轴颈结构尺寸

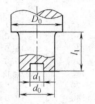 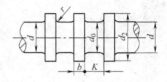

代号	名　　称	说　　明	代号	名　　称	说　　明
D_0	轴直径	计算确定	b	轴环宽度	$b = (0.1 \sim 0.15)d$
d	轴直径	计算确定	K	轴环距离	$K = (2 \sim 3)b$
d_0	止推轴颈直径	计算确定	l_1	止推轴颈长度	由计算和推力轴承结构确定
d_1	空心轴颈内径	$d_1 = (0.4 \sim 0.6)d_0$	n	轴环数	$n \geqslant 1$ 由计算和推力轴承结构确定
d_2	轴环外径	$d_2 = (1.2 \sim 1.6)d$	r	轴环根部圆角半径	按标准 GB/T 6403.4—2008 选取

表 12.2-12　轴端润滑油孔　　　　　　　　　　　　　　（mm）

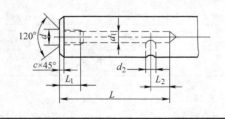

螺纹直径 d	d_1	d_2	L_{max}	L_{1min}	L_{2min}	c
M6-7H	5	5	100	10	15	0.5
M10×1-7H	9		150	12		
M14×1.5-7H	12.5	10	400	20	25	1
M20×1.5-7H	18.5	12	800	25	30	

4.4　旋转电动机轴伸的结构尺寸（见表 12.2-13、表 12.2-14）

表 12.2-13　旋转电动机圆柱形轴伸的尺寸（摘自 GB/T 756—2010）　　　　（mm）

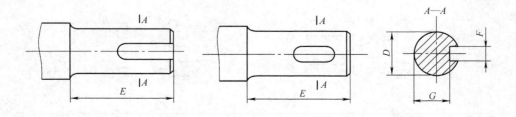

（续）

D 公称尺寸	D 极限偏差	E 公称尺寸 长系列	E 公称尺寸 短系列	F 公称尺寸	F 极限偏差 正常连接 N9	F 极限偏差 紧密连接 P9	G 公称尺寸	G 极限偏差
6	+0.006 −0.002	16		2	−0.004 −0.029	−0.006 −0.031	4.8	
7							5.8	
8	+0.007 −0.002	20					6.8	
9				3			7.2	
(10)		23	20				8.2	
11				4			8.5	0 −0.1
(12)	+0.008 −0.003	30	25				9.5	
14				5	0 −0.030	−0.012 −0.042	11.0	
16	j6						13.0	
18		40	28				14.5	
19				6			15.5	
(20)							16.5	
22	+0.009 −0.004	50	36				18.5	
24							20.0	
(25)		60	42	8			21.0	
28					0 −0.036	−0.015 −0.051	24.0	
(30)							26.0	
32		80	58	10			27.0	
(35)							30.0	
38							33.0	
(40)	+0.018 +0.002			12			35.0	0 −0.2
42	k6						37.0	
(45)		110	82	14	0 −0.043	−0.018 −0.061	39.5	
48							42.5	
(50)							44.5	
55	+0.030 +0.011			16			49.0	
60	m6	140	105	18			53.0	
65							58.0	
70	+0.030 +0.011	140	105	20			62.5	
75							67.5	
80				22	0 −0.052	−0.022 −0.074	71.0	
85		170	130				76.0	
90				25			81.0	
95	+0.035 +0.013						86.0	0 −0.2
100							90.0	
110		210	165	28			100	
120							109	
130				32	0 −0.062	−0.026 −0.088	119	
140		250	200				128	
150	+0.040 +0.015			36			138	
160							147	
170		300	240	40			157	
180	m6				0 −0.062	−0.026 −0.088	165	
190				45			175	
200	+0.046 +0.017	350	280				185	
220				50			203	
240		410	330	56			220	0 −0.3
250							230	
260	+0.052 +0.020						240	
280				63	0 −0.074	−0.032 −0.106	260	
300		470	380	70			278	
320							298	
340							315	
360	+0.057 +0.021	550	450	80			335	
380							355	
400		650	540	90	0 −0.087	−0.037 −0.124	372	0 −0.3

轴伸键槽的对称度公差

键槽宽 F	公差	键槽宽 F	公差	键槽宽 F	公差	键槽宽 F	公差
>1~3	0.020	>6~10	0.030	>18~30	0.050	>50~100	0.080
>3~6	0.025	>10~18	0.040	>30~50	0.060		

注：1. 带括号的直径尽量不用，本表未摘录标准中轴伸直径（D）420~630mm部分。

2. 轴伸直径大于500mm者，键槽尺寸及其公差由用户与制造厂协商确定。

3. 轴伸长度 E 一般应采用长系列尺寸。当电动机专与某种指定机械配套或有特殊使用要求时，允许采用短系列尺寸，但应在电动机的标准中做出规定。

4. 轴伸键槽宽 F 的极限偏差应采用正常连接。当对传动有特殊要求时，如频繁起动或经常承受冲击载荷，允许采用紧密连接，但应在电动机的标准中做出规定。

表 12.2-14　旋转电动机长系列圆锥形轴伸的尺寸（摘自 GB/T 757—2010）　　　　（mm）

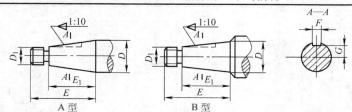

A 型　　　　　　　　　　　　B 型

D	E (js14)	E_1	F	G 尺寸	G 偏差	D_1	D	E (js14)	E_1	F	G 尺寸	G 偏差	D_1
16	40	28	$3^{-0.004}_{-0.029}$	5.5			70	140	105	$18^{\ 0}_{-0.043}$	25.4		M48×3
18				5.8		M10×1.25	75				27.9		
19	50	36	$4^{\ 0}_{-0.030}$	6.3			80	170	130	$20^{\ 0}_{-0.052}$	29.2		M56×4
20				6.6			85				31.7		
22				7.6		M12×1.25	90			$22^{\ 0}_{-0.052}$	32.7		M64×4
24				8.1	$^{\ 0}_{-0.1}$		95				35.2		
25	60	42	$5^{\ 0}_{-0.030}$	8.4		M16×1.5	100	210	165	$25^{\ 0}_{-0.052}$	36.9	$^{\ 0}_{-0.2}$	M72×4
28				9.9			110				41.9		M80×4
30	80	58		10.5		M20×1.5	120			$28^{\ 0}_{-0.052}$	45.9		M90×4
32				11.0			130	250	220		50.0		M100×4
35			$6^{\ 0}_{-0.030}$	12.5			140			$32^{\ 0}_{-0.062}$	54.0		
38				14.0			150				59.0		M110×4
40	110	82	$10^{\ 0}_{-0.036}$	12.9		M24×2	160	300	240	$36^{\ 0}_{-0.062}$	62.0		M125×4
42				13.9			170				67.0		
45			$12^{\ 0}_{-0.043}$	15.4		M30×2	180			$40^{\ 0}_{-0.062}$	71.0		M140×6
48				16.9	$^{\ 0}_{-0.2}$		190				75.0		
50				17.9		M36×2	200	350	280		80.0	$^{\ 0}_{-0.3}$	
55			$14^{\ 0}_{-0.043}$	19.9			220			$45^{\ 0}_{-0.062}$	88.0		M160×6
60	140	105	$16^{\ 0}_{-0.043}$	21.4		M42×3							
65				23.9									

尺寸 E_1 的极限偏差

直径 D	E_1 的轴向极限偏差	直径 D	E_1 的轴向极限偏差
16～18	$^{\ 0}_{-0.27}$	85～120	$^{\ 0}_{-0.54}$
19～30	$^{\ 0}_{-0.33}$	130～180	$^{\ 0}_{-0.63}$
32～50	$^{\ 0}_{-0.39}$	190～220	$^{\ 0}_{-0.72}$
55～80	$^{\ 0}_{-0.46}$		

注：1. 尺寸 D 的公差选用 GB/T 1800.2—2009 中的 IT8。

2. 螺纹的公差带选用按 GB/T 197—2003 中的 6g。

3. 螺纹退刀槽应符合 GB/T 3—1997 的规定。

5　轴的结构工艺性

设计轴的结构时，应使轴的结构形状便于加工、装配、测量和维修。

1）轴的直径变化应尽可能少，应尽量限制轴的最大直径与各轴段的直径差，这样既能节省材料，又可减少切削量。

2）在同一轴上直径相差不大的轴段上的键槽，应尽可能采用同一规格的键槽截面尺寸，并应分布在同一加工直线上。

3）对于需要磨削的轴段，应留有砂轮越程槽（见 GB/T 6403.5）；对于需要切削螺纹的轴段，应留有螺纹退刀槽（见 GB/T 3—1997）。

4）为便于轴上零件的装配，常采用直径从两端向中间逐渐增大的阶梯轴。轴上各阶梯中，除用于轴上零件轴向固定的可按表 12.2-2 确定轴肩高度外，其余仅为便于安装而设置的轴肩，轴肩高度可取 0.5～3mm。轴端应加工成 45°、30° 或 60° 的倒角。轴上过盈配合部分的装入端常加工出半圆锥角为 10° 的导向锥面。

　　5）轴上所有零件，都应无过盈地到达配合的部位。

　　6）轴的配合直径应按 GB/T 2822 圆整为标准值。

　　7）为保证轴向定位可靠，与轮毂配装的轴段长度应略小于轮毂宽（长）度 2~3mm。

　　8）为减少加工刀具种类和提高劳动生产率，轴

上的倒角、倒圆等应尽可能取相同尺寸。

　　9）固定滚动轴承的轴肩高度通常应不大于内圈高度的 3/4，过高不便于轴承的拆卸，具体值可见滚动轴承的安装尺寸。

　　滚动轴承支承的轴的结构如图 12.2-7 所示。各部分结构尺寸及公差等的确定，请参阅本手册有关章节。

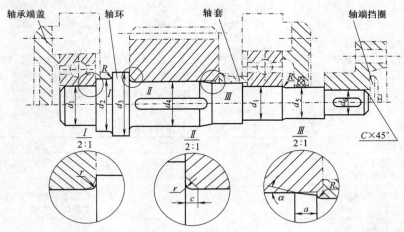

图 12.2-7　滚动轴承支承的轴的结构

　　滑动轴承支承的轴结构与滚动轴承支承的轴结构相仿，只是轴颈结构不同。滑动轴承的轴颈结构尺寸见表 12.2-10、表 12.2-11。

6　轴的零件工作图

　　图 12.2-8 是一个典型的轴的零件工作图。

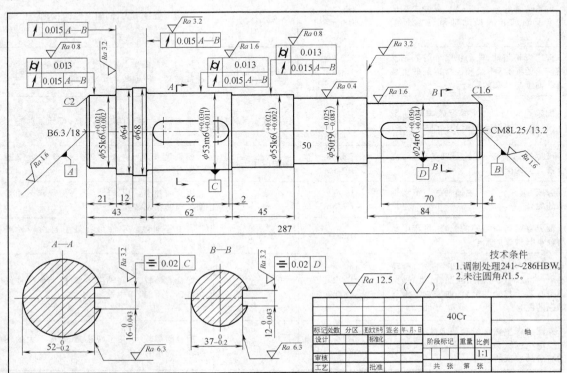

图 12.2-8　轴零件工作图

一般机器中轴的精度多为 IT5~IT7。轴与轴上零件的配合按表 12.2-15 选择。轴的表面粗糙度按表 12.2-16 选择。在轴的工作图上标注的几何公差的项目见表 12.2-17 的推荐。几何公差值的大小，根据传动精度和工作条件等查本手册第 2 篇。对于一般的机器，可取下面的推荐值：

1）配合表面的圆柱度。与滚动轴承或齿轮（蜗轮）等配合的表面，其圆柱度公差约为轴直径公差的 1/2；与联轴器和带轮等配合的表面，其圆柱度公差约为轴直径公差的 60%~70%。

2）配合表面的径向圆跳动。轴与齿轮、蜗轮轮毂的配合部位径向圆跳动的公差等级可按表 12.2-18 确定。

轴与联轴器、带轮的配合部位以及与橡胶油封接触部位的径向圆跳动可按表 12.2-19 确定。

轴与滚动轴承的配合部位的径向圆跳动，其公差等级：对球轴承为 IT6，对滚子轴承为 IT5。

3）轴肩的端面圆跳动。与滚动轴承端面接触：对球轴承约取（1~2）IT5；对滚子轴承约取（1~2）IT4。

与齿轮、蜗轮轮毂端面接触：当轮毂宽度 l 与配合直径 d 的比值 $l/d < 0.8$ 时，可按表 12.2-20 确定端面圆跳动；当比值 $l/d \geqslant 0.8$ 时，可不标注端面圆跳动。

4）平键键槽两侧面相对轴线的平行度和对称度。平行度公差约为轴槽宽度公差的 1/2；对称度公差约为轴槽宽度公差的 1/2。

表 12.2-15　轴与轴上零件的配合

配合位置	配合代号	装配方法	配合特性
减速器中轴与蜗轮的配合。大、中型减速器中低速级齿轮与轴的配合	H7/s6	压力机压入或温差法	传递转矩小。分组选配或加键连接可传递较大的转矩
重载齿轮与轴的配合、联轴器与轴的配合（均需附加键）	H7/r6	同上	只能受很小转矩和轴向力，传递转矩时需加键。需要时可拆卸
有振动的机械（如破碎机）的齿轮与轴的配合，爪型联轴器与轴的配合，受特重载荷和重冲击的滚子轴承与轴颈的配合	H7/n6 H8/n7 n6	压力机压入	同轴度和配合紧密性好，定位精度高。附加键后可承受振动、冲击并能传递较大转矩。不能经常拆卸
键与键槽配合	N9/h9	锤子打入	有不大的过盈量
齿轮与轴的配合，重载和有冲击载荷的滚子轴承和大型球轴承与轴颈的配合	H7/m6 H8/m7 m6	锤子打入	平均过盈量不大，同轴度好，能保证配合的紧密性
机床齿轮与轴、电动机轴伸与联轴器或带轮的配合，中载和经常拆装的重载滚动轴承与轴颈的配合	H7/k6 H8/k7 k6	锤子轻轻打入	平均没有间隙，同轴度好，能精密定位，可经常拆卸。传递转矩要附加键
机床挂轮与轴、可拆带轮与轴的配合，轻载、高速滚动轴承与轴颈的配合	H7/js6、 H8/js7 js6	锤子或木锤装拆	平均稍有间隙，同轴度不高，可频繁拆卸
可拆卸的齿轮、带轮与轴的配合，离合器与轴的配合	H8/h8 H9/h9	加油后用手旋进	同轴度不高，易于拆卸。传递转矩靠键或销
磨床、车床分度头主轴轴颈与滑动轴承的配合	H7/g6 G7/h6	手旋进	配合间隙小。用于转速不高但要求运动精度较高的精密装置
轴上空转齿轮与轴的配合，机床中滑动轴承与轴颈的配合	H7/f7	手推滑进	有中等间隙。零件可在轴上自由转动或移动
用普通润滑油或润滑脂润滑的滑动轴承、含油轴承与轴颈的配合，带导轮、链条张紧轮与轴的配合，曲轴主轴承与轴颈的配合	H8/f9 F8/h9	手推滑进	配合间隙较大，同轴度不高，但能保证良好润滑，允许在工作中发热
外圆磨床主轴与滑动轴承的配合，蜗轮发电机主轴与滑动轴承的配合，凸轮轴与滑动轴承的配合	H7/e8 E8/h6	手轻推进	配合间隙较大，用于转速高、载荷不大的轴与轴承的配合

表 12.2-16　轴的表面粗糙度数值

表面位置		表面粗糙度 $Ra/\mu m$	加工方法	表面位置		表面粗糙度 $Ra/\mu m$	加工方法
轴颈	与非液体摩擦滑动轴承配合	0.2~3.2	精车、半精车	与毂孔配合表面		0.8~1.6	精车或磨削
	与液体摩擦滑动轴承配合	0.1~0.4	精磨	键槽	侧面	1.6~3.2	铣
	与 P0 级滚动轴承配合	0.8~1.6	精车或磨削		底面	6.3~12.5	
带密封件的轴段	橡胶密封	0.2~0.8	精车或磨削	轴肩（轴环）定位端面	定位 P0 级滚动轴承	≤1.6	半精车
	毛毡密封	0.4~0.8	精车		定位 P6,P5,P4 级滚动轴承	≤0.8(d≤80)	精车
	迷宫密封	1.6~3.2	半精车			≤1.6(d>80)	半精车
	隙缝密封	1.6~3.2	半精车	中心孔		≤1.6	钻孔后铰孔
				端面、倒角及其他表面		≤12.5	粗车

表 12.2-17　轴的几何公差推荐项目

公差类型	项　目		对工作性能的影响
形状公差	与传动零件和轴承相配合表面的	圆度 圆柱度	影响传动零件和轴承与轴配合的松紧及对中性
跳动公差 位置公差	传动零件和轴承的定位端面相对其配合表面的	轴向圆跳动 全跳动 同轴度	影响传动零件和轴承的定位及其受载的均匀性
跳动公差 位置公差	与传动零件和轴承相配合的表面相对于基准轴线的	径向圆跳动 全跳动	影响传动零件和轴承的运转偏心
方向公差	键槽相对轴中心线的（要求不高时不注）	对称度 平行度	影响键受载的均匀性及装拆的难易

表 12.2-18　齿轮、蜗轮轮毂的配合部位的径向圆跳动的公差等级

精度等级		6	7、8	9
轴上安装圆柱齿轮和锥齿轮处	径向圆跳动	2IT3	2IT4	2IT5
轴上安装蜗轮处		—	2IT5	2IT6

表 12.2-19　联轴器、带轮配合部位及橡胶油封接触部位的径向圆跳动

轴转速/r·min⁻¹		300	600	1000	1500	3000
与联轴器、带轮配合部位	径向圆跳动/mm	0.08	0.04	0.024	0.016	0.008
与橡胶油封接触部位		0.1	0.07	0.05	0.02	0.01

表 12.2-20　齿轮、蜗轮轮毂端面接触处轴肩轴向圆跳动的公差等级

精度等级	6	7、8	9
轴肩的轴向圆跳动	2IT3	2IT4	2IT5

第3章 轴的强度计算

轴的强度计算有 3 种方法：①按转矩估算轴径；②按当量弯矩近似计算；③安全系数的精确校核计算。

1 按转矩估算轴径

当轴的长度及跨度未定时，由于支座反力及弯矩无法求得，故多支点或不重要的轴常根据轴所承受的转矩估算轴径。如果轴上还承受弯矩，则用降低许用应力的方法加以考虑。在此估算轴径的基础上进行轴的结构设计。

对于不重要的轴，此法也可作为最后计算结果。轴的直径计算公式见表 12.3-1。

表 12.3-1 按转矩计算轴径的计算公式

类别	公 式	说 明
实心轴	$d \geqslant \sqrt[3]{\dfrac{5T}{[\tau]}}$ 或 $d \geqslant A\sqrt[3]{\dfrac{P}{n}}$	d—计算截面处轴的直径（mm） T—轴传递的额定转矩（N·mm） $T = 9550000P/n$ $[\tau]$—轴的许用切应力（MPa），见表 12.3-2 A—按 $[\tau]$ 定的系数，见表 12.3-2 P—轴传递的额定功率（kW） n—轴的转速（r/min） ν—空心圆轴的内径 d_0 与外径 d 之比
空心轴	$d \geqslant \sqrt[3]{\dfrac{5T}{[\tau]}} \times \sqrt[3]{\dfrac{1}{1-\nu^4}}$ 或 $d \geqslant A\sqrt[3]{\dfrac{P}{n}} \times \sqrt[3]{\dfrac{1}{1-\nu^4}}$	$\nu = \dfrac{d_0}{d}$，$\sqrt[3]{\dfrac{1}{1-\nu^4}}$ 数值见图 12.3-1

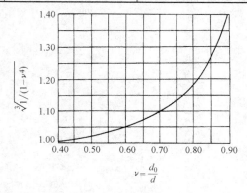

图 12.3-1 空心圆轴的 $\sqrt[3]{\dfrac{1}{1-\nu^4}}$ 数值

表 12.3-2 几种轴用材料的 $[\tau]$ 及 A 值

轴的材料	Q235、20	35	45	1Cr18Ni9Ti[①]	40Cr、35SiMn、38SiMnMo、20Cr13、42SiMn、20CrMnTi
$[\tau]$/N·mm^{-2}	12~20	20~30	30~40	15~25	40~52
A	160~135	135~118	118~107	148~125	100.7~98

注：1. 当弯矩相对转矩很小或只受转矩时，$[\tau]$ 取较大值，A 取较小值；反之，$[\tau]$ 取较小值，A 取较大值。

2. 当采用 Q235 及 35SiMn 时，$[\tau]$ 取较小值，A 取较大值。

3. 计算的截面上有一个键槽，A 值增大 4%~5%；有两个键槽 A 值增大 7%~10%。

① 此牌号虽已淘汰，但行业仍在少量使用。

2 按当量弯矩近似计算轴的强度

当轴的结构确定后，轴的支承位置和轴所受载荷的作用点便确定了，可求出支点反力和弯矩，这时可按当量弯矩计算轴的强度。一般的轴用这种方法计算强度即可。计算步骤如下：

1）画出轴的受力简图。轴的支承简化成铰支座，支反力的作用点根据轴承的类型及其组合的不同按图 12.3-2 确定，图 b 的 a 值查相应的滚动轴承参数表。

通常作用在轴上的载荷是由装在轴上的传动件（齿轮、带轮、链轮、联轴器等）传给的。轴与轴上零件的自重通常忽略不计，但对于有不平衡重量的高速回转轴须计入惯性力。由于载荷在零件上的作用宽度相对于轴的长度都较小，故将轴上的载荷简化为集中载荷，力的作用点取轮缘宽度的中点，力矩的作用点取轮毂宽度的中点。

2）画出轴垂直面的受力简图和弯矩图 M_Y。

3）画出轴水平面的受力简图和弯矩图 M_Z。

4）画出轴的合成弯矩图 M，$M = \sqrt{M_Y^2 + M_Z^2}$。

5）画出轴的扭矩图 T。

6）画出轴的当量弯矩图 M_V，$M_V = \sqrt{M^2 + (\alpha T)^2}$。

7）确定危险截面（当量弯矩大，截面尺寸小的轴截面），按表 12.3-3 做强度计算。

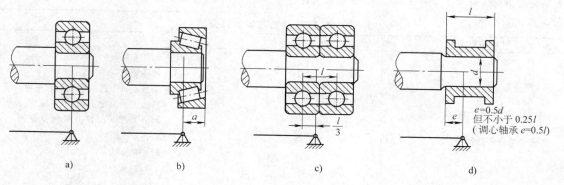

图 12.3-2　轴上支承反力作用点

a）深沟球轴承　b）圆锥滚子轴承　c）两个深沟球轴承　d）滑动轴承

表 12.3-3　按当量弯矩计算轴强度的计算公式

公　式	说　明
实心轴 $\sigma = \dfrac{M_V}{0.1d^3} = \dfrac{10 \times \sqrt{M^2 + (\alpha T)^2}}{d^3} \leqslant [\sigma_{-1}]$ $d \geqslant \sqrt[3]{\dfrac{M_V}{0.1[\sigma_{-1}]}} = \sqrt[3]{\dfrac{10 \times \sqrt{M^2 + (\alpha T)^2}}{[\sigma_{-1}]}}$ 空心轴 $\sigma = \dfrac{M_V}{0.1d^3} \times \dfrac{1}{1-\nu^4} = \dfrac{10 \times \sqrt{M^2 + (\alpha T)^2}}{d_3} \times \dfrac{1}{1-\nu^4}$ $\leqslant [\sigma_{-1}]$ $d \geqslant \sqrt[3]{\dfrac{M_V}{0.1[\sigma_{-1}]} \times \dfrac{1}{\sqrt[3]{1-\nu^4}}}$ $= \sqrt[3]{\dfrac{10 \times \sqrt{M^2 + (\alpha T)^2}}{[\sigma_{-1}]} \times \dfrac{1}{\sqrt[3]{1-\nu^4}}}$	σ—轴计算截面上的工作应力（MPa） M_V—计算截面的当量弯矩（N·mm） d—轴计算截面上的直径（mm） M—轴计算截面上的合成弯矩（N·mm） α—考虑转矩和弯矩的作用性质差异的系数。当切应力按对称循环变化时，$\alpha=1$；当切应力按脉动循环变化时，$\alpha=[\sigma_{-1}]/[\sigma_0] \approx 0.6$；当切应力不变化时，$\alpha=[\sigma_{-1}]/[\sigma_{+1}] \approx 0.3$ $[\sigma_{-1}]$、$[\sigma_0]$、$[\sigma_{+1}]$—分别为对称循环应力、脉动循环应力、静应力下材料的许用弯曲应力（MPa），见表 12.3-4 T—轴计算截面上的转矩（N·mm） ν—空心轴内径 d_0 与外径 d 之比，$\nu=d_0/d$，$\sqrt[3]{\dfrac{1}{1-\nu^4}}$ 数值见图 12.3-1

表 12.3-4　轴的许用弯曲应力　　　　　　　　　　　　　　　　（MPa）

材料	R_m	$[\sigma_{+1}]$	$[\sigma_0]$	$[\sigma_{-1}]$	材料	R_m	$[\sigma_{+1}]$	$[\sigma_0]$	$[\sigma_{-1}]$
碳钢	400	130	70	40	合金钢	1000	330	150	90
	500	170	75	45		1200	400	180	110
	600	200	95	55	铸钢	400	100	50	30
	700	230	110	65		500	120	70	40
合金钢	800	270	130	75	灰铸铁	400	65	35	25
	900	300	140	80					

轴上带有键槽时需加大轴径，其增大值见表 12.3-5。

如果轴端装有补偿式联轴器或弹性联轴器，由于安装误差和弹性元件的不均匀磨损，将会使轴及轴承受到附加载荷，附加载荷的方向不定。附加载荷计算公式见表 12.3-6。

表 12.3-5　有键槽时轴径增大的百分比

轴径/mm	<30	30～100	>100
有一个键槽时增大的百分比(%)	7	5	3
有两个相差 180°的键槽时增大的百分比(%)	15	10	7

表 12.3-6　附加载荷计算公式

联轴器名称	计算公式	说　明
齿式联轴器 十字滑块联轴器 NZ 挠性爪型联轴器 弹性圆柱销联轴器	$M' = K'T$ $F_0 = (0.2 \sim 0.4)\dfrac{2T}{D}$ $F_0 = (0.1 \sim 0.3)\dfrac{2T}{D}$ $F_0 = (0.2 \sim 0.35)\dfrac{2T}{D_0}$	M'—附加弯矩(N·mm) 　T—传递转矩(N·mm) 　K'—系数，按下述原则选取：用稀油或清洁的干油润滑，$K' = 0.07$；用脏干油润滑，$K' = 0.13$；不能保证及时润滑，$K' = 0.3$ 　F_0—附加径向力(N) 　D—联轴器外径(mm) D_0—柱销中心圆直径(mm)

3　轴安全系数的精确校核计算

对于重要的轴，应精确考虑影响轴强度的有关因素，按安全系数校核各危险截面，借以精确评定轴的安全裕度。

轴的安全系数校核计算包括：疲劳强度安全系数校核和静强度安全系数校核。

3.1　轴的疲劳强度安全系数校核

疲劳强度安全系数校核是经过初步计算和结构设计之后，根据轴的实际尺寸、承受的弯矩、转矩图，考虑应力集中、表面状态、尺寸影响等因素，以及轴材料的疲劳极限，计算轴的危险截面处的疲劳安全系数是否满足要求。

轴的疲劳强度根据长期作用在轴上的最大变载荷进行校核计算。

危险截面安全系数 S 的校核计算公式为

$$S = \frac{S_\sigma S_\tau}{\sqrt{S_\sigma^2 + S_\tau^2}} \geq [S] \qquad (12.3\text{-}1)$$

式中　S_σ——只考虑弯矩作用时的安全系数；

S_τ——只考虑转矩作用时的安全系数；

$[S]$——按疲劳强度计算的许用安全系数，其值见表 12.3-7。

$$S_\sigma = \frac{\sigma_{-1}}{\dfrac{K_\sigma}{\beta \varepsilon_\sigma}\sigma_\alpha + \psi_\sigma \sigma_m} \qquad (12.3\text{-}2)$$

$$S_\tau = \frac{\tau_{-1}}{\dfrac{K_\tau}{\beta \varepsilon_\tau}\tau_\alpha + \psi_\tau \tau_m} \qquad (12.3\text{-}3)$$

式中　σ_{-1}——对称循环应力下材料的弯曲疲劳极限(MPa)，其值见表 12.1-1；

τ_{-1}——对称循环应力下材料的扭转疲劳极限(MPa)，其值见表 12.1-1；

K_σ、K_τ——弯曲和扭转时的有效应力集中系数，其值见表 12.3-8～表 12.3-10；

β——表面质量系数，其值见表 12.3-11～表 12.3-14（一般用表 12.3-11，轴表面强化处理后用表 12.3-12，有腐蚀情况时用表 12.3-13、表 12.3-14）；

ε_σ、ε_τ——弯曲和扭转时的尺寸影响系数，其值见表 12.3-15；

ψ_σ、ψ_τ——材料拉伸和扭转的平均应力折算系数，钢的该系数值见表 12.3-16；

σ_α、σ_m——弯曲应力的应力幅和平均应力(MPa)，其计算公式见表 12.3-17；

τ_α、τ_m——切应力的应力幅和平均应力(MPa)，其计算公式见表 12.3-17。

如果计算结果不能满足 $S \geq [S]$，则应改进轴的结构以降低应力集中。其主要措施可参见表 12.2-4。亦可采用热处理、表面强化处理等工艺措施，以及加大轴径、改用较好材料等方法解决。

表 12.3-7　许用安全系数 $[S]$ 值

$[S]$	选　取　条　件
1.3～1.5	载荷确定精确，材料性质较均匀
1.5～1.8	载荷确定不够精确，材料性质不够均匀
1.8～2.5	载荷确定不精确，材料性质均匀度较差

表 12.3-8　螺纹、键、花键、横孔处及配合的边缘处的有效应力集中系数

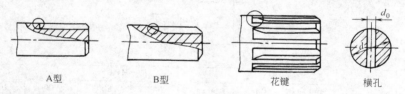

A型　　　　　　B型　　　　　花键　　　　横孔

R_m /MPa	螺纹 ($K_\tau=1$) K_σ	键槽 K_σ A 型	B 型	K_τ A、B 型	花键 K_σ	K_τ 矩形	渐开线形	横孔 K_σ $\frac{d_0}{d}=0.05\sim0.15$	$\frac{d_0}{d}=0.15\sim0.25$	K_τ $\frac{d_0}{d}=0.05\sim0.25$	配合 H7/r6 K_σ	K_τ	H7/k6 K_σ	K_τ	H7/h6 K_σ	K_τ
400	1.45	1.51	1.30	1.20	1.35	2.10	1.40	1.90	1.70	1.70	2.05	1.55	1.55	1.25	1.33	1.14
500	1.78	1.64	1.38	1.37	1.45	2.25	1.43	1.95	1.75	1.75	2.30	1.69	1.72	1.36	1.49	1.23
600	1.96	1.76	1.46	1.54	1.55	2.35	1.46	2.00	1.80	1.80	2.52	1.82	1.89	1.46	1.64	1.31
700	2.20	1.89	1.54	1.71	1.60	2.45	1.49	2.05	1.85	1.80	2.73	1.96	2.05	1.56	1.77	1.40
800	2.32	2.01	1.62	1.88	1.65	2.55	1.52	2.10	1.90	1.85	2.96	2.09	2.22	1.65	1.92	1.49
900	2.47	2.14	1.69	2.05	1.70	2.65	1.55	2.15	1.95	1.90	3.18	2.22	2.39	1.76	2.08	1.57
1000	2.61	2.26	1.77	2.22	1.72	2.70	1.58	2.20	2.00	1.90	3.41	2.36	2.56	1.86	2.22	1.66
1200	2.90	2.50	1.92	2.39	1.75	2.80	1.60	2.30	2.10	2.00	3.87	2.62	2.90	2.05	2.5	1.83

注：1. 滚动轴承与轴的配合按 H7/r6 配合选择系数。

2. 蜗杆螺旋根部有效应力集中系数可取 $K_\sigma=2.3\sim2.5$，$K_\tau=1.7\sim1.9$。

表 12.3-9　圆角处的有效应力集中系数

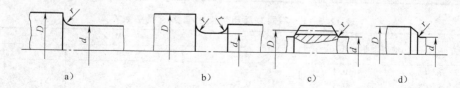

a)　　　　　　　b)　　　　　　　c)　　　　　　　d)

$\frac{D-d}{r}$	$\frac{r}{d}$	K_σ R_m/MPa 400	500	600	700	800	900	1000	1200	K_τ R_m/MPa 400	500	600	700	800	900	1000	1200
2	0.01	1.34	1.36	1.38	1.40	1.41	1.43	1.45	1.49	1.26	1.28	1.29	1.29	1.30	1.30	1.31	1.32
	0.02	1.41	1.44	1.47	1.49	1.52	1.54	1.57	1.62	1.33	1.35	1.36	1.37	1.37	1.38	1.39	1.42
	0.03	1.59	1.63	1.67	1.71	1.76	1.80	1.84	1.92	1.39	1.40	1.42	1.44	1.45	1.47	1.48	1.52
	0.05	1.54	1.59	1.64	1.69	1.73	1.78	1.83	1.93	1.42	1.43	1.44	1.46	1.47	1.50	1.51	1.54
	0.10	1.38	1.44	1.50	1.55	1.61	1.66	1.72	1.83	1.37	1.38	1.39	1.42	1.43	1.45	1.46	1.50
4	0.01	1.51	1.54	1.57	1.59	1.62	1.64	1.67	1.72	1.37	1.39	1.40	1.42	1.43	1.44	1.46	1.47
	0.02	1.76	1.81	1.86	1.91	1.96	2.01	2.06	2.16	1.53	1.55	1.58	1.59	1.61	1.62	1.65	1.68
	0.03	1.76	1.82	1.88	1.94	1.99	2.05	2.11	2.23	1.52	1.54	1.57	1.59	1.61	1.64	1.66	1.71
	0.05	1.70	1.76	1.82	1.88	1.95	2.01	2.07	2.19	1.50	1.53	1.57	1.59	1.62	1.65	1.68	1.74
6	0.01	1.86	1.90	1.94	1.99	2.03	2.08	2.12	2.21	1.54	1.57	1.59	1.61	1.64	1.66	1.68	1.73
	0.02	1.90	1.96	2.02	2.08	2.13	2.19	2.25	2.37	1.59	1.62	1.66	1.69	1.72	1.75	1.79	1.86
	0.03	1.89	1.96	2.03	2.10	2.16	2.23	2.30	2.44	1.61	1.65	1.68	1.72	1.74	1.77	1.81	1.88
10	0.01	2.07	2.12	2.17	2.23	2.28	2.34	2.39	2.50	2.12	2.18	2.24	2.30	2.37	2.42	2.48	2.60
	0.02	2.09	2.16	2.23	2.30	2.38	2.45	2.52	2.66	2.03	2.08	2.12	2.17	2.22	2.26	2.31	2.40

表 12.3-10 环槽处的有效应力集中系数

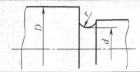

系数	$\dfrac{D-d}{r}$	$\dfrac{r}{d}$	R_m/MPa							
			400	500	600	700	800	900	1000	1200
K_σ	1	0.01	1.88	1.93	1.98	2.04	2.09	2.15	2.20	2.31
		0.02	1.79	1.84	1.89	1.95	2.00	2.06	2.11	2.22
		0.03	1.72	1.77	1.82	1.87	1.92	1.97	2.02	2.12
		0.05	1.61	1.66	1.71	1.77	1.82	1.88	1.93	2.04
		0.10	1.44	1.48	1.52	1.55	1.59	1.62	1.66	1.73
	2	0.01	2.09	2.15	2.21	2.27	2.37	2.39	2.45	2.57
		0.02	1.99	2.05	2.11	2.17	2.23	2.28	2.35	2.49
		0.03	1.91	1.97	2.03	2.08	2.14	2.19	2.25	2.36
		0.05	1.79	1.85	1.91	1.97	2.03	2.09	2.15	2.27
	4	0.01	2.29	2.36	2.43	2.50	2.56	2.63	2.70	2.84
		0.02	2.18	2.25	2.32	2.38	2.45	2.51	2.58	2.71
		0.03	2.10	2.16	2.22	2.28	2.35	2.41	2.47	2.59
	6	0.01	2.38	2.47	2.56	2.64	2.73	2.81	2.90	3.07
		0.02	2.28	2.35	2.42	2.49	2.56	2.63	2.70	2.84
K_τ	任何比值	0.01	1.60	1.70	1.80	1.90	2.00	2.10	2.20	2.40
		0.02	1.51	1.60	1.69	1.77	1.86	1.94	2.03	2.20
		0.03	1.44	1.52	1.60	1.67	1.75	1.82	1.90	2.05
		0.05	1.34	1.40	1.46	1.52	1.57	1.63	1.69	1.81
		0.10	1.17	1.20	1.23	1.26	1.28	1.31	1.34	1.40

表 12.3-11 不同表面粗糙度的表面质量系数 β

加工方法	轴表面粗糙度 Ra/μm	R_m/MPa		
		400	800	1200
磨 削	0.4~0.2	1	1	1
车 削	3.2~0.8	0.95	0.90	0.80
粗 车	25~6.3	0.85	0.80	0.65
未加工的表面		0.75	0.65	0.45

表 12.3-12 各种强化方法的表面质量系数 β

强化方法	心部强度 R_m/MPa	β		
		光 轴	低应力集中的轴 $K_\sigma \leqslant 1.5$	高应力集中的轴 $K_\sigma \geqslant 1.8~2$
高频感应淬火	600~800	1.5~1.7	1.6~1.7	2.4~2.8
	800~1000	1.3~1.5		
氮 化	900~1200	1.1~1.25	1.5~1.7	1.7~2.1
渗 碳	400~600	1.8~2.0	3	—
	700~800	1.4~1.5	—	—
	1000~1200	1.2~1.3	2	—
喷丸硬化	600~1500	1.1~1.25	1.5~1.6	1.7~2.1
滚子滚压	600~1500	1.1~1.3	1.3~1.5	1.6~2.0

注：1. 高频感应淬火系根据直径为 10~20mm，淬硬层厚度为 (0.05~0.20)d 的试件实验求得的数据；对大尺寸的试件，
强化系数的值会有某些降低。

2. 渗氮层厚度为 0.01d 时用小值，在 (0.03~0.04)d 时用大值。

3. 喷丸硬化系根据 8~40mm 的试件求得的数据。喷丸速度低时用小值，速度高时用大值。

4. 滚子滚压系根据 17~130mm 的试件求得的数据。

表 12.3-13　各种腐蚀情况的表面质量系数 β

工作条件	强度极限 R_m/MPa										
	400	500	600	700	800	900	1000	1100	1200	1300	1400
淡水中,有应力集中	0.7	0.63	0.56	0.52	0.46	0.43	0.40	0.38	0.36	0.35	0.33
淡水中,无应力集中 海水中,有应力集中	0.58	0.50	0.44	0.37	0.33	0.28	0.25	0.23	0.21	0.20	0.19
海水中,无应力集中	0.37	0.30	0.26	0.23	0.21	0.18	0.16	0.14	0.13	0.12	0.12

表 12.3-14　表面有防腐层轴的表面质量系数 β

材料	表面处理方法	表层厚度/μm	腐蚀介质	试验应力循环数 N 及转速 $n/r \cdot min^{-1}$	β
碳钢 [$w(C)=0.3\% \sim 0.5\%$]	电镀铬或镍	$5 \sim 15$	3%(质量分数)NaCl 溶液	$N=10^7$	$0.25 \sim 0.45$
		$15 \sim 30$		$n=1500$	$0.8 \sim 0.95$
	喷铝	50		$N=2 \times 10^7, n=2200$	0.8
	滚子滚压	—	淡水	$N=10^7, n=1500$	1
渗氮钢 ($R_m=700 \sim 1200MPa$)	渗氮			$N=10^7 \sim 10^8$	$1.2 \sim 1.4$

注：1. 表中数据为小直径($d=8 \sim 10mm$)试样的试验数据。

　　2. 电镀铬和镍的轴在空气中的疲劳极限将降低，$\beta=0.65 \sim 0.9$。

表 12.3-15　尺寸影响系数 ε_σ、ε_τ

直径 d/mm		>20~30	>30~40	>40~50	>50~60	>60~70	>70~80	>80~100	>100~120	>120~150	>150~500
ε_σ	碳钢	0.91	0.88	0.84	0.81	0.78	0.75	0.73	0.70	0.68	0.60
	合金钢	0.83	0.77	0.73	0.70	0.68	0.66	0.64	0.62	0.60	0.54
ε_τ	各种钢	0.89	0.81	0.78	0.76	0.74	0.73	0.72	0.70	0.68	0.60

表 12.3-16　钢的 ψ_σ 及 ψ_τ 值

应力种类	系数	表面状态				
		抛光	磨光	车削	热轧	锻造
弯曲	ψ_σ	0.50	0.43	0.34	0.215	0.14
拉压	ψ_σ	0.41	0.36	0.30	0.18	0.10
扭转	ψ_τ	0.33	0.29	0.21		0.11

表 12.3-17　应力幅及平均应力计算公式

循环特性	应力名称	弯曲应力	切应力
对称循环	应力幅	$\sigma_a=\sigma_{max}=\dfrac{M}{W}$	$\tau_a=\tau_{max}=\dfrac{T}{W_p}$
	平均应力	$\sigma_m=0$	$\tau_m=0$
脉动循环	应力幅	$\sigma_a=\dfrac{\sigma_{max}}{2}=\dfrac{M}{2W}$	$\tau_a=\dfrac{\tau_{max}}{2}=\dfrac{T}{2W_p}$
	平均应力	$\sigma_m=\sigma_a$	$\tau_m=\tau_a$
说明	M、T—轴危险截面上的弯矩和转矩(N·mm) W、W_p—轴危险截面的抗弯和抗扭截面系数(mm^3)，见表 12.3-19~表 12.3-21		

3.2　轴的静强度安全系数校核

轴的静强度校核的目的在于评定轴对塑性变形的抵抗能力。静强度校核的根据是轴上作用的最大瞬时载荷(包括动载荷和冲击载荷)。对于没有特殊安全保护装置的传动，其最大瞬时载荷可按电动机过载能力 100% 来计算。危险截面的位置应是静应力较大的若干截面。

危险截面安全系数的校核计算公式为

$$S_s = \frac{S_{s\sigma} S_{s\tau}}{\sqrt{S_{s\sigma}^2 + S_{s\tau}^2}} \geqslant [S_s] \quad (12.3-4)$$

式中　$S_{s\sigma}$——只考虑弯曲时的安全系数；

　　　$S_{s\tau}$——只考虑扭转时的安全系数；

　　　$[S_s]$——静强度的许用安全系数，其值见表 12.3-18；

$$S_{s\sigma} = \frac{\sigma_s}{\dfrac{M_{max}}{W}} \qquad S_{s\tau} = \frac{\tau_s}{\dfrac{T_{max}}{W_p}}$$

式中　R_{eL}、τ_s——材料的拉伸和扭转屈服强度(MPa)；通常可取 $\tau_s \approx (0.55 \sim$

$0.62) R_{eL}$;

M_{max}、T_{max}——轴危险截面上的最大弯矩和最大
　　　　　　转矩($N \cdot mm$);

W、W_p——轴危险截面的抗弯和抗扭截面
　　　　　系数(mm^3),见表12.3-19~表
　　　　　12.3-21。

表 12.3-18　静强度的许用安全系数

R_{eL}/R_m	0.45~0.55	0.55~0.7	0.7~0.9	铸　件
$[S_s]$	1.2~1.5	1.4~1.8	1.7~2.2	1.6~2.5

注：当最大载荷只能近似求得时，表中的 $[S_s]$ 值应
　　增大 20%~50%。

表 12.3-19　轴抗弯和抗扭截面系数计算公式

截 面 形 状	W	W_p
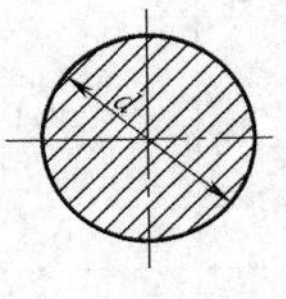	$\dfrac{\pi d^3}{32} \approx 0.1 d^3$	$\dfrac{\pi d^3}{16} \approx 0.2 d^3$
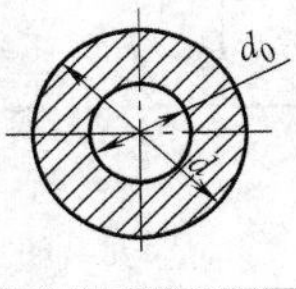	$\dfrac{\pi d^3}{32}(1-\nu^4) \approx 0.1 d^3 (1-\nu^4) \left(\nu=\dfrac{d_0}{d}\right)$	$\dfrac{\pi d^3}{16}(1-\nu^4) \approx 0.2 d^3 (1-\nu^4)$
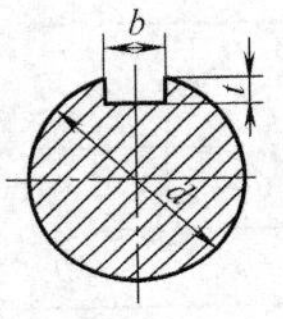	$\dfrac{\pi d^3}{32} - \dfrac{bt(d-t)^2}{2d}$	$\dfrac{\pi d^3}{16} - \dfrac{bt(d-t)^2}{2d}$
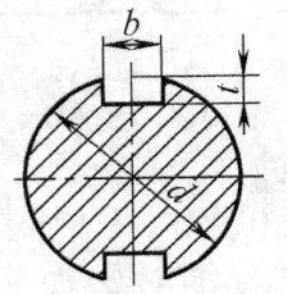	$\dfrac{\pi d^3}{32} - \dfrac{bt(d-t)^2}{d}$	$\dfrac{\pi d^3}{16} - \dfrac{bt(d-t)^2}{d}$
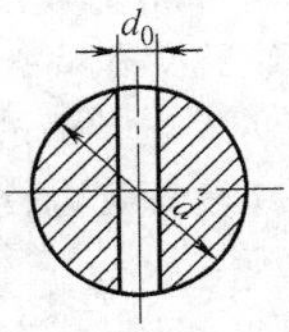	$\dfrac{\pi d^3}{32}\left(1-1.54\dfrac{d_0}{d}\right)$	$\dfrac{\pi d^3}{16}\left(1-\dfrac{d_0}{d}\right)$
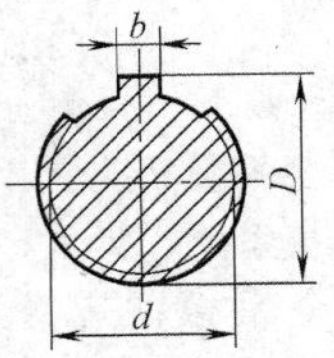	$\dfrac{\pi d^4 + b z_n (D-d)(D+d)^2}{32D}$ (z_n—花键齿数)	$\dfrac{\pi d^4 + b z_n (D-d)(D+d)^2}{16D}$
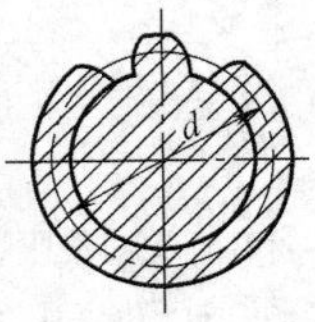	$\dfrac{\pi d^3}{32} \approx 0.1 d^3$	$\dfrac{\pi d^3}{16} \approx 0.2 d^3$

表 12.3-20　标准键槽处轴的截面系数及截面积

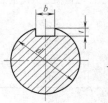 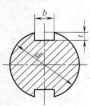

D /mm	$(b/\text{mm}) \times (h/\text{mm})$	单　键			双　键		
		W /cm³	W_p /cm³	A /cm²	W /cm³	W_p /cm³	A /cm²
20	6×6	0.643	1.43	2.93	0.5	0.28	2.72
21		0.756	1.66	3.25	0.603	1.51	3.04
22		0.889	1.92	3.59	0.719	1.78	3.38
24	8×7	1.06	2.42	4.20	0.825	2.13	3.88
25		1.25	2.79	4.59	0.97	2.5	4.27
26		1.43	3.15	4.99	1.13	2.85	4.67
28		1.83	3.98	5.84	1.49	3.65	5.52
30		2.29	4.94	6.75	1.93	4.58	6.43
32	10×8	2.65	5.86	7.54	2.08	5.30	7.04
34		3.24	7.14	8.58	2.62	6.48	8.08
35		3.57	7.78	9.12	2.93	7.14	8.62
38		4.67	10.05	10.8	3.95	9.34	10.3
40	12×8	5.36	11.65	12.0	4.45	10.72	11.4
42		6.30	13.57	13.3	5.32	12.59	12.7
45	14×9	7.61	16.56	15.1	6.29	15.23	14.4
48		9.41	20.27	17.3	7.97	18.82	16.6
50		10.75	23.02	18.9	9.22	21.5	18.1
52	16×10	11.85	25.66	20.3	9.90	23.7	19.3
55		14.24	30.58	22.8	12.14	28.48	21.8
58		16.92	36.08	25.5	14.69	33.84	24.5
60	18×11	18.26	39.47	27.0	15.31	36.52	25.8
65		23.72	50.67	31.9	20.44	47.44	30.7
70	20×12	29.5	63.18	37.0	25.32	58.98	35.5
75		36.87	78.3	42.7	32.32	73.74	41.2
80	22×14	44.85	94.32	48.3	37.78	89.7	46.3
85		53.67	114.05	54.8	46.98	107.32	52.8
90	25×14	63.4	134.9	61.4	55.08	126.7	59.1
95		75.44	159.63	68.6	66.7	150.87	66.4
100	28×16	87.89	168.09	75.7	77.6	175.76	72.9
105		101.65	215.32	83.8	89.68	203.3	81.0
110		118	248.7	92.2	105.3	236	89.4
115	32×18	132.8	282	100	116	265.6	96.8
120		152.3	322	110	135	304.5	106
130		196.5	412	129	177	393	126
140	36×20	244	514	150	219	488	145
150		304	635	172	276.6	608	168
160	40×22	367	769	196	332	734	191
170		444.7	927	222	407	889	217

（续）

D /mm	$(b/\text{mm})\times(h/\text{mm})$	单	键		双	键	
		W /cm³	W_{p} /cm³	A /cm²	W /cm³	W_{p} /cm³	A /cm²
180		521	1094	248	470	1042	241
190	45×25	619	1293	277	565	1238	270
200		728	1513	307	670	1455	301

注：表中键槽尺寸适用于 GB/T 1095—2003 中的平键。

表 12.3-21 矩形花键轴的截面系数及截面积 （$W_{\text{p}} = 2W$）

公 称 尺 寸/mm $(z_n\times D\times d\times b)$	按 D 定 心		按 d 定 心	
	W /cm³	A /cm²	W /cm³	A /cm²
	轻	系	列	
4×15×12×4	0.187	1.28	0.208	1.37
4×18×15×5	0.358	1.96	0.389	2.06
4×20×17×6	0.529	2.53	0.564	2.63
4×22×19×8	0.773	3.22	0.810	3.31
6×26×23×6	1.28	4.52	1.36	4.69
6×30×26×6	1.79	5.70	1.96	6.03
6×32×28×7	2.29	6.69	2.47	6.99
8×36×32×6	3.34	8.57	3.63	9.00
8×40×36×7	4.79	10.8	5.13	11.3
8×46×42×8	7.53	14.6	7.98	15.1
8×50×46×9	9.94	17.5	10.4	18.0
8×58×52×10	14.4	22.6	15.5	23.6
8×62×56×10	17.5	25.8	18.9	27.0
8×68×62×12	24.3	31.9	25.8	33.0
10×78×72×12	38.0	43.0	40.3	44.3
10×88×82×12	54.5	54.6	57.8	56.4
10×98×92×14	77.7	68.9	81.4	70.6
10×108×102×16	106	84.6	110	86.5
10×120×112×18	142	103	149	105
10×140×125×20	202	131	218	137
10×160×145×22	305	173	331	181
10×180×160×24	413	213	453	225
10×200×180×30	608	273	650	284
10×220×200×30	799	329	864	344
10×240×220×35	1080	401	1150	415
10×260×240×35	1360	468	1460	487

（续）

公 称 尺 寸 /mm	按 D 定 心		按 d 定 心	
($z_n \times D \times d \times b$)	W /cm^3	A /cm^2	W /cm^3	A /cm^2
中	系	列		
6×16×13×3.5	0.253	1.54	0.278	1.64
6×20×16×4	0.462	2.31	0.516	2.49
6×22×18×5	0.681	2.97	0.741	3.14
6×25×21×5	0.976	3.81	1.08	4.06
6×28×23×6	1.37	4.75	1.50	5.05
6×32×26×6	1.86	5.88	2.11	6.39
6×34×28×7	2.41	6.95	2.66	7.41
8×38×32×6	3.47	8.85	3.87	9.48
8×42×36×7	4.94	11.1	5.44	11.8
8×48×42×8	7.66	14.9	8.39	15.7
8×54×46×9	10.4	18.3	11.4	19.5
8×60×52×10	14.7	23.0	16.1	24.4
8×65×56×10	17.8	26.4	19.9	28.2
8×72×62×12	25.1	33.0	27.6	35.0
10×82×72×12	39.6	44.4	43.0	46.7
10×92×82×12	54.9	55.5	60.5	58.8
10×102×92×14	78.5	70.1	85.1	73.4
10×112×102×16	108	86.4	115	89.7
10×125×112×18	145	105	156	110
重	系	列		
10×26×21×3	0.968	3.78	1.13	4.21
10×29×23×4	1.48	4.96	1.64	5.35
10×32×26×4	1.92	5.95	2.19	6.51
10×35×28×4	2.32	6.77	2.71	7.55
10×40×32×5	3.70	9.15	4.19	10.0
10×45×36×5	4.86	11.1	5.71	12.4
10×52×42×6	7.76	15.1	9.06	16.8
10×56×46×7	10.4	18.4	11.9	20.1
16×60×52×5	14.1	22.5	16.1	24.4
16×65×56×5	17.2	25.8	19.9	28.2
16×72×62×6	24.2	32.2	27.6	35.0
16×82×72×7	37.5	43.0	42.3	46.3
20×92×82×6	53.2	54.5	60.5	58.8
20×102×92×7	76.7	69.2	85.1	73.4
补	充	系	列	
6×35×30×10	3.27	8.36	3.40	8.56
6×38×33×10	4.10	9.76	4.30	10.0
6×40×35×10	4.77	10.8	5.00	11.1
6×42×36×10	5.20	11.5	5.55	11.9
6×45×40×12	7.10	14.0	7.39	14.3
6×48×42×12	8.28	15.6	8.64	16.0
6×50×45×12	9.61	17.2	10.0	17.7
6×55×50×14	13.2	21.2	13.7	21.7
6×60×54×14	16.4	24.6	17.3	25.4
6×65×58×16	20.9	28.9	21.9	29.7
6×70×62×16	25.1	32.8	26.7	34.0

(续)

公 称 尺 寸/mm	按 D 定 心				按 d 定 心			
($z_n \times D \times d \times b$)	W /cm³		A /cm²		W /cm³		A /cm²	
	补	充		系		列		
6×75×65×16	28.7		36.1		31.2		37.9	
6×80×70×20	37.9		43.1		40.0		44.4	
6×90×80×20	53.2		54.2		56.7		56.2	
10×30×26×4	1.81		5.72		2.01		6.11	
10×32×28×5	2.40		6.84		2.58		7.15	
10×35×30×5	2.92		7.83		3.21		8.31	
10×38×33×6	4.00		9.61		4.30		10.0	
10×40×35×6	4.63		10.6		5.00		11.1	
10×42×36×6	5.06		11.3		5.55		11.9	
10×45×40×7	6.85		13.7		7.34		14.3	
16×38×33×3.5	3.80		9.32		4.22		9.95	
16×50×43×5	8.91		16.3		9.74		17.3	

4 轴的强度计算实例

例 12.3-1 试设计带式运输机减速器的主动轴（见图 12.3-3）。已知传递的功率 $P = 13\text{kW}$，转速 $n = 200\text{r} \cdot \text{min}^{-1}$，齿轮的齿宽 $B = 100\text{mm}$，齿数 $z = 40$，模数 $m_n = 5\text{mm}$，螺旋角 $\beta = 9°22'$，轴端装有联轴器。

解

（1）按转矩初步估算轴径和选择联轴器

选择轴的材料为 45 钢，经调质处理，由表 12.1-1 查得材料力学性能数据为

$$R_m = 650\text{MPa}$$
$$R_{eL} = 360\text{MPa}$$
$$\sigma_{-1} = 270\text{MPa}$$
$$\tau_{-1} = 155\text{MPa}$$
$$E = 2.15 \times 10^5 \text{MPa}$$

根据表 12.3-1 公式初步计算轴径，由于材料为 45 钢，由表 12.3-2 选取 $A = 115$，则得

$$d_{\min} = A \sqrt[3]{\frac{P}{n}}$$
$$= 115 \times \sqrt[3]{\frac{13}{200}} \text{mm}$$
$$= 46.2\text{mm}$$

考虑装联轴器加键，需将其轴径增加 4% ~ 5%，故取锥形轴伸的大端直径为 50mm。

考虑动载荷及过载，取联轴器工作情况系数 $K = 1.25$（根据联轴器篇选取），则联轴器计算转矩

$$T_c = KT = K \times 9550 \frac{P}{n}$$
$$= 1.25 \times 9550 \times \frac{13}{200} \text{N} \cdot \text{m}$$
$$= 775.93\text{N} \cdot \text{m}$$

根据工作要求选择弹性柱销联轴器。依轴径 $d = 50\text{mm}$ 和 T_c 选择联轴器的型号为：HL4 联轴器 $\dfrac{ZC50 \times 84}{YA50 \times 112}$ GB/T 5014—2003，允许最大转矩 $[T] = 1250\text{N} \cdot \text{m}$。

（2）轴的结构设计

如图 12.3-3a 所示，根据轴的受力，选取 6000 型滚动轴承。为便于轴承的装配，取装轴承处的直径 $d_1 = 55\text{mm}$，装齿轮处的轴径 $d_2 = 60\text{mm}$，$a = b = 80\text{mm}$，$c = 170\text{mm}$，$D_1 = 150\text{mm}$。初选滚动轴承 6311，其宽度 $B = 29\text{mm}$，根据结构要求取轴环宽度为 15mm。

（3）轴上受力分析

轴传递的转矩 $T_1 = 9550 \dfrac{P}{n} = 9550 \times \dfrac{13}{200} \text{N} \cdot \text{m} = 620.75\text{N} \cdot \text{m} = 620750\text{N} \cdot \text{mm}$

齿轮圆周力 $F_t = \dfrac{2T_1}{d_1} = \dfrac{2 \times 620750}{40 \times 5 / \cos 9°22'} \text{N} = 6124\text{N}$

齿轮的径向力 $F_r = F_t \dfrac{\tan\alpha_n}{\cos\beta} = 6124 \times \dfrac{0.364}{0.986} \text{N} = 2260\text{N}$

齿轮的轴向力 $F_x = F_t \tan\beta = 6124 \times 0.164\text{N} = 1004\text{N}$

联轴器因制造和安装误差所产生的附加圆周力 F_0（方向不定）为

$$F_0 \approx 0.3 \frac{2T_1}{D_1}$$
$$= 0.3 \times \frac{2 \times 620750}{150} \text{N}$$
$$= 2483\text{N}$$

该轴受力简图见图 12.3-3b。

在水平平面内的支反力（见图 12.3-3c）

由 $\Sigma M_A = 0$ 得

$$R_{Bz}(a+b) - F_r a + F_a \frac{d_1}{2} = 0$$

$$R_{Bz} = \frac{F_r a - F_a \dfrac{d_1}{2}}{a+b}$$

$$= \frac{2260 \times 0.08 - 1004 \times \dfrac{0.202}{2}}{0.08 + 0.08}\text{N}$$

$$= 496\text{N}$$

由 $\Sigma F_z = 0$，得 $R_{Az} = F_r - R_{Bz} = 2260\text{N} - 496\text{N} = 1764\text{N}$

在垂直平面的支反力（见图 12.3-3e），由图可知

$$R_{Ay} = R_{By} = \frac{1}{2} F_t$$

$$= \frac{6124}{2}\text{N}$$

$$= 3062\text{N}$$

由于 F_0 的作用，在支点 A、B 处（见图 12.3-3g）的支反力为

由 $\Sigma M_B = 0$ 得 $R_{A0}(a+b) - F_0 c = 0$

则 $\quad R_{A0} = \dfrac{F_0 c}{a+b} = \dfrac{2483 \times 0.17}{0.08 + 0.08}\text{N} = 2638\text{N}$

$$R_{B0} = F_0 + R_{A0}$$
$$= 2483\text{N} + 2638\text{N}$$
$$= 5121\text{N}$$

（4）弯矩图

由齿轮的作用力在水平平面的弯矩图（见图 12.3-3d），
$M_{Dz} = R_{Az} a = 1764 \times 0.08\text{N} \cdot \text{m} = 141\text{N} \cdot \text{m}$；

$$M'_{Dz} = M_{Dz} - F_a \frac{d_1}{2}$$

$$= \left(141 - 1004 \times \frac{0.202}{2} \right)\text{N} \cdot \text{m}$$

$$= 40\text{N} \cdot \text{m}$$

由齿轮的作用力在垂直平面的弯矩图（见图 12.3-3f），$M_{Dy} = R_{Ay} a = 3062 \times 0.08\text{N} \cdot \text{m} = 245\text{N} \cdot \text{m}$

由于齿轮作用力在 D 截面的最大合成弯矩

$$M'_D = \sqrt{M_{Dz}^2 + M_{Dy}^2}$$

$$= \sqrt{141^2 + 245^2}\text{N} \cdot \text{m}$$

$$= 282\text{N} \cdot \text{m}$$

由 F_0 的作用画出的弯矩图（见图 12.3-3h），

$M_{B0} = F_0 c = 2483 \times 0.17\text{N} \cdot \text{m} = 422\text{N} \cdot \text{m}$。该弯矩图的作用平面不定，但当其与上述合成弯矩图共面时是危险情况。这时其弯矩为二者之和，如截面 D 的最大弯矩为

$$M_D = M'_D + M_{D0} = (282 + 211)\text{N} \cdot \text{m}$$

$$= 493\text{N} \cdot \text{m}$$

（5）转矩图（见图 12.3-3i）

$$T_1 = 620.75\text{N} \cdot \text{m}$$

（6）确定危险截面并计算其安全系数

根据轴的结构尺寸及弯矩图、转矩图，截面 B 处弯矩较大，且有轴承配合引起的应力集中；截面 E 处弯矩也较大，直径较小，又有圆角引起的应力集中；截面 D 处弯矩最大，且有齿轮配合与键槽引起的应力集中，故属危险截面。下面以截面 D 为例进行其安全系数校核。

由于轴转动，弯矩引起对称循环的弯曲应力，其应力幅为

$$\sigma_a = \frac{M_D}{W} = \frac{493 \times 10^3}{18.26 \times 10^3}\text{MPa}$$

$$= 27\text{MPa}$$

式中　W——抗弯截面系数，由表 12.3-20 查得

$$W = 18.26\text{cm}^3 = 18.26 \times 10^3\text{mm}^3$$

弯曲正应力的平均应力 $\sigma_m = 0$

根据式（12.3-2）

$$S_\sigma = \frac{\sigma_{-1}}{\dfrac{K_\sigma}{\beta \varepsilon_\sigma} \sigma_a + \psi_\sigma \sigma_m}$$

$$= \frac{270}{\dfrac{2.62}{0.92 \times 0.81} \times 27 + 0}$$

$$= 2.84$$

式中　σ_{-1}——材料在对称循环应力时试件的弯曲疲劳极限，由表 12.1-1 查得 $\sigma_{-1} = 270\text{MPa}$；

$\quad K_\sigma$——正应力的有效应力集中系数，由表 12.3-8 按键查得 $K_\sigma = 1.82$；按配合查得 $K_\sigma = 2.62$，此处取 $K_\sigma = 2.62$；

$\quad \beta$——表面质量系数，轴经车削加工，由表 12.3-11 查得 $\beta = 0.92$；

$\quad \varepsilon_\sigma$——尺寸系数，由表 12.3-15 查得 $\varepsilon_\sigma = 0.81$。

转矩 $T_1 = 620.75\text{N} \cdot \text{m}$，考虑到轴上作用的转矩总是有些变动，故单向传递转矩的轴的切应力一般视为脉动循环应力。

$$\tau_m = \tau_a = \frac{T_1}{2W_p}$$

$$= \frac{620.75 \times 10^3}{2 \times 39.47 \times 10^3}\text{MPa}$$

$$= 7.86\text{MPa}$$

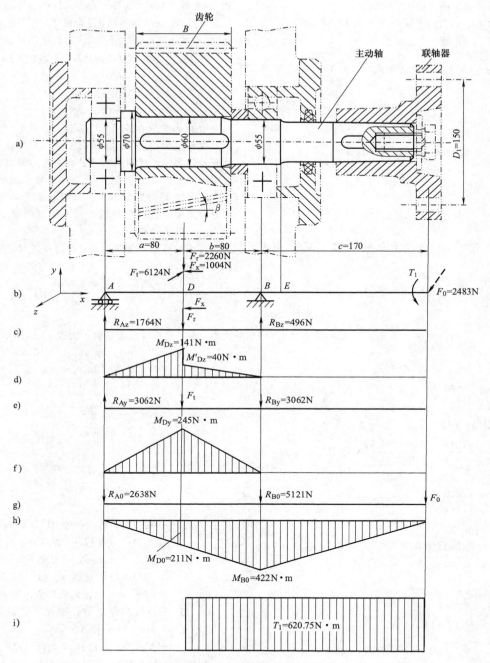

图 12.3-3　轴的载荷分布

式中　W_p——抗扭截面系数，由表 12.3-20 查得

$$W_p = 39.47 \text{cm}^3 = 39.47 \times 10^3 \text{mm}^3$$

根据式（12.3-3）

$$S_\tau = \frac{\tau_{-1}}{\frac{K_\tau}{\beta \varepsilon_\tau} \tau_a + \psi_\tau \tau_m}$$

$$= \frac{155}{\frac{1.88}{0.92 \times 0.76} \times 7.86 + 0.21 \times 7.86}$$

$$= 6.80$$

式中　τ_{-1}——材料在对称循环应力时试件的扭转疲劳
　　　　　　极限，由表 12.1-1 查得 $\tau_{-1} = 155\text{MPa}$；

K_τ——切应力的有效应力集中系数，由表
12.3-8，按键查得 $K_\tau = 1.61$；按配合查
得 $K_\tau = 1.88$，此处取 $K_\tau = 1.88$；

β——同正应力情况；

ε_τ——尺寸系数，由表 12.3-15 查得
$\varepsilon_\tau = 0.76$；

ψ_τ——平均应力折算系数，由表 12.3-16 查得
$\psi_\tau = 0.21$。

按式（12.3-1）

$$S = \frac{S_\sigma S_\tau}{\sqrt{S_\sigma^2 + S_\tau^2}}$$

$$= \frac{2.84 \times 6.80}{\sqrt{2.84^2 + 6.80^2}}$$

$$= 2.62$$

由表 12.3-7 可知，$[S] = 1.3 \sim 2.5$
故 $S > [S]$，该轴 D 截面是安全的。

第4章 轴的刚度校核

轴在载荷的作用下，将产生弯曲和扭转变形。若变形量超过允许的限度，就会影响轴上零件的正常工作。因此在设计重要的轴时，必须检验轴的变形量，即做轴的刚度校核。轴的刚度分为弯曲刚度和扭转刚度，前者以挠度 y 和偏转角 θ 来度量，后者以扭转角 φ 来度量。

一般机械制造业中，轴的变形许用值见表12.4-1。

表 12.4-1 轴的变形许用值

变形		名　　　称	变形许用值
弯曲变形	挠度 y	一般用途轴	$[y] = (0.0003 \sim 0.0005)L$
		刚度要求高的轴	$[y] = 0.0002L$
		安装齿轮的轴	$[y] = (0.01 \sim 0.03)m_n$
		安装蜗轮的轴	$[y] = (0.02 \sim 0.05)m_t$
		感应电动机轴	$[y] \leqslant 0.1\delta$
	偏转角 θ	滑动轴承处	$[\theta] = 0.001\text{rad}$
		深沟球轴承处	$[\theta] = 0.005\text{rad}$
		调心球轴承处	$[\theta] = 0.05\text{rad}$
		圆柱滚子轴承处	$[\theta] = 0.0025\text{rad}$
		圆锥滚子轴承处	$[\theta] = 0.0016\text{rad}$
		安装齿轮处	$[\theta] = (0.001 \sim 0.002)\text{rad}$
扭转变形	扭转角 φ	一般轴	$[\varphi] = (0.5° \sim 1°)/\text{m}$
		精密传动轴	$[\varphi] = (0.25° \sim 0.5°)/\text{m}$
		精度要求不高传动轴	$[\varphi] \geqslant 1°/\text{m}$
		重型机床走刀轴	$[\varphi] = 5'/\text{m}$
		起重机传动轴	$[\varphi] = (15' \sim 20')/\text{m}$
说明			L—支承间跨距
			δ—电动机定子与转子间的气隙
			m_n—齿轮法面模数
			m_t—蜗轮端面模数

1 轴的弯曲刚度校核

轴在载荷作用下若产生过大的弯曲变形，会影响轴上零件的正常工作。例如，安装齿轮的轴，如轴的弯曲刚度不足而产生过大的挠度 y 和偏转角 θ，会使齿轮轮齿啮合发生偏载。在电动机中，轴的过大挠度 y 会改变电动机转子与定子间的间隙，使电动机性能恶化。在滑动轴承中运转的轴颈，轴的偏转角 θ 过大，会使轴承与轴颈发生边缘接触，加剧磨损和导致胶合。对于用滚动轴承支承的轴，偏转角 θ 会使轴承

内、外套圈互相倾斜，如偏转角超过滚动轴承的允许转角，就显著降低滚动轴承的使用寿命。

要精确计算出轴的弯曲变形是比较困难的，由于轴承间隙、箱体刚度、配合在轴上的零件的刚度，以及轴的局部削弱等都影响到轴的变形。因此，在计算中要进行不同程度的简化。

轴的弯曲变形计算，可采用材料力学的图解法、当量直径法或能量法。图解法比较适用于求轴上多点变形量或整根轴的挠度曲线；当量直径法是把阶梯轴当作直径为 d_m 的等直径轴来计算，只适用于对各段直径相差很小的阶梯轴的近似计算；当只需比较精确地计算轴上某几个特定点的变形或利用计算机时，可用能量法。

1.1 能量法

用能量法计算轴的弯曲变形时，需先绘出轴的外形图和弯矩 M 图（见图 12.4-1a、b），如果需计算 A 处的挠度 y_A，则在 A 处加一单位力 $F_i = 1\text{N}$，单位力的方向与变形方向相同，并绘出其弯矩 M' 图，如图 12.4-1c 所示。若要计算 B 处的偏转角 θ_B，则在 B 处加一个与变形方向相同的单位弯矩 $M_i = 1\text{N} \cdot \text{mm}$，并绘制出其弯矩 (M') 图（见图 12.4-1d）。然后按 M、M' 及截面的连续性把轴分为若干段，如图 12.4-1c、d 所示，则变形量

$$\Delta_i = \sum_{i=1}^{n} \int_0^{l_i} \frac{MM'}{EI} \mathrm{d}l \qquad (12.4\text{-}1)$$

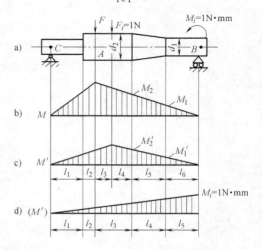

图 12.4-1 能量法计算轴变形简图

式中　Δ_i——计算变形处的变形量（挠度 y 或转角 θ）（mm 或 rad）；

　　　M——轴所受弯矩（N·mm）；

　　　M'——在计算变形处加单位力 $F_i = 1\text{N}$ 或单位力矩 $M_i = 1\text{N·mm}$ 时轴上引起的弯矩（N·mm）；

　　　E——材料弹性模量，对于钢，$E = 2.1 \times 10^5 \text{MPa}$；

　　　I——截面惯性矩（mm^4）；

　　　l_i——各轴段的长度（mm）。

各种轴段的积分值 $\int_0^{l_i} \dfrac{MM'}{EI}\mathrm{d}l$ 列于表 12.4-2 中。

表 12.4-2　积分值 $\displaystyle\int_0^{l_i} \frac{MM'}{EI}\mathrm{d}l$

变 矩 图	轴 段 形 状	$\displaystyle\int_0^{l_i} \frac{MM'}{EI}\mathrm{d}l$
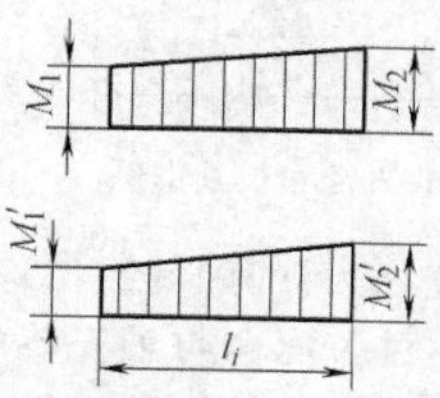	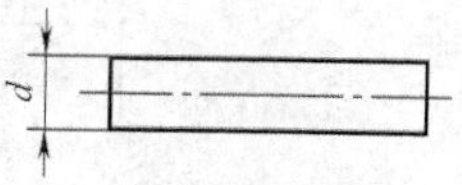	$\dfrac{l_i}{0.294Ed^4}\left[M_1(2M'_1+M'_2)+M_2(2M'_2+M'_1)\right]$
	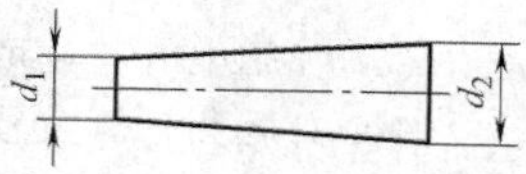	$\dfrac{l_i}{0.294Ed_1^3 d_2^3}\left[2d_2^2 M_1 M'_1 + d_1 d_2(M_1 M'_2 + M'_1 M_2) + 2d_1^2 M'_2 M_2\right]$
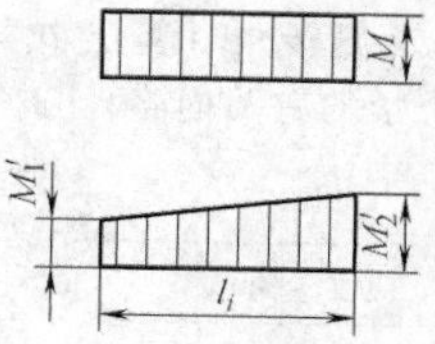	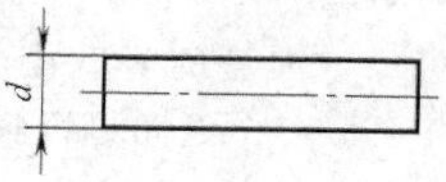	$\dfrac{l_i}{0.098Ed^4}(M'_1 + M'_2)M$
	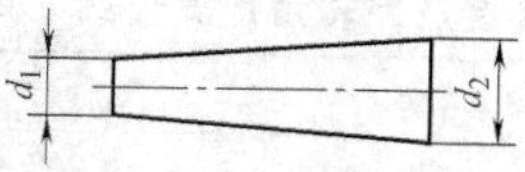	$\dfrac{l_i}{0.294Ed_1^3 d_2^3}M\left[2d_2^2 M'_1 + d_1 d_2(M'_1 + M'_2) + 2d_1^2 M'_2\right]$
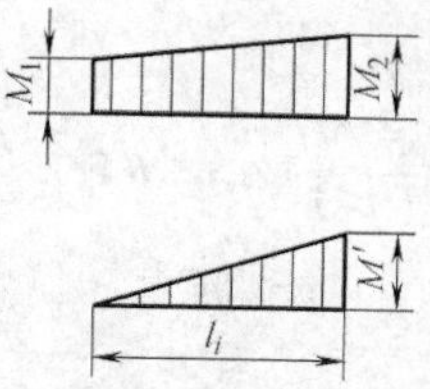	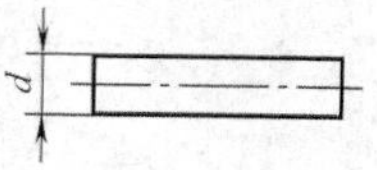	$\dfrac{l_i}{0.294Ed^4}M'(M_1 + 2M_2)$
	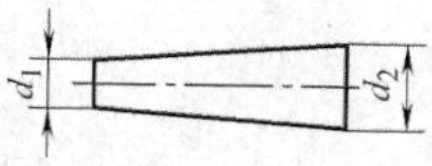	$\dfrac{l_i}{0.294Ed_1^2 d_2^3}(d_2 M_1 M' + 2d_1 M_2 M')$
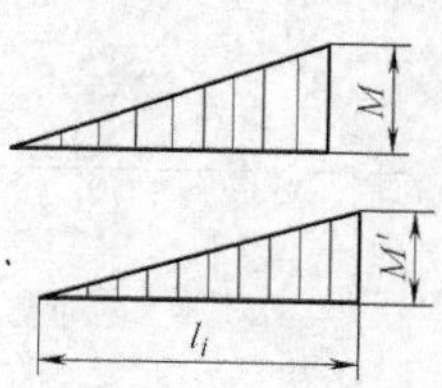	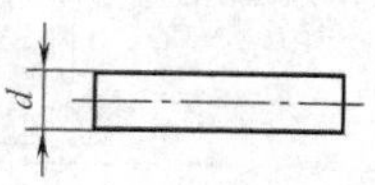	$\dfrac{l_i}{0.147Ed^4}MM'$
	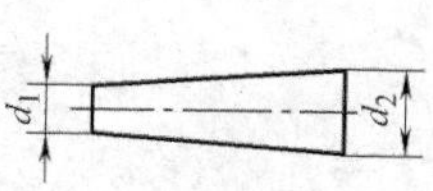	$\dfrac{l_i}{0.147Ed_1 d_2^3}MM'$
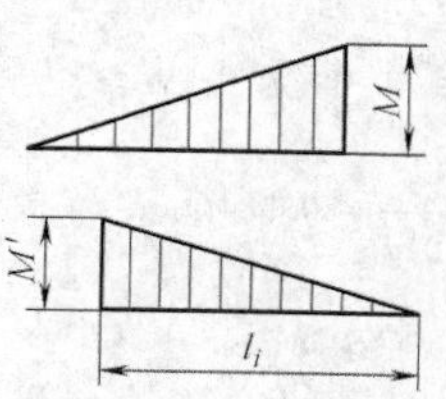	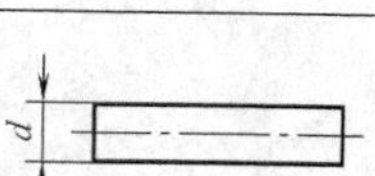	$\dfrac{l_i}{0.294Ed^4}MM'$
	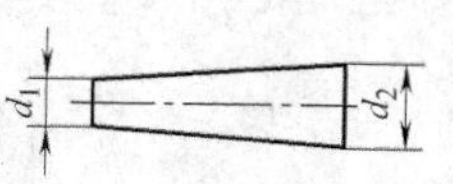	$\dfrac{l_i}{0.294Ed_1^2 d_2^2}MM'$

注：1. 如 M 和 M' 的方向相反，则其中一个取 "+"，另一个取 "-"。

　　2. 如轴段为空心圆柱形，则表中的 d^4 要用 $(d^4 - d_0^4)$ 代替。

如果轴上各载荷不在同一平面内，可把这些载荷分解为互相垂直的两个平面内的分力，分别算出在这两个平面内各截面处的 y 及 θ，然后用矢量法求出合成挠度和合成偏转角。

1.2　当量直径法

把不等直径的阶梯轴，连同安装的零件，当成直径为 $d_{\rm m}$ 的等直径轴计算。其计算公式为

$$d_{\rm m} = \sqrt[4]{\dfrac{L}{\displaystyle\sum_{i=1}^{n} \dfrac{l_i}{d_i^4}}} \qquad (12.4\text{-}2)$$

式中　l_i——阶梯轴 i 段的长度；

　　　d_i——阶梯轴 i 段的直径；

　　　L——两支承之间的长度；

当载荷作用于两支承之间时，$L=l$；

当载荷作用于悬臂端时，$L=l+K$，K 为轴的悬臂长度。

图 12.4-2 为选取轴等效直径和长度举例。如图中所示两支承之间与轴安装在一起的零件，其计算长度为零件宽度的 1/2，如齿宽 $2l_5$，则等效直径长

取 l_5，等效直径取节圆直径 d_5；安装在轴悬臂端上的实心齿轮，计算长度取零件宽度的 1/4，如齿宽 $4l_1$，则取 l_1 为计算长度，节圆直径 d_1 为等效直径。

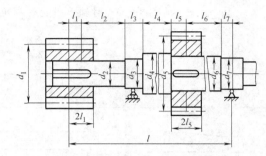

图 12.4-2　选取轴等效直径和长度举例

如轴上有花键取平均直径为计算直径，实心带轮取外径为计算直径；用小过盈配合与轴安装的零件，如滚动轴承内圈，则不计入，仍按原轴径为计算直径。

典型的等直径轴的挠度及偏转角计算公式见表 12.4-3，更详尽资料见材料力学的有关内容。

表 12.4-3　轴的挠度及偏转角计算公式

梁的类型及载荷简图	偏转角 $\theta/{\rm rad}$	挠度 $y/{\rm mm}$
(图)	$\theta_A = \dfrac{Fcl}{6\times10^4 d^4}$ $\theta_B = -\dfrac{Fcl}{3\times10^4 d^4} = -2\theta_A$ $\theta_C = \theta_B - \dfrac{Fc^2}{2\times10^4 d^4}$ $\theta_x = \theta_A\left[1-3\left(\dfrac{x}{l}\right)^2\right]$（在 A—B 段）	$y_C = \theta_B c - \dfrac{Fc^3}{3\times10^4 d^4}$ $y_x = \theta_A x\left[1-\left(\dfrac{x}{l}\right)^2\right]$（在 A—B 段） $y_{\max} = \dfrac{Fcl^2}{9\sqrt{3}\times10^4 d^4} \approx 0.384 l\theta_A$ $\left(\text{在 } x=\dfrac{l}{\sqrt{3}} \approx 0.577l \text{ 处}\right)$
(图)	$\theta_A = -\dfrac{Ml}{6\times10^4 d^4}$ $\theta_B = \dfrac{Ml}{3\times10^4 d^4} = -2\theta_A$ $\theta_C = \theta_B + \dfrac{Mc}{10^4 d^4}$ $\theta_x = \theta_A\left[1-3\left(\dfrac{x}{l}\right)^2\right]$（在 A—B 段）	$y_C = \theta_B c + \dfrac{Mc^2}{2\times10^4 d^4}$ $y_x = \theta_A x\left[1-\left(\dfrac{x}{l}\right)^2\right]$（在 A—B 段） $y_{\max} = -\dfrac{Ml^2}{9\sqrt{3}\times10^4 d^4} \approx 0.384 l\theta_A$ $\left(\text{在 } x=\dfrac{l}{\sqrt{3}} \approx 0.577l \text{ 处}\right)$

（续）

梁的类型及载荷简图	偏转角 θ/rad	挠度 y/mm
(a>b)	$\theta_A = -\dfrac{Fab}{6\times10^4 d^4}\left(1+\dfrac{b}{l}\right)$　　$\theta_B = \dfrac{Fab}{6\times10^4 d^4}\left(1+\dfrac{a}{l}\right)$　　$\theta_C = \theta_B$　　$\theta_D = -\dfrac{Fab}{3\times10^4 d^4}\left(1-2\dfrac{a}{l}\right)$　　$\theta_x = -\dfrac{Fbl}{6\times10^4 d^4}\left[1-\left(\dfrac{b}{l}\right)^2-3\left(\dfrac{x}{l}\right)^2\right]$　（在 A—D 段）　　$\theta_{x1} = \dfrac{Fal}{6\times10^4 d^4}\left[1-\left(\dfrac{a}{l}\right)^2-3\left(\dfrac{x_1}{l}\right)^2\right]$　（在 B—D 段）	$y_C = \theta_B c$　　$y_x = -\dfrac{Fblx}{6\times10^4 d^4}\left[1-\left(\dfrac{b}{l}\right)^2-\left(\dfrac{x}{l}\right)^2\right]$　（在 A—D 段）　　$y_{x1} = -\dfrac{Falx_1}{6\times10^4 d^4}\left[1-\left(\dfrac{a}{l}\right)^2-\left(\dfrac{x_1}{l}\right)^2\right]$　（在 B—D 段）　　$y_D = -\dfrac{Fa^2 b^2}{3\times10^4 l d^4}$　　$y_{max}^* = -\dfrac{Fbl^2}{9\sqrt{3}\times10^4 d^4}\left[1-\left(\dfrac{b}{l}\right)^2\right]^{3/2}$　　$\approx 0.384 l\theta_A\sqrt{1-\left(\dfrac{b}{l}\right)^2}$　　$\left(\text{在 } x=\sqrt{\dfrac{l^2-b^2}{3}}\approx 0.577\sqrt{l^2-b^2}\text{ 处}\right)$
(a>b)	$\theta_A = -\dfrac{Ml}{6\times10^4 d^4}\left[1-3\left(\dfrac{b}{l}\right)^2\right]$　　$\theta_B = -\dfrac{Ml}{6\times10^4 d^4}\left[1-3\left(\dfrac{a}{l}\right)^2\right]$　　$\theta_C = \theta_B$　　$\theta_D = \dfrac{Ml}{3\times10^4 d^4}\left[1-3\dfrac{a}{l}+3\left(\dfrac{a}{l}\right)^2\right]$　　$\theta_x = -\dfrac{Ml}{6\times10^4 d^4}\left[1-3\left(\dfrac{b}{l}\right)^2-3\left(\dfrac{x}{l}\right)^2\right]$　（在 A—D 段）　　$\theta_{x1} = -\dfrac{Ml}{6\times10^4 d^4}\left[1-3\left(\dfrac{a}{l}\right)^2-3\left(\dfrac{x_1}{l}\right)^2\right]$　（在 B—D 段）	$y_C = \theta_B c$　　$y_x = -\dfrac{Mlx}{6\times10^4 d^4}\left[1-3\left(\dfrac{b}{l}\right)^2-\left(\dfrac{x}{l}\right)^2\right]$　（在 A—D 段）　　$y_{x1} = \dfrac{Mlx_1}{6\times10^4 d^4}\left[1-3\left(\dfrac{a}{l}\right)^2-\left(\dfrac{x_1}{l}\right)^2\right]$　（在 B—D 段）　　$y_D = -\dfrac{Mab}{3\times10^4 d^4}\left(1-2\dfrac{b}{l}\right)$　　$y_{max}^* = -\dfrac{Ml^2}{9\sqrt{3}\times10^4 d^4}\left[1-3\left(\dfrac{b}{l}\right)^2\right]^{3/2}$　　$\approx 0.384 l\theta_A\sqrt{1-3\left(\dfrac{b}{l}\right)^2}$　　$\left(\text{在 } x=\sqrt{\dfrac{l^2-3b^2}{3}}\approx 0.577\sqrt{l^2-3b^2}\text{ 处}\right)$

注：1. 如果实际作用载荷的方向与图示相反，则公式中的正负号应相应改变。

2. 表中公式适用于弹性模量 $E = 206\times10^3\,\mathrm{MPa}$。

3. 标有 "*" 的 y_{max} 计算公式适用于 a>b 的场合，y_{max} 产生在 A—D 段。当 a<b 时，y_{max} 产生在 B—D 段，计算时应将式中的 b 换成 a，x 换成 x_1，θ_A 换成 θ_B。

2　轴的扭转刚度校核

轴的扭转刚度校核就是计算轴在工作时的扭转变形量。对于一般机器中的轴，扭转刚度并不是主要考虑的因素。但在某些类型机器中，轴的过大扭转变形会影响机器的性能和工作精度。例如，内燃机凸轮轴的扭转角 φ 如过大，会影响气门的正确启闭时间；龙门式起重机运行部分传动轴的扭转角过大会影响驱动轮的同步性；对于有发生扭转振动危险的轴以及操纵系统中的轴来说，都必须具有较大的扭转刚度。

对于圆形轴扭转角 φ 的简化计算公式见表 12.4-4。

对于实心圆形钢轴每米长度扭转角的校核计算式为

$$\varphi = \frac{T}{138.5 d^4} \leqslant [\varphi] \qquad (12.4\text{-}3)$$

满足此刚度要求的轴直径可由式（12.4-4）求得

$$d \geqslant \sqrt[4]{\frac{T}{138.5[\varphi]}} \qquad (12.4\text{-}4)$$

表 12.4-4　圆形轴扭转角 φ 的简化计算公式

轴的种类		公　式	说　明
光轴	实心轴	$\varphi = 584 \dfrac{Tl}{Gd^4}$	T—轴传递的转矩（N·mm） l—轴受转矩作用的长度（mm）
	空心轴	$\varphi = 584 \dfrac{Tl}{G\,(d^4 - d_0^4)}$	d—轴的外直径（mm） d_0—空心轴的内直径（mm） G—材料的切变模量（MPa）
阶梯轴	实心轴	$\varphi = \dfrac{584}{G} \displaystyle\sum_{i=1}^{n} \dfrac{T_i l_i}{d_i^4}$	对钢 $G = 8.1 \times 10^8$ MPa T_i, l_i, d_i, d_{0i}—分别代表阶梯轴第 i 段上所传递的转矩，长度，内、外直径
	空心轴	$\varphi = \dfrac{584}{G} \displaystyle\sum_{i=1}^{n} \dfrac{T_i l_i}{(d_i^4 - d_{0i}^4)}$	

3　轴的刚度计算实例

例 12.4-1　轴的结构简图及其有关尺寸如图 12.4-3 所示，其中图 a 为结构简图，图 b 及图 c 分别为该轴在水平和垂直两个平面中的受力简图。轴的材料为 45 钢，$E = 2.15 \times 10^5$ MPa，试计算轴上截面 N 处的挠度 y_N 及支承 B 处的偏转角 θ_B，齿轮模数 $m = 2$mm。

解　用能量法计算。

1）根据轴受力情况求出支反力之后（见图 12.4-3b、c），画出轴在水平和垂直两个平面中的弯矩 M_{xz} 及 M_{yz}（N·mm）图，见图 12.4-3d、e。

2）在截面 N 处加单位力 $F_i = 1$N，画弯矩 M'（N·mm）图，见图 12.4-3f。

3）在支承 B 处加单位力矩 $M_i = 1$N·mm，画弯矩 M'（N·mm）图，见图 12.4-3g。

4）计算 y_N：

① 计算水平平面中的挠度 y_{Nxz}。取矩形花键处的轴径为 $d_1 = d_8 = (25+22)/2$mm = 23.5mm。按图 12.4-3a、d、f 的数值及表 12.4-2 的相应算式，计算各轴段和累计挠度，计算结果列于 y_{Nxz} 的计算表中。

② 计算垂直平面中的挠度 y_{Nyz}。

按图 12.4-3a、e、f 的数值及表 12.4-2 的相应算式计算，结果列于 y_{Nyz} 的计算表中。

③ 计算合成挠度 y_N

$$y_N = \sqrt{y_{Nxz}^2 + y_{Nyz}^2} = \sqrt{176.3^2 + 84.95^2} \times 10^{-4} \text{mm}$$
$$= 0.0196\text{mm}$$

5）计算 θ_B：

① 水平平面中的偏转角 θ_{Bxz} 的计算，按图 12.4-3a、d、g 的数值及表 12.4-2 的相应算式进行计算，结果列于 θ_{Bxz} 的计算表中。

② 垂直平面中的偏转角 θ_{Byz} 的计算，按图 12.4-3a、e、g 的数值及表 12.4-2 的相应公式计算，结果列于 θ_{Byz} 的计算表中。

③ 计算合成偏转角 θ_B

$$\theta_B = \sqrt{\theta_{Bxz}^2 + \theta_{Byz}^2} = \sqrt{14.57^2 + 9.43^2} \times 10^{-5} \text{rad}$$
$$= 17.36 \times 10^{-5} \text{rad} \approx 0.000174\text{rad}$$

6）计算许用变形值：

根据轴的变形许用值表 12.4-1 中的规定：安装齿轮轴的许用挠度 $[y] \leqslant (0.01 \sim 0.03) m_n = (0.01 \sim 0.03) \times 2$mm = 0.02 ~ 0.06mm。

由表 12.4-1 查得，安装圆锥滚子轴承处，

$$[\theta] \leqslant 0.0016\text{rad}$$

该例中的轴计算结果：

$$y_N = 0.0196\text{mm} < [y] = 0.02 \sim 0.06\text{mm}$$
$$\theta_B = 0.000174\text{rad} < [\theta] = 0.0016\text{rad}$$

所以，实际变形 y_N、θ_B 均小于许用值，故轴的刚度完全满足要求。

y_{Nxz} 的计算表

轴　段	$\displaystyle\int_0^{l_i} \dfrac{MM'}{EI}\mathrm{d}l$	计算结果/mm
l_1	$\dfrac{11}{0.147 \times 2.15 \times 10^5 \times 23.5^4} \times 19800 \times 11$	2.49×10^{-4}
l_2	$\dfrac{41}{0.294 \times 2.15 \times 10^5 \times 30^4} [19800 \times (2 \times 11 + 52) + 93600 \times (2 \times 52 + 11)]$	97.9×10^{-4}
l_3	$\dfrac{3}{0.294 \times 2.15 \times 10^5 \times 30^4} [93600 \times (2 \times 52 + 50.2) + 88900 \times (2 \times 50.2 + 52)]$	16.4×10^{-4}
l_4	$\dfrac{76}{0.294 \times 2.15 \times 10^5 \times 35^4} [88900 \times (2 \times 50.2 + 1.9) + (-30600) \times (2 \times 1.9 + 50.2)]$	59.6×10^{-4}
l_5	$\dfrac{3}{0.294 \times 2.15 \times 10^5 \times 30^4} \times 1.9 \times [2 \times (-30600) + (-35300)]$	-0.107×10^{-4}

（续）

轴　段	$\displaystyle\int_0^{l_i}\dfrac{MM'}{EI}\mathrm{d}l$	计算结果/mm
l_6,l_7,l_8	$M'=0$	0
累　计	$y_{\mathrm{Nxz}}=\Delta_i=\displaystyle\sum_{i=1}^{8}\int_0^{l_i}\dfrac{MM'}{EI}\mathrm{d}l$	176.3×10^{-4}

y_{Nyz} 的计算表

轴　段	$\displaystyle\int_0^{l_i}\dfrac{MM'}{EI}\mathrm{d}l$	计算结果/mm
l_1	$\dfrac{11}{0.147\times2.15\times10^5\times23.5^4}\times7250\times11$	0.91×10^{-4}
l_2	$\dfrac{41}{0.294\times2.15\times10^5\times30^4}\left[7250\times(2\times11+52)+34300\times(2\times52+11)\right]$	35.9×10^{-4}
l_3	$\dfrac{3}{0.294\times2.15\times10^5\times30^4}\left[34300\times(2\times52+50.2)+34200\times(2\times50.2+52)\right]$	6.15×10^{-4}
l_4	$\dfrac{76}{0.294\times2.15\times10^5\times35^4}\left[34200\times(2\times50.2+1.9)+32000\times(2\times1.9+50.2)\right]$	41.88×10^{-4}
l_5	$\dfrac{3}{0.294\times2.15\times10^5\times30^4}\times1.9\times(2\times31900+32000)$	0.107×10^{-4}
l_6,l_7,l_8	$M'=0$	0
累　计	$y_{\mathrm{Nyz}}=\Delta_i=\displaystyle\sum_{i=1}^{8}\int_0^{l_i}\dfrac{MM'}{EI}\mathrm{d}l$	84.95×10^{-4}

θ_{Bxz} 的计算表

轴　段	$\displaystyle\int_0^{l_i}\dfrac{MM'}{EI}\mathrm{d}l$	计算结果/rad
l_1,l_2	$M'=0$	0
l_3	$\dfrac{3}{0.294\times2.15\times10^5\times30^4}\left[93600\times(2\times1+0.963)+88900\times(2\times0.963+1)\right]$	3.15×10^{-5}
l_4	$\dfrac{76}{0.294\times2.15\times10^5\times35^4}\left[88900\times(2\times0.963+0.037)+(-30600)\times(2\times0.037+0.0963)\right]$	11.44×10^{-5}
l_5	$\dfrac{3}{0.294\times2.15\times10^5\times30^4}\times0.037\times\left[2\times(-30600)+(-35300)\right]$	-0.021×10^{-5}
l_6,l_7,l_8	$M'=0$	0
累　计	$\theta_{\mathrm{Bxz}}=\Delta_i=\displaystyle\sum_{i=1}^{8}\int_0^{l_i}\dfrac{MM'}{EI}\mathrm{d}l$	14.57×10^{-5}

θ_{Byz} 的计算表

轴　段	$\displaystyle\int_0^{l_i}\dfrac{MM'}{EI}\mathrm{d}l$	计算结果/rad
l_1,l_2	$M'=0$	0
l_3	$\dfrac{3}{0.294\times2.15\times10^5\times30^4}\left[34300\times(2\times1+0.963)+34200\times(2\times0.963+1)\right]$	1.18×10^{-5}
l_4	$\dfrac{76}{0.294\times2.15\times10^5\times35^4}\left[34200\times(2\times0.963+0.037)+32000\times(2\times0.037+0.0963)\right]$	8.04×10^{-5}
l_5	$\dfrac{3}{0.294\times2.15\times10^5\times30^4}\times0.037\times(2\times32000+31900)$	0.021×10^{-5}
l_6,l_7,l_8	$M'=0$	0
累　计	$\theta_{\mathrm{Byz}}=\Delta_i=\displaystyle\sum_{i=1}^{8}\int_0^{l_i}\dfrac{MM'}{EI}\mathrm{d}l$	9.43×10^{-5}

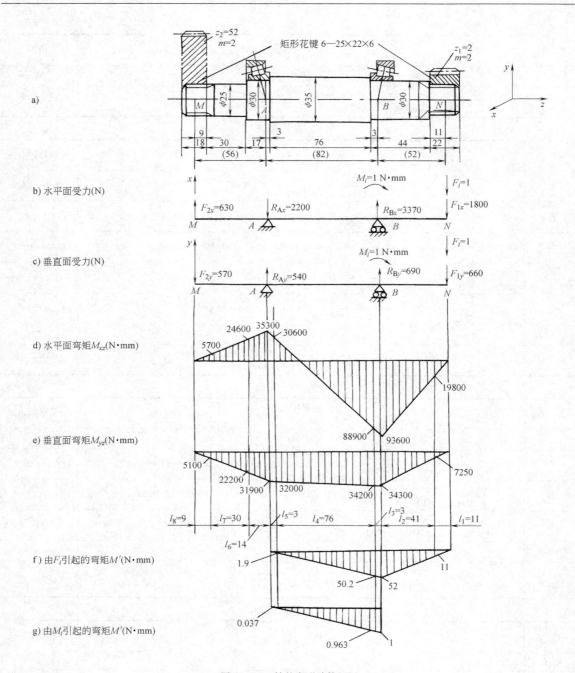

图 12.4-3　轴的变形计算用图

第 5 章　轴的临界转速

轴是一个弹性体，当其旋转时，由于轴和轴上零件的材料组织不均匀、制造误差，或对中不好等，就要产生以离心力为表现形式的周期性干扰力，从而引起轴的弯曲振动（或称横向振动）。如果这种干扰力的频率与轴的弯曲自振频率相接近，就会出现弯曲共振现象。

发生共振时轴的转速称为轴的临界转速。如果轴的转速停滞在临界转速附近，轴的变形将迅速增大，以致达到使轴甚至整个机器破坏的程度。

对于任何一个轴来说，理论上都有无穷多个临界转速，如果按其数值由小到大排列为 n_{cr1}、n_{cr2}、…、n_{crk}，则分别称为轴的一阶、二阶、…、K 阶临界转速。

轴的临界转速的高低取决于材料的弹性特性、轴的形状和尺寸、轴的支承形式和轴上零件的自重等，而与轴的空间位置（垂直、水平或倾斜）无关。

为避免轴在运转中产生共振现象，所设计的轴的转速不得与任何临界转速相接近，也不能与一阶临界转速的简单倍数重合，而应该在各阶临界转速一定范围之外。当轴工作转速低于一阶临界转速时，其工作转速应选为 $n < 0.75 n_{cr1}$，工程上称这种轴为刚性轴；当轴工作转速高于一阶临界转速时，其工作转速应选

为 $1.4 n_{cr1} < n < 0.7 n_{cr2}$，通常称这种轴为挠性轴。

阶梯轴临界转速的精确计算比较复杂，作为近似计算，可将阶梯轴视为当量直径为 d_v 的光轴进行计算，当量直径 d_v 按式（12.5-1）计算

$$d_v = \xi \frac{\Sigma d_i \Delta l_i}{\Sigma \Delta l_i} \qquad (12.5-1)$$

式中　d_i——第 i 段轴的直径（mm）；

　　　Δl_i——第 i 段轴的长度（mm）；

　　　ξ——经验修正系数，若阶梯轴最粗一段或几段的轴段长度超过轴全长的 50%，则可取 $\xi = 1$；若它们小于轴全长的 15%，则此段当作轴环，另按次粗轴段来考虑。在一般情况下，最好按照同系列机器的计算对象，选取有准确解的轴试算几例，从中找出 ξ 值。例如一般的压缩机、离心机、鼓风机转子可取 $\xi = 1.094$。

1　不带圆盘的均质轴的临界转速

各种支承条件下，等直径轴横向振动时第一、第二、第三阶临界转速的计算公式见表 12.5-1。

表 12.5-1　横向振动时轴的临界转速 n_{cr}

均匀质量轴的临界转速		带圆盘但不计轴自重时轴的一阶临界转速	
$n_{crk} = 946 \lambda_k \sqrt{\dfrac{EI}{W_0 L^3}}$，（$k = 1, 2, 3$ 为临界转速阶数）		$n_{cr1} = 946 \sqrt{\dfrac{K}{W_1}}$	
	$\lambda_1 = 3.52$ $\lambda_2 = 22.43$ $\lambda_3 = 61.83$		$K = \dfrac{3EI}{L^3}$
	$\lambda_1 = 9.87$ $\lambda_2 = 39.48$ $\lambda_3 = 88.83$		$K = \dfrac{3EI}{\mu^2 (1-\mu)^2 L^3}$
	$\lambda_1 = 15.42$ $\lambda_2 = 49.97$ $\lambda_3 = 104.2$		$K = \dfrac{12EI}{\mu^3 (1-\mu)^2 (4-\mu) L^3}$
	$\lambda_1 = 22.37$ $\lambda_2 = 61.67$ $\lambda_3 = 120.9$		$K = \dfrac{3EI}{\mu^3 (1-\mu)^3 L^3}$

均匀质量轴的临界转速	带圆盘但不计轴自重时轴的一阶临界转速
$n_{crk} = 946\lambda_k \sqrt{\dfrac{EI}{W_0 L^3}}$, $(k=1,2,3$ 为临界转速阶数$)$	$n_{cr1} = 946\sqrt{\dfrac{K}{W_1}}$

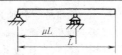

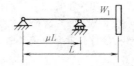

$$K = \frac{3EI}{(1-\mu)^2 L^3}$$

μ	0.5	0.55	0.6	0.65	0.7	0.75
λ_1	8.716	9.983	11.50	13.13	14.57	15.06
μ	0.8	0.85	0.9	0.95	1.0	
λ_1	14.44	13.34	12.11	10.92	9.87	

注：W_0—轴所受的重力（N）；W_1—圆盘所受的重力（N）；L—轴的长度（mm）；λ_k—支座形式系数；E—轴材料的弹性模量，对钢，$E=206\times10^3 \mathrm{MPa}$；$I$—轴截面的惯性矩（$\mathrm{mm}^4$），$I=\dfrac{\pi d^4}{64}$；$\mu$—支承间距离或圆盘处轴段长度 μL 与轴总长度 L 之比；K—轴的刚度系数（N/mm）。

2　带圆盘的轴的临界转速

带单个圆盘且不计轴自重时，轴的一阶临界转速 n_{cr1} 的计算公式见表 12.5-1。

带多个圆盘并需计及轴自重时，可按邓柯莱（Dunkerley）公式计算 n_{cr1}。

$$\frac{1}{n_{cr1}^2} \approx \frac{1}{n_0^2} + \frac{1}{n_{01}^2} + \frac{1}{n_{02}^2} + \cdots + \frac{1}{n_{0i}^2} + \cdots$$
$$(12.5-2)$$

式中　　　　　n_0——只考虑轴自重时轴的一阶临界转速；

n_{01}、n_{02}、$\cdots$、n_{0i}——轴上只装一个圆盘（盘 1、2、$\cdots$ 或 i）且不计轴自重时的一阶临界转速，均可按表 12.5-1 所列公式分别计算。

对双铰支多圆盘钢轴（见图 12.5-1），式 (12.5-2) 按表 12.5-1 中所列算式简化为

$$\frac{1}{n_{cr1}^2} \approx \frac{W_0 L^3}{9.04\times10^9 \lambda_1^2 d_v^4} + \frac{\sum W_i a_i^2 b_i^2}{27.14\times10^9 l d_v^4} + \frac{\sum G_j c_j^2 (l+c_j)}{27.14\times10^9 d_v^4}$$
$$(12.5-3)$$

式中　W_0——轴所受的重力（N）；

λ_1——一阶临界转速时的支座形式系数，查表 12.5-1；

d_v——轴的当量直径（mm）；

W_i——支承间的圆盘所受的重力（N）；

G_j——外伸端的圆盘所受的重力（N）。

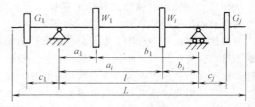

图 12.5-1　双铰支多圆盘轴

带多个圆盘的轴（包括阶梯轴），如果在各个圆盘重力的作用下，轴的挠度曲线或轴上各圆盘处的挠度值已知时，也可用雷利（Rayleigh）公式近似求其一阶临界转速。

$$n_{cr1} = 946\sqrt{\frac{\sum\limits_{i=1}^{n} W_i y_i}{\sum\limits_{i=1}^{n} W_i y_i^2}}$$

式中　W_i——轴上所装各个零件或阶梯轴各个轴段的重力（N）；

y_i——在 W_i 作用的截面内，由全部载荷引起的轴的挠度（mm）。

3　光轴的一阶临界转速计算

实际机器中的轴有各种形式，在计算其临界转速时，应视其具体条件及形式按上面介绍的公式进行计算。为便于工程中计算简化，现将几种光轴的典型简化形式、一阶临界转速的简化计算公式列于表 12.5-2 中，供设计时参考。

表 12.5-2 光轴的一阶临界转速计算公式

简　图	临界转速 n_{cr1}

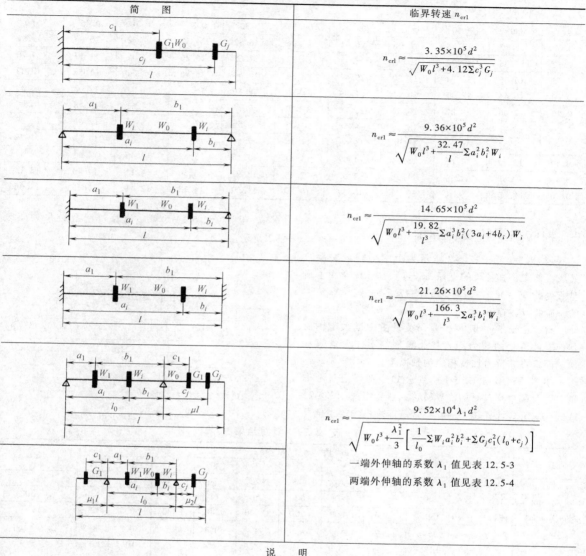

$$n_{cr1} = \frac{3.35 \times 10^5 d^2}{\sqrt{W_0 l^3 + 4.12 \Sigma c_j^3 G_j}}$$

$$n_{cr1} \approx \frac{9.36 \times 10^5 d^2}{\sqrt{W_0 l^3 + \dfrac{32.47}{l} \Sigma a_i^2 b_i^2 W_i}}$$

$$n_{cr1} \approx \frac{14.65 \times 10^5 d^2}{\sqrt{W_0 l^3 + \dfrac{19.82}{l^3} \Sigma a_i^3 b_i^2 (3a_i + 4b_i) W_i}}$$

$$n_{cr1} \approx \frac{21.26 \times 10^5 d^2}{\sqrt{W_0 l^3 + \dfrac{166.3}{l^3} \Sigma a_i^3 b_i^3 W_i}}$$

$$n_{cr1} \approx \frac{9.52 \times 10^4 \lambda_1 d^2}{\sqrt{W_0 l^3 + \dfrac{\lambda_1^2}{3} \left[\dfrac{1}{l_0} \Sigma W_i a_i^2 b_i^2 + \Sigma G_j c_j^2 (l_0 + c_j) \right]}}$$

一端外伸轴的系数 λ_1 值见表 12.5-3
两端外伸轴的系数 λ_1 值见表 12.5-4

说　明

W_i—支承间第 i 个圆盘重力（N）

G_j—外伸端第 j 个圆盘重力（N）

W_0—轴的重力（N），对实心钢轴 $W_0 = 60.5 \times 10^{-6} d^2 l$，对空心钢

　　轴应乘以 $1 - \nu^2$

ν—空心轴的内径 d_0 与外径 d 之比

d—轴的直径（mm）

l—轴的全长（mm）

l_0—支承间距离（mm）

μ、μ_1、μ_2—外伸端长度与轴长 l 之比

a_i、b_i—支承间第 i 个圆盘至左及右支承的距离（mm）

c_j—外伸端第 j 个圆盘至支承间的距离（mm）

注：1. 表列公式适用于弹性模量 $E = 206 \times 10^3$ MPa 的钢轴。

　　2. 当计算空心轴的临界转速时，应将表列公式乘以 $\sqrt{1 - \nu^2}$。

表 12.5-3 一端外伸轴的系数 λ_1 值

μ	0	0.05	0.10	0.15	0.20	0.25	0.30	0.35	0.40	0.45	0.50	0.55	0.60	0.65	0.70	0.75	0.80	0.85	0.90	0.95	1
λ_1	9.87	10.9	12.1	13.3	14.4	15.1	14.6	13.1	11.5	10	8.7	7.7	6.9	6.2	5.6	5.2	4.8	4.4	4	3.7	3.5

表 12.5-4　两端外伸轴的系数 λ_1 值

μ_2	μ_1									
	0.05	0.10	0.15	0.20	0.25	0.30	0.35	0.40	0.45	0.50
0.05	12.15	13.58	15.06	16.41	17.06	16.32	14.52	12.52	10.80	9.37
0.10	13.58	15.22	16.94	18.41	18.82	17.55	15.26	13.05	11.17	9.70
0.15	15.06	16.94	18.90	20.41	20.54	18.66	15.96	13.54	11.58	10.02
0.20	16.41	18.41	20.41	21.89	21.76	19.56	16.65	14.07	12.03	10.39
0.25	17.06	18.82	20.54	21.76	21.70	20.05	17.18	14.61	12.48	10.80
0.30	16.32	17.55	18.66	19.56	20.05	19.56	17.55	15.10	12.97	11.29
0.35	14.52	15.26	15.96	16.65	17.18	17.55	15.51	15.51	13.54	11.78
0.40	12.52	13.05	13.54	14.07	14.61	15.10	15.51	15.46	14.11	12.41
0.45	10.80	11.17	11.58	12.03	12.48	12.97	13.54	14.11	14.43	13.15
0.50	9.37	9.70	10.02	10.39	10.80	11.29	11.78	12.41	13.15	14.06

4　轴的临界转速计算示例

例 12.5-1　图 12.5-2 所示为由两个轴承支承的鼓风机转子,其各段的直径与长度尺寸,以及 4 个圆盘所受的 $W_1 \sim W_4$ 重力均列于表 12.5-5。试计算转子的一阶临界转速 n_{cr1}。

解　由于 $W_1 \sim W_4$ 4 个盘所受的重力远大于轴上其他零件所受的重力,故其他零件都不作为盘来考虑,而只将其重力加在相应的轴段上。

本例可利用表 12.5-1 所列公式分别算出只考虑轴自重及每个圆盘时的临界转速,然后用式(12.5-2)或式(12.5-3)计算转子的临界转速。阶梯轴的当量直

径 d_v 用式(12.5-1)计算。计算过程及结果列于表 12.5-5。

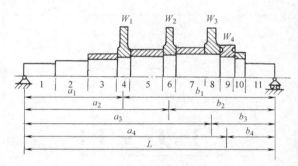

图 12.5-2　鼓风机转子

表 12.5-5　计算结果

计算内容	轴　段　号　及　结　果											Σ
	1	2	3	4	5	6	7	8	9	10	11	
d_i/mm	65	85	90	105	110	115	120	120	110	100	70	—
l_i/mm	160	160	155	60	180	60	150	77	80	50	160	$L = 1300$
$d_i l_i$/mm²	10400	14280	13950	6300	19800	6900	18000	9240	8800	5000	11200	123870
W_{0i}/N	41.6	74.8	77.4 +13.7 =91.1	40.7	134.2 +48.9 =183.1	48.9	133.2 +54.3 =187.5	68.4	59.7	30.8 +10.7 =41.5	48.3	$W_0 = 885.6$
W_i/N				500.4		490.3		499.5	147.3			
a_i/mm				513		753		971.5	1050			
b_i/mm				787		547		328.5	250			
$W_i a_i^2 b_i^2$ /N·mm⁴				81.56×10^{12}		83.16×10^{12}		50.87×10^{12}	10.15×10^{12}			225.74×10^{12}
d_v/mm	最粗轴段长 $l_c = 150+77 = 227$(7、8 二段) $\dfrac{l_c}{L} = \dfrac{227}{1300} = 0.1746 < 0.5$ 取 $\xi = 1.094$ 由式(12.5-1)得 $d_v = \xi \dfrac{\Sigma d_i l_i}{\Sigma l_i} = 104.2$											

（续）

计算内容	轴　段　号　及　结　果											Σ
	1	2	3	4	5	6	7	8	9	10	11	

$n_{cr1}/r\cdot min^{-1}$

由表 12.5-1，$\lambda_1 = 9.87$

由式（12.5-3）得

$$\frac{1}{n_{cr1}^2} \approx \frac{W_0 L^3}{9.04\times10^9 \lambda_1^2 d_v^4} + \frac{\Sigma W_i a_i^2 b_i^2}{27.14\times10^9 L d_v^4} = \frac{885.6\times1300^3}{9.04\times10^9\times9.87^2\times104.2^4} + \frac{225.74\times10^{12}}{27.14\times10^9\times1300\times104.2^4}$$

$$\approx 1.874\times10^{-8} + 5.427\times10^{-8} = 7.301\times10^{-8}$$

$$n_{cr1} \approx 3701$$

此值和该转子的精确解 $n_{cr1} = 3584$ 比较，误差为 3.3%

第6章 钢丝软轴

钢丝软轴主要用于两个传动零件的轴线不在同一直线上，或工作时彼此要求有相对运动的空间传动，也适合于受连续振动的场合以缓和冲击。它的应用范围是可移式机械化工具、主轴可调位的机床、混凝土振动器、砂轮机、医疗器械，以及里程表、遥控仪等传动中。

软轴安装简便、结构紧凑、工作适应性较强。适用于高转速、小转矩场合。当转速低、转矩大时，从动端的转速往往不均匀，且扭转刚度也不易保证。

软轴传递功率范围一般不超过5.5kW，转速可达20000r/min。

1 软轴的结构型式和规格

软轴通常由钢丝软轴、软管、软轴接头和软管接头等几部分组成。按照用途不同，软轴又分功率型（G型）和控制型（K型）两种。功率型软轴一般有防逆转装置，以保证单向传动。

表12.6-1是G型和K型软轴的常用结构型式。

表 12.6-1　常用软轴的结构型式

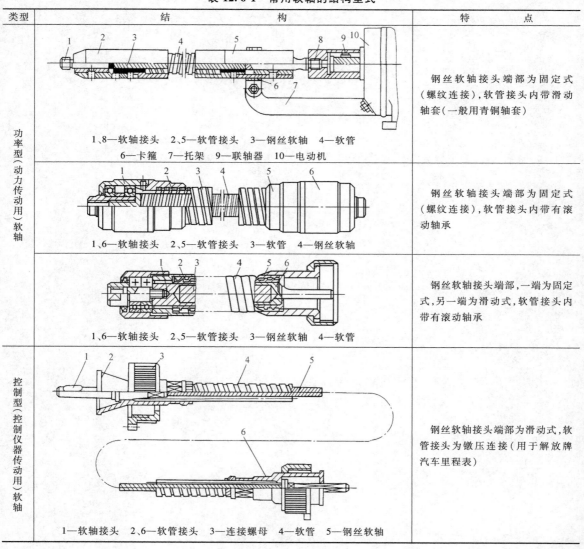

类型	结构	特点
功率型（动力传动用）软轴	1、8—软轴接头　2、5—软管接头　3—钢丝软轴　4—软管 6—卡箍　7—托架　9—联轴器　10—电动机	钢丝软轴接头端部为固定式（螺纹连接），软管接头内带滑动轴套（一般用青铜轴套）
	1、6—软轴接头　2、5—软管接头　3—软管　4—钢丝软轴	钢丝软轴接头端部为固定式（螺纹连接），软管接头内带有滚动轴承
	1、6—软轴接头　2、5—软管接头　3—钢丝软轴　4—软管	钢丝软轴接头端部，一端为固定式，另一端为滑动式，软管接头内带有滚动轴承
控制型（控制仪器传动用）软轴	1—软轴接头　2、6—软管接头　3—连接螺母　4—软管　5—钢丝软轴	钢丝软轴接头端部为滑动式，软管接头为镦压连接（用于解放牌汽车里程表）

1.1　钢丝软轴的结构与规格

钢丝软轴的结构如图 12.6-1 所示。它是由几层弹簧钢丝紧绕在一起而成的，而每一层又用若干根钢丝卷绕而成。相邻钢丝层的缠绕方向相反。外层钢丝比内层的要选得粗些。当传递转矩时，相邻两层钢丝中的一层趋于绕紧，另一层趋于旋松，使各层钢丝相互压紧。轴的旋转方向，应使表层钢丝趋于绕紧为合理。

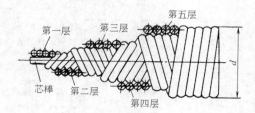

图 12.6-1　钢丝软轴的结构

钢丝软轴按表层钢丝缠绕方向分为左旋和右旋。一般常用左旋，如需要可制成右旋。

功率型钢丝软轴外层钢丝直径较大，层数较少，有的还不带芯棒，因而耐磨性和挠性都较好。

控制型钢丝软轴都有芯棒，钢丝层数和每层钢丝的根数较多，钢丝直径较小，扭转刚度较大。

常用钢丝软轴的规格尺寸见表 12.6-2 ～ 表 12.6-4。

表 12.6-2　钢丝软轴规格尺寸

公称直径 /mm	5	6	8	10	12	13	16	19
理论质量 /kg·m^{-1}	0.12	0.18	0.32	0.50	0.72	0.85	1.28	1.81
最大转矩 /N·m	14	21	30	38	48	50	61	74
最小弯曲半径/mm	120	140	160	180	190	200	230	280

注：上海公利振动器厂产品规格。

表 12.6-3　钢丝软轴技术规格

公称直径 /mm	8	10	12	13	16	20	25	30	40
最小弯曲半径/mm	160	180	190	200	230	280	350	400	600
最大转矩 /N·m	30	38	46	50	61	76	96	115	153
最大轴向拉力/N	920	2000	2700	3000	4000	5200	6700	8200	11200

注：沈阳市金属软轴软管厂产品规格。还可根据用户需要生产系列外各种规格软轴，长度按需而定。

1.2　软管的结构与规格

传动时软管并不随软轴转动。软管的作用是保护钢丝软轴，以免与外界机件接触，并保存润滑剂和防止尘垢侵入；工作时软管还起支承作用，使软轴便于操作。

表 12.6-4　常用软轴的尺寸规格　　　　　　（mm）

型号	公称直径	允许偏差	端头允许偏差	轴芯直径	每层钢丝头数×钢丝直径							
					1	2	3	4	5	6	7	8
G型动力传动用	10	±0.10	+0.4	1.2	4×0.8	4×1.0	4×1.2	5×1.4				
	12	±0.15	+0.6	1.2	4×0.8	4×0.8	4×1.0	5×1.3	5×1.5			
	13	±0.15	+0.6	1.2	4×0.8	4×1.0	4×1.2	5×1.3	5×1.6			
	16	±0.15	+0.7	1.6	4×1.0	4×1.2	4×1.4	5×1.6	5×2.0			
	20	±0.20	+1.0	1.6	4×1.0	4×1.2	4×1.4	5×1.6	6×1.8	6×2.2		
	25	±0.5	+1.5	1.6	4×1.0	4×1.2	4×1.4	5×1.6	6×1.8	6×2.2	6×2.6	
	30	±1.0	+2.5	1.8	4×1.0	4×1.4	5×1.6	5×2.0	6×2.4	6×2.6	6×3.0	
	40	±1.5	+3.0	2.0	4×1.2	5×1.6	5×2.0	6×2.4	6×2.6	6×2.8	6×3.0	6×3.5
K型控制传动用	4	±0.2	+0.4	0.6	4×0.3	6×0.3	8×0.3	8×0.4	10×0.4			
	5	±0.2	+0.4	0.6	4×0.3	6×0.3	8×0.3	8×0.4	10×0.4	10×0.4		
	6	±0.25	+0.5	0.6	4×0.4	6×0.4	8×0.4	8×0.5	10×0.5			
	6.5	±0.25	+0.5	0.6	4×0.4	6×0.4	6×0.5	8×0.5	10×0.6			
	8	±0.3	+0.6	0.8	4×0.4	6×0.4	6×0.4	8×0.5	10×0.6			

注：沈阳振捣器厂软轴产品规格，长度可按需要订购。

软管尺寸的选择取决于软轴直径。一般软管的内径较软轴外径大 20% ～ 30%，常用软管结构型式和选配尺寸见表 12.6-5。

表 12.6-5 常用软管的结构型式与规格尺寸

类型	结 构 简 图	软管主要尺寸/mm				特 点
		软轴直径 d	软管内径 d_0	软管外径 D	最小弯曲半径 R_{min}	
金属软管		13	20 ± 0.5	25 ± 0.5	270	由镀锌的低碳钢带卷成,钢带镶口内填以石棉或棉纱绳。结构较简单,重量轻,外径小,但强度和耐磨性较差
		16	25 ± 0.5	32 ± 0.5	300	
		19	32 ± 0.5	38 ± 0.5	375	
橡胶金属软管		13	19 ± 0.5	36^{+1}_{0}	300	在上一种软管内衬以衬簧,外面包上橡胶保护层。耐磨性及密封性均较上一种好
			21 ± 0.5	40^{+1}_{0}	325	
衬簧橡胶软管		8	$14^{+0.5}_{0}$	22^{+1}_{0}	225	在橡胶管内衬以衬簧,比上一种结构简单。混凝土振动器多用此种软管
		10	$16^{+0.5}_{0}$	30^{+1}_{0}	320	
		13	$20^{+0.5}_{0}$	36^{+1}_{0}	360	
		16	$24^{+0.5}_{0}$	40^{+1}_{0}	400	
衬簧编织软管		13	$20^{+0.5}_{0}$	36^{+1}_{0}	360	衬簧由弹簧钢带卷成,外面依次包上耐油胶布层、棉纱、钢丝编织层和耐磨橡胶。强度、挠性、耐磨性、密封性均较好
小金属软管		3.3	5.5 ± 0.1	8 ± 0.1	150	由两层成形钢带卷成,挠性较好,密封性较差 用于控制型软轴
		5	8 ± 0.2	10.5 ± 0.2	175	

注: 由于目前尚无软管统一标准,各厂家生产的规格尺寸不尽相同,设计选用时应以各厂的产品样本为准。表中所列仅是部分产品规格。

1.3　软轴的接头及连接

软轴接头用以连接动力输出轴及工作部件。其连接方式分固定式和滑动式两种。固定式多用于软轴较短或工作中弯曲半径变化不大的场合。当软轴工作时的弯曲半径变化较大时，允许软轴在软管内有较大的窜动，以补偿软管弯曲时的长度变化。但弯曲半径不能过小，以防止接头滑出。常用软轴接头结构型式见表 12.6-6。常用软轴接头与轴端连接方式见表 12.6-7。为便于软轴拆卸检查和润滑，应使软轴接头一端的外径小于软管和软管接头的内直径。

表 12.6-6　常用软轴接头结构型式

型式	结构简图	特点	型式	结构简图	特点
固定式		用紧定螺钉连接，装拆方便	滑动式		用鸭舌形插头连接，制造容易，装拆方便
		用螺纹连接，简单可靠，装拆较费时			用键连接，能传递较大转矩
		用内螺纹连接，简单可靠，装拆较费时			用方形插头连接，制造容易，装拆方便

表 12.6-7　常用软轴接头与轴端连接方式

方式	结构简图	特点
焊接		接头用锡焊可重复使用，但费工费料，使用渐少
镦压		工艺简单，应用广泛
滚压		工艺简单，应用广泛

1.4　软管的接头及连接

软管接头是连接传动装置及工作部件的机体，有时也是软轴接头的轴承座。其连接方式分为固定式和滑动式两种。常用软管接头形式及连接方式见表 12.6-8。

表 12.6-8 常用软管接头形式及连接方式

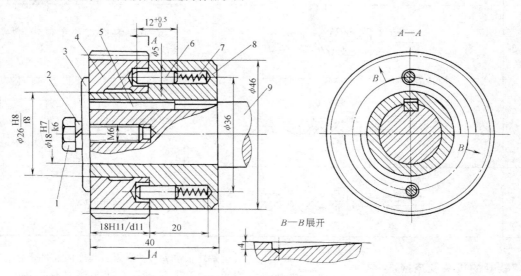

方式		结 构 简 图	特 点	方式		结 构 简 图	特 点
固定式	焊接		用锡焊,用于金属软管与接头的连接	固定式	滚压		工艺简单,用于有橡胶保护层的软管与接头的连接
	镦压	A—A	工艺简单,用于金属软管与接头的连接				
	锥套连接		装拆较方便,但结构较复杂。用于有橡胶保护层的软管与接头的连接		滑动式		软管接头为伸缩套式,用于钢丝软轴两端均为固定式连接的场合

1.5 防逆转装置

软轴的防逆转装置,可采用各种超越离合器。图 12.6-2 所示为广东软轴钢窗厂生产的 S3SRD150 多速软轴砂轮机所采用的防逆转装置。

图 12.6-2 防逆转装置

1—螺钉 2—弹簧垫圈 3—垫圈 4—齿轮 5—键 6—传动销 7—弹簧 8—传动盘 9—电动机主轴

2　软轴的选择和使用

2.1　软轴的选择

软轴尺寸应根据所需传递的转矩、转速、旋转方向、工作中的弯曲半径，以及传递距离等使用要求选择。

低于额定转速时，软轴按恒转矩传递动力；高于额定转速时，按恒功率传递动力。软轴在额定转速下所能传递的最大转矩列于表 12.6-9。

软轴直径按下式可从表 12.6-9 中选定

$$T_0 \geqslant T\frac{k_1 k_2 k_3 n}{\eta n_0}$$

式中　T_0——软轴能传递的最大转矩（N·cm）；

T——软轴从动端所需传递的转矩（N·cm）；

k_1——过载系数；当短时最大转矩小于软轴无

弯曲时所能传递的最大转矩时，$k_1 = 1$；当大于此值时，k_1 可取与此值的比值；

k_2——软轴转向系数；当旋转时，若软轴外层钢丝趋于绕紧，则 $k_2 = 1$；若趋于旋松，则 $k_2 \approx 1.5$；

k_3——软轴支承情况系数；当钢丝软轴在软管内，其支承跨距与软轴直径之比小于 50 时，$k_3 \approx 1$；当比值大于 150 时，$k_3 \approx 1.25$；

n——软轴的工作转速（r/min），当 $n < n_0$ 时，用 n_0 代入；

η——软轴传动的效率，通常 $\eta = 1 \sim 0.7$；当软轴无弯曲工作时，$\eta = 1$，弯曲半径越小，弯曲段越多，η 值越近下限；

n_0——额定转速，即与表 12.6-9 中 T_0 相应的转速（r/min）。

表 12.6-9　软轴在额定转速 n_0 时能传递的最大转矩 T_0

软轴直径 /mm	无弯曲时	工作中弯曲半径/mm									额定转速 n_0 /r·min^{-1}	最高转速 n_{max} /r·min^{-1}
		1000	750	600	450	350	250	200	150	120		
		T_0/N·cm										
6	150	140	130	120	100	80	60	50	40	30	3200	13000
8	240	220	200	180	160	140	120	90	60	—	2500	10000
10	400	360	330	300	260	230	190	150	—	—	2100	8000
13	700	600	520	460	400	340	280	—	—	—	1750	6000
16	1300	1200	1000	800	600	450	—	—	—	—	1350	4000
19	2000	1700	1400	1100	800	550	—	—	—	—	1150	3000
25	3300	2600	1900	1300	900	—	—	—	—	—	950	2000
30	5000	3800	2500	1650	1000	—	—	—	—	—	800	1600

2.2　软轴使用时的注意事项

软轴通常用在传动系统中转速较高的一级，并使其工作转速尽可能接近额定转速。传动的长度，一般是几米到十几米，如果要求更长时，建议只在弯曲处采用软轴。

使用软轴时的注意事项如下：

1）钢丝软轴必须定期涂润滑脂。润滑脂品种按工作温度选择。软管应定期清洗。

2）切勿把控制型软轴与功率型软轴相互替代。

3）在运输和安装过程中，不得使软轴的弯曲半径小于允许最小半径（一般为钢丝软轴直径的 15～20 倍）。运转时应尽可能使软管夹定位置，并使其在靠近接头部分伸直。

4）钢丝软轴和软管要分别与接头牢固连接。当工作中弯曲半径变化较大时，应使钢丝软轴或软管的接头有一端可以滑动，以补偿软轴弯曲时的长度变化。

第7章 低速曲轴

曲轴广泛用于往复式动力机械（内燃机，活塞式压缩机等）、通用机械以及冲剪床上，是一种常见的传动部件。

1 曲轴的结构设计

1.1 曲轴的设计要求

曲轴的横截面沿着轴线方向急剧变化，因而应力分布极不均匀，很难准确计算出应力，给出强度判据。尤其在曲柄臂和轴颈的过渡圆角部分，油孔附近会产生严重的应力集中。在循环应力作用下，在应力集中区便可能产生疲劳破坏。

实践表明，弯曲和扭转疲劳断裂是曲轴的主要破坏形式。弯曲疲劳断裂更为常见。曲轴疲劳破坏形式及其主要原因见表 12.7-1。

曲轴的主要设计要求如下：

1）足够的强度，主要是曲柄部分的弯曲疲劳强度、扭转疲劳强度以及功率输出端的静强度。要尽量减少应力集中并加强薄弱环节。

2）足够的刚度，以减少曲轴挠曲变形，保证活塞连杆组和曲轴各轴承可靠工作，同时提高曲轴的自振频率，尽量避免在工作转速范围内发生共振。

3）轴颈-轴承副具有足够的承压面积和较高的耐磨性，油孔布置合理。

4）合理的曲柄排列，使其工作时运转平稳，扭矩均匀，并改善轴系的扭振情况。

5）合理配置平衡块，减轻主轴承负荷和振动。

上述各项设计要求相互关联，又相互制约，应根据各种机械的不同特点，结合总体设计综合考虑，尤其是曲轴部分的结构形状和主要尺寸，对曲轴的抗弯疲劳强度和扭转刚度有主要影响，因而在设计时必须对曲轴的结构强度问题予以充分注意。

表 12.7-1 曲轴疲劳破坏形式及其主要原因

破坏形式	特征	主要原因	破坏形式	特征	主要原因
	裂纹最初常发生在主轴颈或连杆轴颈与曲柄臂过渡圆角处应力集中严重点，随后逐渐发展成横断曲柄臂的疲劳裂纹	1）由于曲轴过渡圆角太小，曲柄臂太薄，过渡圆角加工不完善所致 2）曲轴箱或支承刚度太小，引起附加弯矩过大 3）由于曲轴箱刚度不够，主轴颈变形太大，引起不均匀磨损，造成不同轴，致使附加弯矩过大。这时断裂常发生在运行较长时间之后		裂纹起源于过渡圆角或油孔，且只有一个方向裂纹，裂纹与轴线呈 45°	1）由于不对称交变转矩引起最大应力，致使疲劳破坏 2）圆角加工不好，及热加工工艺不完善，造成材料组织不均匀 3）油孔孔口圆角加工不完善 4）连杆轴颈太细
	裂纹起源于油孔，沿与轴线呈 45°方向发展	1）由于过大的扭转振动，引起附加应力 2）油孔边缘加工不完善，或孔口过渡圆角太小，引起过大的应力集中		裂纹沿过渡圆角周向同时发生，断口呈径向锯齿形	由于圆角太尖锐，引起过大的应力集中

1.2 曲轴的结构

1）整体锻造曲轴。整体锻造曲轴尺寸紧凑，重量较轻，强度高，但对于复杂的形状加工困难，平衡块也不易与曲轴做成一体。整体锻造曲轴一般采用模锻和连续纤维挤压锻造。只有小量生产的曲轴，主要是曲柄半径在 800mm 以下的大中型曲轴，才采用自由锻。

2) 整体铸造曲轴。整体铸造曲轴的加工性能好，金属切削量少、成本低。铸造曲轴可以获得较合理的结构形状，如椭圆形曲柄臂、桶形空心轴颈和卸载槽等，从而使应力分布均匀，对提高曲轴的疲劳强度有显著效果，如图 12.7-1 所示。

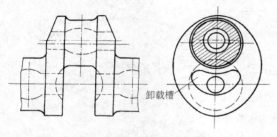

图 12.7-1　带卸载槽的整体铸造空心曲轴

3) 组合曲轴。大型曲轴由于整体毛坯的制造能力受到限制，以及部分损坏时更换整根曲轴很不经济，故采用组合曲轴。在一些有特殊要求的情况下，中小曲轴也可以做成组合式。而用得最多的是套合曲轴。

套合曲轴（全套合或半套合）主轴颈、曲柄销、曲柄臂全部分开或部分分开制造（后者通常曲柄销与曲柄臂铸成一体），然后再用"热套"或液压压入等方法连接起来，即为全套合或半套合曲轴。

套合曲轴一般用于曲柄半径大于 400～450mm 的大型低速十字头柴油机曲轴（见图 12.7-2、图 12.7-3），以及曲柄销上采用滚针轴承的小型曲轴。

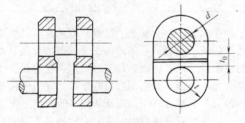

图 12.7-2　全套合曲轴

大型套合曲轴全套合时 $t_0 \geqslant \frac{1}{3}d$，$t$ 近于 t_0；半套合时 t 亦接近于 $\frac{1}{3}d$。在 200～250°C 以下"热套"时，曲柄臂材料的屈服强度应不小于 220MPa，配合过盈量为 $\left(\frac{1.4}{1000} \sim \frac{1.6}{1000}\right)d$，压入量为 $(0.4～0.45)d$（d 为配合处的轴颈直径）。目前大型 Π 形曲柄段也可整体铸造，所以大型套合曲轴一般都已采用"半套合"形式。

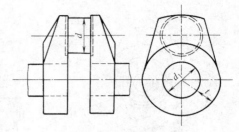

图 12.7-3　半套合曲轴

4) 润滑油道。曲轴主轴颈和曲柄销一般采用压力供油润滑。润滑油由主油道（或主油管）送到各主轴承，再经曲轴内润滑油道进入连杆轴承。当主轴承为滚动轴承时，润滑可从"假轴承"进入曲轴内腔，再分配到各有关轴承。

在决定主轴颈和曲柄销上的油孔位置时，主要应考虑保证供油压力和油孔对曲轴强度的影响程度。因此一般希望把主轴颈油孔开在最大轴颈压力作用线的垂直方向，曲柄销油孔开在轴承负荷较低的地方。从强度考虑曲柄销油孔应位于曲轴的垂直平面内，因为在该平面内曲柄销的表面弯曲正应力和扭转切应力都较小。此外，还应同时根据曲轴结构和钻孔工艺等因素来确定油孔位置。油孔部位应力集中较严重，疲劳裂纹可由油孔边缘产生和发展，以致造成曲轴扭转疲劳断裂。所以油孔边缘应倒角并抛光。

润滑油道布置形式示例如图 12.7-4 所示。

5) 曲轴平衡块。平衡块用来平衡曲轴的不平衡惯性力和力矩，减轻主轴承载荷，以及减小曲轴和曲轴箱（或机体）所受的内力矩。但曲轴配置平衡块后质量增加，将使曲轴系统的扭振频率有所降低。因此，应根据曲轴结构、转速、曲柄排列等因素来配置平衡块和确定平衡精度要求。平衡块可与曲轴制成一体，也可与曲轴分开制造后再进行装配。图 12.7-5 所示为分开式平衡块的固定法简图。

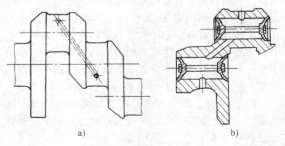

a)　　　　　　　　b)

图 12.7-4　曲轴润滑油道
a) 连杆轴承间的油孔　b) 主轴承与连杆轴承间的油孔

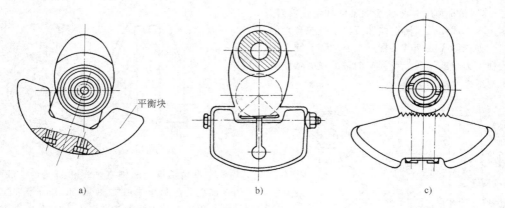

图 12.7-5　分开式平衡块固定法

a) 凸台定位　b) 燕尾槽定位　c) 锯齿定位

1.3　提高曲轴强度的工艺措施

对于应力集中严重的曲柄过渡圆角部位进行局部表面强化,可明显提高曲轴疲劳强度。常用曲轴强化方法见表 12.7-2。

表 12.7-2　常用曲轴强化方法

名 称	软渗氮、渗氮和离子渗氮	圆 角 滚 压	圆 角 淬 火
作用	表面层产生残余压应力并提高硬度 可提高抗弯疲劳强度	表面层产生残余压应力,提高表面质量,并消除显微裂纹、针孔等缺陷 可提高抗弯疲劳强度	将圆角部位连同轴颈一起进行感应淬火(采用特殊淬火冷却介质),表面层产生残余压应力 可提高抗弯疲劳强度
抗弯疲劳强度提高效果	软渗氮: 　碳素钢曲轴 60%~80% 　低合金钢曲轴 20%~30% 　球墨铸铁曲轴 50%~70% 渗氮: 　钢和球墨铸铁曲轴 30%~40% 离子渗氮:钢、球墨铸铁曲轴 30%~50%	钢曲轴:20%~70% 球墨铸铁曲轴:50%~90%	钢或球墨铸铁曲轴:30%~100%
备注	同时提高轴颈耐磨性 应用广泛	中小型曲轴 应用广泛	方法简单、效果也好,但应注意控制曲轴变形等

2　曲轴的受力分析与计算

2.1　曲轴的受力分析

1) 连杆轴颈。连杆轴颈一般受到连杆力的作用。在活塞式压缩机及内燃机上,连杆包括活塞所受的气体压力和活塞连杆组往复运动由于质量引起的惯性力。连杆力是周期性变化的。在连杆轴颈上,还有连杆的旋转质量部分引起的惯性力,以及连杆轴颈质量引起的旋转惯性力。这些力的大小和方向不变。作用于连杆上的这些力,在曲拐平面及垂直于曲拐平面的分力,分别用集中力 P 和 S 表示,如图 12.7-6 所示。

2) 曲柄臂。在曲柄臂上自身及装在曲柄臂上的平衡块引起的旋转惯性力。这些惯性力在两个曲柄臂上分别用 Q 及 Q' 表示(见图 12.7-6)。

3) 主轴颈。在主轴颈上,作用有输入转矩 T 及阻力转矩($T+SR$)(在某些情况下,它又是输出转矩)。

对于多拐曲轴,在主轴颈上还作用有弯矩。这些弯矩是由下述情况引起的:邻近曲拐受载荷的作用,曲轴箱的变形,主轴承座的弹性变形,以及主轴颈加工不同轴,过量磨损等。它们在曲拐平面及垂直于曲拐平面内的分量分别用 m^l、m^r 及 M^l、M^r 表示。在主轴颈上,还作用有支承反力,它们在曲拐平面及垂直于曲拐平面内的分力分别用 r^l、r^r 及 R^l、R^r 表示(见图 12.7-6)。

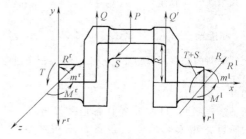

图 12.7-6　曲轴受力图

2.2 曲轴应力集中系数的计算

通过曲轴的实验应力分析表明，曲轴的主轴颈圆角、连杆轴颈圆角及连杆轴颈上的油孔等处是曲轴的应力集中区，是曲轴发生疲劳破坏的裂纹源。这些部位应力值的局部升高，是造成曲轴疲劳损坏的主要原因。

图 12.7-7 所示为曲轴在弯矩作用下的应力分布图。

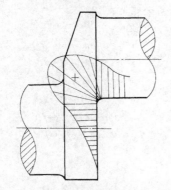

图 12.7-7 曲轴在弯矩作用下的应力分布图

应力值局部升高的程度，常用应力集中系数来表示。它可用来校核疲劳强度，也可用来对设计方案进行比较。

1）曲轴在集中力的作用下，曲拐平面内过渡圆角处的弯曲应力集中系数 α_σ 为（见图 12.7-8）

$$\alpha_\sigma = \frac{\sigma_{max}}{\sigma_n} = \frac{\sigma_{max}}{\frac{32M_W}{\pi d^3}} \qquad (12.7\text{-}1)$$

式中　σ_{max}——曲拐平面内过渡圆角处的实际最大正应力；

　　　σ_n——曲柄臂的名义弯曲正应力；

　　　M_W——曲柄臂形心处的弯矩。

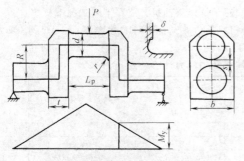

图 12.7-8 曲轴受集中力作用简图

过渡圆角处的弯曲应力集中系数 α_σ，可用下面的经验公式估算（也可从有关曲线上查得）

$$\alpha_\sigma = 4.84 f_1 f_2 f_3 f_4 f_5 \qquad (12.7\text{-}2)$$

式中　$f_1 = 0.420 + 0.160\sqrt{d/r - 6.864}$

　　　$f_2 = 1 + 81[0.769 - (0.407 - s/d)^2](\delta/r) \times (r/d)^2$

　　　$f_3 = 0.285(2.2 - b/d)^2 + 0.785$

　　　$f_4 = 0.444(d/t)^{1.4}$

　　　$f_5 = 1 - (s/d + 0.1)^2/(4t/d - 0.7)$

式（12.7-2）的适用范围：

　　$8 \leqslant d/r \leqslant 27$　　　　$0 \leqslant \delta/r \leqslant 1$

　　$-0.3 \leqslant s/d \leqslant 0.3$　　$1.33 \leqslant b/d \leqslant 2.1$

　　$0.36 \leqslant t/d \leqslant 0.56$

2）曲轴在转矩作用下，曲拐平面内过渡圆角处的扭转应力集中系数 α_τ，定义为

$$\alpha_\tau = \frac{\tau_{max}}{\tau_n} = \frac{\tau_{max}}{\frac{16T}{\pi d^3}} \qquad (12.7\text{-}3)$$

式中　τ_{max}——曲拐平面内过渡圆角处的实际最大切应力；

　　　τ_n——过渡圆角处的名义切应力；

　　　T——轴颈承受的转矩。

过渡圆角处的扭转应力集中系数 α_τ，可用下面的经验公式估算：

$$\alpha_\tau = 1.75 q_1 q_2 q_3 \qquad (12.7\text{-}4)$$

　　　$q_1 = 31.6(0.152 - r/d)^2 + 0.67$

　　　$q_2 = 1.04 + 0.317 s/d$

　　　$q_3 = 1.31 - 0.233 b/d$

式（12.7-4）的适用范围：

　　$0.022 \leqslant r/d \leqslant 0.143$

　　$-0.286 \leqslant s/d \leqslant 0.222$

　　$0.30 \leqslant t/d \leqslant 0.588$

　　$1.14 \leqslant b/d \leqslant 2.00$

　　$0.489 \leqslant L_p/d \leqslant 0.857$

3）曲轴在弯矩、转矩作用下，油孔处的弯曲和扭转应力集中系数可由图 12.7-9 和图 12.7-10 分别查得。

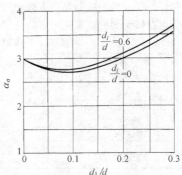

图 12.7-9 弯曲应力集中系数

注：d_1——油孔直径。

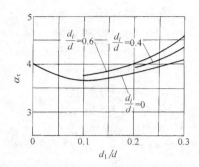

图 12.7-10　扭转应力集中系数

注：d_1—油孔直径。

在弯矩作用下，有

$$\alpha_\sigma = \frac{\sigma_{max}}{\sigma_n} \qquad (12.7\text{-}5)$$

$$\sigma_n = \frac{M}{\dfrac{\pi(d^4 - d_i^4)}{32d}}$$

式中　d_i——轴颈的内孔径。

在转矩的作用下，有

$$\alpha_\tau = \frac{\tau_{max}}{\tau_n} \qquad (12.7\text{-}6)$$

$$\tau_n = \frac{T}{\dfrac{\pi(d^4 - d_i^4)}{16d}}$$

2.3　曲轴的强度计算

从断口分析得知，曲轴的破坏大多由于应力集中区疲劳裂纹的发生和发展引起。因此应对通常易于发生疲劳裂纹处（如连杆轴颈的圆角、油孔等）进行强度校核。但是为了计算能够简化，在低速柴油机和活塞式压缩机的设计计算中，仍采用静强度校核的方式，即将曲轴所受载荷看成是应力幅度等于最大应力的对称循环应力，并略去应力集中系数和尺寸系数的影响，而代之以较大的安全系数。实践证明，在采用合适的安全系数和许用应力的情况下，这种静强度校核方式对于低速柴油机和活塞式压缩机的设计计算仍可采用。

2.3.1　曲轴的静强度计算

曲轴的静强度校核主要在主轴颈 Ⅰ-Ⅰ 和 Ⅱ-Ⅱ 截面、连杆轴颈 Ⅲ-Ⅲ 截面及曲柄臂 Ⅳ-Ⅳ 和 Ⅴ-Ⅴ 截面（见图 12.7-11）处进行。曲轴各截面的弯矩、转矩及轴向力计算公式见表 12.7-3。

表 12.7-3 中支反力：

$$r^r = (B_p - m^r - m^l)/l$$
$$R^r = (Sb + M^r + M^l)/l$$
$$r^l = (A_p + m^r + m^l)/l$$
$$R^l = (Sa - M^r - M^l)/l$$
$$A_p = Pa + Qe + Q'(e+f)$$
$$B_p = Pb + Q(e'+f) + Q'e'$$

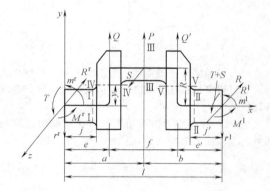

图 12.7-11　曲轴各截面受力计算图

对于活塞式压缩机，应在下列工况下校核：

1）最大输入转矩的曲拐。

2）活塞力绝对值最大的曲拐。

对于低速柴油机，应在下列工况下校核：

1）起动工况：这时惯性力不计，只考虑最大气体压力。

表 12.7-3　曲轴各截面的弯矩、转矩及轴向力计算公式

截面编号	绕 x 轴的转矩 T_x	绕 y 轴的转矩 T_y	绕 x 轴的弯矩 M_x	绕 y 轴的弯矩 M_y	绕 z 轴的弯矩 M_z	轴向力
Ⅰ	T	0	0	$M^r - R^r j$	$m^r + r^r j$	0
Ⅱ	$T + SR$	0	0	$-M^l - R^l j'$	$-m^l + r^l j'$	0
Ⅲ	$T + R^r R$	0	0	$M^r - R^r a$	$ar^r - (a-e)Q + m^r$	0
Ⅳ	0	$M^r - R^r e$	$T + R^r y$		$r^r e + m^r$	r^r
Ⅴ	0	$-M^l - R^r e'$	$T + SR - R^l y$		$r^l e' - m^l$	r^l

2）标定工况：活塞处于上死点；曲拐的切向力最大时的位置；各曲拐的总切向力为最大值时的位置。

校核的曲拐，应取其最大转矩。

在轴颈上所校核的截面危险点处，其正应力和切

应力分别为

$$\left.\begin{array}{l} \sigma = \dfrac{\sqrt{M_y^2 + M_z^2}}{W} \\[4mm] \tau = \dfrac{M_x}{W_n} \end{array}\right\} \qquad (12.7\text{-}7)$$

式中　$W = \dfrac{1}{2} W_n = \dfrac{\pi d^3}{32}$。

2.3.2　曲轴的疲劳强度计算

校核曲轴疲劳强度是在应力集中严重的过渡圆角及油孔处进行。目前较普遍使用的方法还是分段法,即截取受载荷情况最严重的一拐,将此拐作为简支梁进行疲劳强度校核。活塞式压缩机,是对邻近功率输入端的曲拐进行疲劳强度校核;内燃机,是对累积转矩变化幅度最大的曲拐进行校核。

$$S = \frac{S_\sigma S_\tau}{\sqrt{S_\sigma^2 + S_\tau^2}} \geqslant [S] \qquad (12.7\text{-}8)$$

式中　$[S]$——许用安全系数。

$$S_\sigma = \frac{\sigma_{-1}}{\dfrac{K_\sigma}{\varepsilon_\sigma \beta} \sigma_a + \psi_\sigma \sigma_m}$$

$$S_\tau = \frac{\tau_{-1}}{\dfrac{K_\tau}{\varepsilon_\tau \beta} \tau_a + \psi_\tau \tau_m}$$

式中　S_σ、S_τ——抗弯安全系数和抗扭安全系数。

K_σ、K_τ、ε_σ、ε_τ、β、ψ_σ、ψ_τ 见本篇第 3 章。

上式未考虑曲轴表面局部强化处理（如辊压、渗氮、淬火等）的影响。经过表面强化处理的曲轴,其疲劳强度应根据试验确定。

提高曲轴的疲劳强度主要在于降低曲轴应力集中区的应力及提高该处材料的疲劳强度。它可通过改进曲轴结构的几何形状,如增大过渡圆角（多圆弧连接圆角,圆角处做沉割）,增大重叠度,采用空心轴颈及在曲柄臂上做卸载槽,尽量增大油孔边缘圆角,以及采用局部强化工艺（高频感应淬火,圆角辊压,软渗氮）等措施,来提高曲轴应力集中区的疲劳强度。

参 考 文 献

[1] 机械工程手册电机工程手册编辑委员会. 机械工程手册：机械零部件设计卷 ［M］. 2 版. 北京：机械工业出版社，1997.

[2] 闻邦椿. 现代机械设计师手册：上册 ［M］. 北京：机械工业出版社，2012.

[3] 闻邦椿. 现代机械设计实用手册 ［M］. 北京：机械工业出版社，2015.

[4] 机械设计手册编辑委员会. 机械设计手册：第 3 卷 ［M］. 新版. 北京：机械工业出版社，2004.

[5] 吴宗泽. 机械设计师手册 ［M］. 2 版. 北京：机械工业出版社，2009.

[6] 徐灏. 安全系数和许用应力 ［M］. 北京：机械工业出版社，1981.

[7] 陈榕林，张磊. 直轴设计与制造 ［M］. 石家庄：河北人民出版社，1982.

第 16 篇　弹　　簧

主　编　闫玉涛
编写人　闫玉涛　印明昂
审稿人　孙志礼

第 5 版
弹　　簧

主　编　孙德志
编写人　孙德志　刘炜丽
审稿人　孙志礼

第1章　弹簧的基本特性、类型及应用

弹簧是一种机械零件，它是利用材料的弹性和结构特点，在工作时产生变形，将机械能或动能转变为变形能，或将变形能转变为机械能或动能。

1　弹簧的基本特性

设计弹簧时应考虑的弹簧基本特性有：①弹簧特性线，即载荷与变形的关系；②变形能；③自振频率；④受迫振动时的振幅。

1.1　刚度和特性线

使弹簧产生单位变形 f（角变形 φ）需要的作用力 F（扭矩 T）称为弹簧的刚度 k。在整个变形范围内，弹簧刚度可能是常量，也可能是变量。单位力使弹簧所产生的变形，即刚度的倒数称为弹簧的柔度。

载荷 $F(T)$ 与变形量 $f(\varphi)$ 之间的关系曲线称为弹簧的特性线，如图 16.1-1 所示。弹簧特性线的切线斜率表示其刚度值，即产生单位变形所需的载荷。对于拉伸（或压缩）弹簧，其刚度为 $k=\mathrm{d}F/\mathrm{d}f$；对于扭转弹簧，其刚度为 $k=\mathrm{d}T/\mathrm{d}\varphi$。当弹簧特性线有直线型、渐增型和渐减型三种，当弹簧特性线为直线型时，其刚度为常量；当弹簧特性线为渐增型（凹曲

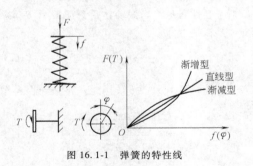

图 16.1-1　弹簧的特性线

线）和渐减型（凸曲线）时，其刚度为变量。有些弹簧特性线可能是直线型、渐增型和渐减型的组合，称为组合型特性线。

弹簧特性线对于设计和选择弹簧的类型起指导性使用。当弹簧刚度为常量时，其特性线为直线，对于弹簧特性线为直线的弹簧，刚度也常称为弹簧常量或弹性模量。

特性线又分为加载特性线和卸载特性线，两条特性线明显不同的弹簧是具有能量消耗的弹簧。

1.2　变形能

弹簧变形后储存的能称为弹簧的变形能。在设计缓冲或隔振弹簧时，变形能是弹簧在受载后所吸收和积蓄的能量。

拉伸和压缩弹簧的变形能计算公式为

$$U = \int_0^f F(f)\,\mathrm{d}f \qquad (16.1\text{-}1)$$

扭转弹簧的变形能计算公式为

$$U = \int_0^\varphi T(\varphi)\,\mathrm{d}\varphi \qquad (16.1\text{-}2)$$

当特性线是直线时，变形能计算公式为

$$U = Ff/2 \text{ 或 } U = T\varphi/2 \qquad (16.1\text{-}3)$$

令 τ 或 σ 为最大工作应力，V 为弹簧材料体积，E 为弹簧材料的弹性模量，G 为弹簧材料的切变模量，各种弹簧变形能的另一种计算公式及其比值见表16.1-1。可以看出，变形能 U 与模量 G 和 E 成反比，所以低的模量对于提高变形能有利，对弹簧的刚度也有利。不同类型弹簧的 K_0 值不同，K_0 值大，同样体积下弹簧的变形能大，标志着材料的利用程度高。材料的利用程度也称为材料利用因子。

设计弹簧时，为了得到大的变形能，可以提高弹簧材料的体积或者应力，或者两者同时提高。

表 16.1-1　各种弹簧变形能的计算和比值

弹簧类型	拉压杆	悬臂型板弹簧	弓形板弹簧	圆截面螺旋扭转弹簧	矩形截面螺旋扭转弹簧	平面涡卷弹簧	圆截面螺旋挤压弹簧	方形截面螺旋挤压弹簧	圆截面扭转弹簧
计算公式	$U=K_0 V\sigma^2/E$						$U=K_0 V\tau^2/G$		
因子 K_0	1/2	1/18	1/6	1/8	1/6	1/6	1/4	1/6.5	1/4
比值	100	11	33	25	33	33	43	27	43

注：1. 比值按 $G=E/2.6$，$\tau=0.577\sigma$ 换算。

2. 各类弹簧的示意图见表 16.1-2。

当加载和卸载的特性线不重合时，加载与卸载特性线所包围的面积即为弹簧在工作过程中消耗的能量 U_0，此值越大，弹簧的减振和缓冲能力越强，如图 16.1-2 所示。

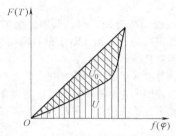

图 16.1-2　具有能量消耗弹簧的变形能

弹簧所消耗的能量 U_0 与变形能 U 之比称为阻尼系数，表达式为

$$c = \frac{U_0}{U} \qquad (16.1\text{-}4)$$

评价缓冲弹簧系统效能的参数为弹簧的缓冲效率 η，表达式为

$$\eta = \frac{mv^2/2}{1/2 F_{max} f_{max}} \qquad (16.1\text{-}5)$$

式中　m——冲击物体的质量（kg）；

v——冲击物体与弹簧系统接触时的速度（mm/s）；

F_{max}——最大冲击载荷（N）；

f_{max}——缓冲系统最大变形量（mm）。

1.3　自振频率

当弹簧承受到振动载荷时，为了检验载荷对弹簧系统的影响，需要计算弹簧系统的自振频率 f_e。弹簧自振频率计算公式为

$$f_e = \frac{1}{2\pi} \sqrt{\frac{k}{m_e}} \qquad (16.1\text{-}6)$$

式中　k——弹簧刚度；

m_e——当量质量，是弹簧本身的质量和弹簧所连接的质量的综合值（kg）。如图 16.1-3 所示的弹簧振动系统，当量质量为 $m_e = m + \zeta m_s$，ζ 为质量转化系数，由弹簧类型决定。图 16.1-3a 所示系统 ζ 为 0.33，图 16.1-3b 所示系统 ζ 为 0.23。

1.4　强迫振动时振幅

图 16.1-4 所示为单自由度弹簧支承系统。为了检验弹簧减振效果和分析弹簧的受力，需要计算弹簧系统的振幅。当系统的振动体受到激振力作用时，将产生强迫振动，该振动的振幅 A_a 与系统阻尼的大小

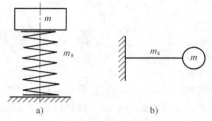

图 16.1-3　弹簧振动系统

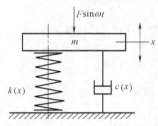

图 16.1-4　单自由度弹簧支承系统

和类型有关。

当弹簧系统的振动体受到激振力 $F\sin\omega t$ 作用时，或其支承受到激振位移 $f\sin\omega t$ 作用时，其强迫振动公式为

$$x = A_a \sin(\omega t - \varphi) \qquad (16.1\text{-}7)$$

式中　A_a——强迫振动的振幅（mm）；

ω——系统激振角频率（rad/s）；

t——时间（s）；

φ——振动体位移与激振函数之间的相位差（rad）。

对于黏性阻尼，当振动体受到激振力 $F\sin\omega t$ 作用时，其振幅为

$$A_a = \frac{f}{\sqrt{(1-\lambda^2)^2 + 2(\xi\lambda)^2}} \qquad (16.1\text{-}8)$$

受到激振位移 $f\sin\omega t$ 作用时，振动体的绝对振幅为

$$A_a = \frac{f\sqrt{1+(2\xi\lambda)^2}}{\sqrt{(1-\lambda^2)^2 + (2\xi\lambda)^2}} \qquad (16.1\text{-}9)$$

其中，$\lambda = \dfrac{\omega}{\omega_n} = \dfrac{f_r}{f_e}$，$\xi = \dfrac{c}{c_c}$，$c_c = 2\sqrt{mk}$。

式中　f——在与激振力幅值相等的静力作用下系统的静变形量（mm）；

λ——系统频率比；

ω_n——系统的自振角频率（rad/s）；

f_r——强迫振动频率（Hz）；

ξ——系统的阻尼比；

c——系统的阻尼系数（N·s/m）；

c_c——系统的临界阻尼系数（N·s/m）。

振幅是 λ 和 ξ 的函数，比值 A_a/f 与 λ 和 ξ 的关系如图 16.1-5 所示。当 $\lambda=f_r/f_e \approx 1$ 时，振幅急剧增大，出现共振。在共振区附近，振幅的大小主要取决于阻尼的大小，离共振区越远，阻尼的作用越小。当 $\lambda>\sqrt{2}$ 时，振幅 A_a 小于静变形量 f，这就是防振的理论基础。

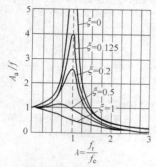

图 16.1-5 系统 A_a/f 与 λ 和 ξ 的关系

2 弹簧的类型、性能及应用

弹簧的类型很多，分类的方法也很多。

按承受的载荷类型分，有拉压弹簧、弯曲弹簧等；按结构形状分，有圆柱螺旋弹簧、非圆柱螺旋弹簧和其他类型弹簧；按材料分，有金属弹簧、非金属的空气弹簧、橡胶弹簧等；按弹簧材料产生的应力类型分，有产生弯曲应力的螺旋扭转弹簧、平面涡卷弹簧、碟形弹簧、板弹簧，以及产生扭应力的螺旋拉压弹簧、扭杆弹簧和产生拉压应力的环形弹簧等。

弹簧也可以按照使用条件分类，如用作缓冲或减振的弹簧（动弹簧）和用作承受静载荷的弹簧（静弹簧）；按照特性线的类型，可以分为线性和非线性特性线弹簧。

常用弹簧的类型、性能及应用见表 16.1-2。

表 16.1-2 常用弹簧的类型、性能及应用

名称	简 图	特 性 线	性能及应用
圆柱螺旋弹簧	圆截面材料压缩弹簧		特性线呈线性，刚度稳定，结构简单，制造方便，应用较广。在机械设备中多用作缓冲、减振以及储能和控制运动等
	矩形截面材料压缩弹簧		在同样的空间条件下，矩形截面圆柱螺旋压缩弹簧比圆形截面圆柱螺旋压缩弹簧的刚度大，吸收能量多，特性线更接近于直线，刚度更接近于常数
	扁截面材料压缩弹簧		与圆形截面圆柱螺旋压缩弹簧比较，储存能量大，压并高度低，压缩量大，因此被广泛用于发动机阀门机构、离合器和自动变速器等安装空间比较小的装置上
	不等节距螺旋弹簧		当载荷增大到一定程度后，随着载荷的增大，弹簧从小节距开始依次逐渐并紧，刚度逐渐增大，特性线由线性变为渐增型。因此其自振频率为变值，有较好的消除或缓和共振的影响，多用于高速变载机构
	多股螺旋压缩弹簧		材料为细钢丝拧成的钢丝绳，在未受载荷时，钢丝绳各根钢丝之间的接触比较松，当外载荷达到一定程度时，接触紧密起来，这时弹簧刚性增大，因此多股螺旋弹簧的特性线有折点，比相同截面材料的普通圆柱螺旋弹簧强度高，减振作用大。在武器和航空发动机中常有应用

（续）

名称	简　图	特　性　线	性能及应用
圆柱螺旋弹簧	圆柱螺旋拉伸弹簧		性能和特点与圆形截面圆柱螺旋压缩弹簧相同，它主要用于受拉伸载荷的场合，如联轴器过载安全装置中用的拉伸弹簧以及棘轮机构中棘爪复位拉伸弹簧
	扭转弹簧		承受扭转载荷，主要用于压紧和储能以及传动系统中的弹性环节，具有线性特性线，应用广泛，如用于测力计及强制气阀关闭机构
非圆柱螺旋弹簧	截锥螺旋弹簧		作用与不等节距螺旋弹簧相似，载荷达到一定程度后，弹簧从大圈到小圈依次逐渐并紧，簧圈开始接触后，特性线为非线性，刚度逐渐增大，自振频率为变值，有利于消除或缓和共振，防共振能力较等节距压缩弹簧强。这种弹簧结构紧凑，稳定性好，多用于承受较大载荷和减振，如应用于重型振动筛的悬挂弹簧及东风型汽车变速器
	截锥涡卷弹簧		与其他弹簧相比较，在相同的空间内可以吸收较大的能量，而且其板间存在的摩擦可用来衰减振动。常用于需要吸收热膨胀变形而又需要阻尼振动的管道系统或与管道系统相连的部件中，如火力发电厂汽、水管道系统中。其缺点是板间间隙小，淬火困难，也不能进行喷丸处理，此外制造精度也不够高
	中凹形螺旋弹簧		特性与圆锥压缩弹簧相似，主要用于床垫和坐垫等
	中凸形螺旋弹簧		特性和圆锥压缩弹簧相似
	组合螺旋弹簧		在需要获得特定的特性线情况下使用

（续）

名称	简图	特性线	性能及应用
非圆形螺旋弹簧	非圆形螺旋弹簧	F / O f	主要用在外廓尺寸有限制的场合。根据外廓空间的要求,簧圈可制成方形、矩形、椭圆形和梯形等
板弹簧	单板弹簧 多板弹簧	F / O f F / O f	钢板弹簧是由多片弹簧钢板叠合组成。广泛应用于汽车、拖拉机、火车中作悬挂装置,起缓冲和减振作用,也用于各种机械产品中作减振装置,具有较高的刚度
片弹簧	片弹簧 非线性片弹簧	F / O f F / O f	片弹簧是一种矩形截面的金属片,主要用于载荷和变形都不大的场合。可用作检测仪表或自动装置中的敏感元件,电接触点、棘轮机构棘爪和定位器等压紧弹簧及支承或导轨等
扭杆弹簧	T T	T / O φ	结构简单,但材料和制造精度要求高。主要用作轿车和小型车辆的悬挂弹簧,内燃机中作气门辅助弹簧,以及空气弹簧,稳压器的辅助弹簧
碟形弹簧	F	T / O φ	承载缓冲和减振能力强。采用不同的组合可以得到不同的特性线。可用于压力安全阀、自动转换装置、复位装置和离合器等
环形弹簧	F	T / O φ	广泛应用于需要吸收大能量而空间尺寸受到限制的场合,如机车牵引装置弹簧、起重机和大炮的缓冲弹簧、锻锤的减振弹簧和飞机的制动弹簧等

（续）

名称	简　图	特　性　线	性能及应用
平面涡卷弹簧	非接触型平面涡卷弹簧		小尺寸金属带盘绕而成的平面涡卷弹簧。可用作测量元件（测量游丝）或压紧元件（接触游丝）
	接触型平面涡卷弹簧		主要用作储能元件，发条工作可靠、维护简单，被广泛应用于计时仪器和时控装置中，如钟表、记录仪器和家用电器等，用于机动玩具中作为动力源
膜片、膜盒	平膜片		用作仪表的敏感元件。能起隔离两种不同介质的作用，如因压力改变能产生变形的柔性密封装置
	波纹膜片		用来测量与压力成非线性关系的各种物理量，如管道中的液体或气体流量、飞行速度与高度等
	膜盒	特性线随着波纹数、密度和深度而发生变化	两个相同膜片沿周边连接而成。安装方便
压力弹簧管			在流体压力作用下末端产生位移，通过转动机构将位移传递到指针上，用于压力计、温度计、真空机、液位计和流量计等
空气弹簧			空气弹簧是利用空气的可压缩性实现弹性作用的一种非金属弹簧。用在车辆悬挂装置中可以大大改善车辆的动力性能，从而显著提高其运行舒适度，所以空气弹簧在汽车和火车上得到广泛应用

（续）

名称	简　图	特　性　线	性能及应用
橡胶弹簧			橡胶弹簧弹性模量较小,可以得到较大的弹性变形,容易实现所需要的非线性特性。形状不受限制,各个方向的刚度可根据设计要求自由选择。同一橡胶弹簧能同时承受多方面载荷,因而可使系统的结构简化。橡胶弹簧在机械设备上的应用正在日益扩展
橡胶-金属螺旋复合弹簧			特性线为渐增型。此种橡胶-金属螺旋复合弹簧与橡胶弹簧相比有较大的刚性,与金属弹簧相比有较大的阻尼性。因此,它具有承载能力大、减振性强和耐磨损等优点。适用于矿山机械和重型车辆的悬架结构等

第2章　圆柱螺旋弹簧

1　圆柱螺旋弹簧的结构型式、代号及参数系列

用冷卷或热卷制作的圆柱螺旋弹簧的端部结构型式及代号见表 16.2-1。普通圆柱螺旋弹簧的尺寸系列见表 16.2-2。根据材料直径 d 选取的弹簧旋绕比 C 的荐用值见表 16.2-3。

表 16.2-1　圆柱螺旋弹簧的端部结构型式及代号（摘自 GB/T 23935—2009）

类型	代号	简　　图	端部结构型式	类型	代号	简　　图	端部结构型式
冷卷压缩弹簧（Y）	Y I		两端圈并紧磨平 $n_z \geqslant 2$	拉伸弹簧（L）	L III		圆钩环扭中心（圆钩环）
	Y II		两端圈并紧不磨 $n_z \geqslant 2$		L IV		长臂偏心半圆钩环
	Y III		两端圈不并紧 $n_z < 2$		L V		偏心圆钩环
热卷压缩弹簧（RY）	RY I		两端圈并紧磨平 $n_z \geqslant 1.5$		L VI		圆钩环压中心
	RY II		两端圈并紧不磨 $n_z \geqslant 1.5$		L VII		可调式拉簧
	RY III		两端圈制扁、并紧磨平 $n_z \geqslant 1.5$		L VIII		具有可转钩环
	RY IV		两端圈制扁、并紧不磨 $n_z \geqslant 1.5$		L IX		长臂小圆钩环
拉伸弹簧（L）	L I		半圆钩环	扭转弹簧（N）	N I		外臂扭转弹簧
	L II		长臂半圆钩环		N II		内臂扭转弹簧

（续）

类型	代号	简　　　图	端部结构型式	类型	代号	简　　　图	端部结构型式
扭转弹簧（N）	N Ⅲ		中心距扭转弹簧	扭转弹簧（N）	N Ⅴ		直臂扭转弹簧
	N Ⅳ		平列双扭弹簧		N Ⅵ		单臂弯曲扭转弹簧

注：1. n_z 是弹簧端部的支承圈数。

　　2. 拉伸弹簧结构型式推荐采用圆钩环扭中心。

　　3. 高强度油淬火-退火钢丝推荐采用 LⅦ 和 LⅧ 型弹簧。

　　4. 扭转弹簧结构型式推荐采用外臂扭转弹簧、内臂扭转弹簧、直臂扭转弹簧。

　　5. 弹簧端部扭臂可根据安装方法、安装条件的要求，做成特殊的结构型式。

表 16.2-2　普通圆柱螺旋弹簧的尺寸系列（摘自 GB/T 1358—2009）

弹簧材料截面直径 d/mm	第一系列	0.1	0.12	0.14	0.16	0.2	0.25	0.3	0.35	0.4	0.45	0.5	0.6
		0.7	0.8	0.9	1	1.2	1.6	2	2.5	3	3.5	4	4.5
		5	6	8	10	12	15	16	20	25	30	35	40
		45	50	60									
	第二系列	0.05	0.06	0.07	0.08	0.09	0.18	0.22	0.28	0.32	0.55	0.65	1.4
		1.8	2.2	2.8	3.2	5.5	6.5	7	9	11	14	18	22
		28	32	38	42	55							
弹簧中径 D/mm		0.3	0.4	0.5	0.6	0.7	0.8	0.9	1	1.2	1.4	1.6	1.8
		2	2.2	2.5	2.8	3	3.2	3.5	3.8	4	4.2	4.5	4.8
		5	5.5	6	6.5	7	7.5	8	8.5	9	10	12	14
		16	18	20	22	25	28	30	32	38	42	45	48
		50	52	55	58	60	65	70	75	80	85	90	95
		100	105	110	115	120	125	130	135	140	145	150	160
		170	180	190	200	210	220	230	240	250	260	270	280
		290	300	320	340	360	380	400	450	500	550	600	
有效圈数 n/圈	压缩弹簧	2	2.25	2.5	2.75	3	3.25	3.5	3.75	4	4.25	4.5	4.75
		5	5.5	6	6.5	7	7.5	8	8.5	9	9.5	10	10.5
		11.5	12.5	13.5	14.5	15	16	18	20	22	25	28	30
	拉伸弹簧	2	3	4	5	6	7	8	9	10	11	12	13
		14	15	16	17	18	19	20	22	25	28	30	35
		40	45	50	55	60	65	70	80	90	100		
自由高度 H_0/mm	压缩弹簧	2	3	4	5	6	7	8	9	10	11	12	13
		14	15	16	17	18	19	20	22	24	26	28	30
		32	35	38	40	42	45	48	50	52	55	58	60
		65	70	75	80	85	90	95	100	105	110	115	120
		130	140	150	160	170	180	190	200	220	240	260	280
		300	320	340	360	380	400	420	450	480	500	520	550
		580	600	620	650	680	700	720	750	780	800	850	900
		950	1000										

注：1. 本表适用于压缩、拉伸和扭转的圆截面圆柱螺旋弹簧。

　　2. 优先采用第一系列。

　　3. 拉伸弹簧有效圈数除按表中规定外，由于两钩环相对位置不同，其尾数还可为 0.25、0.5、0.75。

表 16.2-3　根据 d 选取的旋绕比 C 的荐用值
（摘自 GB/T 23935—2009）

材料直径 d/mm	0.2~0.5	>0.5~1.1	>1.1~2.5	>2.5~7.0	>7.0~16	>16
旋绕比 C	7~14	5~12	5~10	4~9	4~8	4~16

2　弹簧材料、载荷类型及许用应力

　　弹簧常用材料及其性能见表 16.2-4。工作温度对材料切变模量 G 和弹性模量 E 的影响如图 16.2-1 所示。油淬火-回火弹簧钢丝按工作状态分为静态、中疲劳、高疲劳三类。钢丝按供货抗拉强度分为低强度、中强度和高强度三级。油淬火-回火弹簧钢丝的分类、代号和直径范围见表 16.2-5。代号与常用钢材牌号的对应关系见表 16.2-6。冷拉碳素弹簧钢丝和重要碳素弹簧钢丝抗拉强度见表 16.2-7。油淬火-回火弹簧钢丝的力学性能见表 16.2-8。不锈弹簧钢丝的抗拉强度见表 16.2-9。铍青铜线的抗拉强度见表

16.2-10。铜及铜合金线的抗拉强度见表 16.2-11。

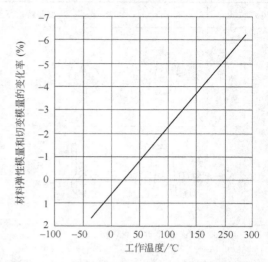

图 16.2-1　工作温度对材料切变模量 G 和弹性模量 E 的影响

表 16.2-4　弹簧常用材料及性能（摘自 GB/T 23935—2009）

标准名称	牌号/组别	直径规格/mm	切变模量 G/GPa	弹性模量 E/GPa	推荐使用温度范围/℃	性　能
冷拉碳素弹簧钢丝 GB/T 4357	SL、SM、SH、DM、DH	SL 型：1.00~10.00 SM 型：0.30~13.00 SH 型：0.30~13.00 DM 型：0.08~13.00 DH 型：0.05~13.00	78.5	206		强度高、性能好。钢丝按抗拉强度分为低、中等和高的抗拉强度，分别用符号 L、M 和 H 代表。按弹簧载荷特点分为静载荷和动载荷，分别用 S 和 D 代表
重要用途碳素弹簧钢丝 YB/T 5311	E、F、G	E 组：0.1~7.0 F 组：0.1~7.0 G 组：1.0~7.0			−40~150	强度高，韧性好。用于重要用途的弹簧，E 组用于中等应力动载荷，F 组用于较高应力动载荷，G 组用于振动载荷
油淬火-回火弹簧钢丝 GB/T 18983	VDC	0.50~10.0				强度高，性能好。VDC 用于高疲劳级弹簧
	FDC、TDC	0.50~18.0				强度高，性能好。FDC 用于静态级弹簧，TDC 用于中疲劳级弹簧
	FDSiMn TDSiMn	0.50~18.0			−40~250	强度高，较高的疲劳性能。用于较高载荷的弹簧。FDSiMn 用于静态级弹簧，TDSiMn 用于中疲劳级弹簧
	VDSiCr	0.50~10.0				强度高，疲劳性能好。VDSiCr 用于高疲劳级弹簧，TDSiCr-A 用于中疲劳级弹簧，FDSiCr 用于静态级弹簧
	FDSiCr TDSiCr-A	0.50~18.0				
	VDSiCrV	0.50~10.0			−40~210	强度高，疲劳性能好。VDSiCrV 用于高疲劳级弹簧
	FDCrV	0.50~17.0				强高较高，疲劳性能较好。FDCrV 用于静态级弹簧

（续）

标准名称	牌号/组别	直径规格/mm	切变模量 G/GPa	弹性模量 E/GPa	推荐使用温度范围/℃	性　能
合金弹簧钢丝 YB/T 5318	50CrVA	0.5~14.0	78.5	206	-40~210	强度高，较高的抗疲劳性。用于普通机械的弹簧
	60Si2MnA 55CrSiA				-40~250	
不锈弹簧钢丝 GB/T 24588	A 组 12Cr18Ni9 06Cr19Ni9 06Cr17Ni12Mo2 10Cr18Ni9Ti 12Cr18Mn9NiN	0.2~10.0	70	185	-200~290	耐蚀、耐高温和耐低温，用于腐蚀或高、低温工作条件下的弹簧。D组不宜在耐蚀性要求较高的环境中使用
	B 组 12Cr18Ni9 06Cr18Ni9N 12Cr18Mn9Ni5N	0.2~12.0	73	195		
	C 组 07Cr17Ni7Al	0.2~10.0				
	D 组 12Cr17Mn8Ni3Cu3N	0.2~6.0				
铜及铜合金线材 GB/T 21652	QSi3-1	0.1~6.0	40.2	93.1	-40~120	有较高的耐蚀和防磁性能。用于机械或仪表等用弹性元件
	QSn4-3 QSn6.5-0.1 QSn6.5-0.4 QSn7-0.2		39.2		-250~120	
铍青铜线 YS/T 571	QBe2	0.03~6.0	42.1	129.4	-200~120	强度、硬度、疲劳强度和耐磨性均高，耐蚀、防磁，导电性好，撞击时无火花。用作电表游丝
弹簧钢 GB/T 1222	60Si2Mn 60Si2MnA	12.0~80.0	78.5	206	-40~250	较高的疲劳强度，较高的疲劳强度。广泛用作各种机械用弹簧
	50CrVA 60CrMnA 60CrMnBA				-40~210	强度高，耐高温。用于制作承受较重载荷的弹簧
	55CrSiA 60Si2CrA 60Si2CrVA				-40~250	高的疲劳强度，耐高温。用于制作较高工作温度下的弹簧

注：当弹簧工作环境温度超出常温时，应适当调整许用应力。

表 16.2-5　油淬火-回火弹簧钢丝的分类、代号和直径范围（摘自 GB/T 18983—2017）

分类		静态级	中疲劳级	高疲劳级
抗拉强度	低强度	FDC	TDC	VDC
	中强度	FDCrV、FDSiMn	TDSiMn	VDCrV
	高强度	FDSiCr	TDSiCr-A	VDSiCr
	超高强度	—	TDSiCr-B、TDSiCr-C①	VDSiCrV
直径范围/mm		0.50~18.00	0.50~18.00	0.50~10.00

注：1. 静态级钢丝适用于一般用途弹簧，以 FD 表示。

　　2. 中疲劳级钢丝用于一般强度离合器、悬架弹簧，以 TD 表示。

　　3. 高疲劳级钢丝适用于剧烈运动的场合，如用于阀门弹簧，以 VD 表示。

① TBSiCr-B 和 TDSiCr-C 直径范围为 8.0~18.0mm。

　　标记示例：用 60Si2MnA 钢制造的直径为 11.0mm 的 TD 级钢丝标记为：TDSiMn-11.0-GB/T 18983。

表 16.2-6 油淬火-回火弹簧钢丝代号与常用钢材牌号的对应关系（摘自 GB/T 18983—2017）

钢丝代号	常用代表性牌号	钢丝代号	常用代表性牌号
FDC、TDC、VDC	65、70、65Mn	FDSiCr、TDSiCr-A、TDSiCr-B、TDSiCr-C、VDSiCr	55CrSi
FDCrV、TDCrV、VDCrV	50CrV	VDSiCrV	65Si2CrV
FDSiMn、TDSiMn	60Si2Mn		

表 16.2-7 冷拉碳素弹簧钢丝和重要碳素弹簧钢丝抗拉强度 R_m （MPa）

直径 /mm	冷拉碳素弹簧钢丝 GB/T 4357—2009					重要用途碳素 弹簧钢丝 YB/T 5311—2010			直径 /mm	冷拉碳素弹簧钢丝 GB/T 4357—2009					重要用途碳素 弹簧钢丝 YB/T 5311—2010		
	SL 型	SM 型	DM 型	SH 型	DH 型	E 组	F 组	G 组		SL 型	SM 型	DM 型	SH 型	DH 型	E 组	F 组	G 组
0.05	—	—	—	—	2800	—	—	—	1.00	1720	1980	1980	2230	2230	2020	2360	1850
0.06	—	—	—	—	2800	—	—	—	1.20	1670	1920	1920	2170	2170	1940	2280	1820
0.07	—	—	—	—	2800	—	—	—	1.40	1620	1870	1870	2110	2110	1880	2210	1780
0.08	—	—	2780	—	2800	—	—	—	1.60	1590	1830	1830	2060	2060	1820	2150	1750
0.09	—	—	2740	—	2800	—	—	—	1.80	1550	1790	1790	2020	2020	1800	2060	1700
0.10	—	—	2710	—	2800	2440	2900	—	2.00	1520	1760	1760	1980	1980	1790	1970	1670
0.12	—	—	2660	—	2800	2440	2870	—	2.20	—	—	—	—	—	1700	1870	1620
0.14	—	—	2620	—	2800	2440	2850	—	2.50	1460	1690	1690	1900	1900	1680	1830	1620
0.16	—	—	2570	—	2800	2440	2850	—	2.80	1420	1650	1650	1860	1860	1630	1810	1570
0.18	—	—	2530	—	2800	2390	2780	—	3.00	1410	1630	1630	1840	1840	1610	1780	1570
0.20	—	—	2500	—	2800	2390	2760	—	3.20	1390	1610	1610	1820	1820	1560	1760	1570
0.22	—	—	2470	—	2770	2370	2730	—	3.50	—	—	—	—	—	1500	1710	1470
0.25	—	—	2420	—	2720	2340	2700	—	4.00	1320	1530	1530	1740	1740	1470	1680	1470
0.28	—	—	2390	—	2680	2310	2670	—	4.50	1290	1500	1500	1690	1690	1420	1630	1470
0.30	—	2370	2370	2660	2660	2290	2650	—	5.00	1260	1460	1460	1660	1660	1400	1580	1420
0.32	—	2350	2350	2640	2640	2270	2630	—	5.50	—	—	—	—	—	1370	1550	1400
0.35	—	—	—	—	—	2250	2610	—	6.00	1210	1400	1400	1590	1590	1350	1520	1350
0.40	—	2270	2270	2560	2560	2250	2590	—	6.50	1180	1380	1380	1560	1560	1320	1490	1350
0.45	—	2240	2240	2510	2510	2210	2570	—	7.00	1160	1350	1350	1540	1540	1300	1460	1300
0.50	—	2200	2200	2480	2480	2190	2550	—	8.00	1120	1310	1310	1490	1490	—	—	—
0.55	—	—	—	—	2170	2530	—		9.00	1090	1270	1270	1450	1450	—	—	—
0.60	—	2140	2140	2410	2410	2150	2510	—	10.00	1060	1240	1240	1410	1410	—	—	—
0.63	—	2130	2130	2390	2390	2130	2490	—	11.00	—	1210	1210	1390	1390	—	—	—
0.70	—	2090	2090	2360	2360	2100	2470	—	12.00	—	1180	1180	1330	1330	—	—	—
0.80	—	2050	2050	2310	2310	2080	2440	—	13.00	—	1160	1160	1320	1320	—	—	—
0.90	—	2010	2010	2270	2270	2070	2410	—									

注：表中抗拉强度 R_m 为材料标准的下限值。

表 16.2-8 油淬火-回火弹簧钢丝的力学性能 （摘自 GB/T 18983—2017）

直径范围 /mm	R_m/MPa									断面收缩率 $Z \geqslant$（%）		
	FDC TDC	FDCrV-A TDCrV-A	FDSiMn TDSiMn	FDSiCr TDSiCr-A	TDSiCr-B	VDC	VDCrV-A	VDSiCr	VDSiCrV	FD	TD	VD
0.50~0.80	1800	1800	1850	2000	—	1700	1750	2080	2230	—	—	—
>0.80~1.00	1800	1780	1850	2000	—	1700	1730	2080	2230	—	—	—
>1.00~1.30	1800	1750	1850	2000	—	1700	1700	2080	2230	45	45	45
>1.30~1.40	1750	1750	1850	2000	—	1700	1680	2080	2210	45	45	45
>1.40~1.60	1740	1710	1850	2000	—	1670	1660	2050	2210	45	45	45
>1.60~2.00	1720	1710	1820	2000	—	1650	1640	2010	2160	45	45	45
>2.00~2.50	1670	1670	1800	1970	—	1630	1620	1960	2100	45	45	45
>2.50~2.70	1640	1660	1780	1950	—	1610	1610	1940	2060	45	45	45
>2.70~3.00	1620	1630	1760	1930	—	1590	1600	1930	2060	45	45	45

（续）

直径范围/mm	R_m/MPa									断面收缩率 $Z \geqslant$ (%)		
	FDC	FDCrV-A	FDSiMn	FDSiCr	TDSiCr-B	VDC	VDCrV-A	VDSiCr	VDSiCrV	FD	TD	VD
	TDC	TDCrV-A	TDSiMn	TDSiCr-A								
>3.00~3.20	1600	1610	1740	1910	—	1570	1580	1920	2060	40	45	45
>3.20~3.50	1580	1600	1720	1900	—	1550	1560	1910	2010	40	45	45
>3.50~4.00	1550	1560	1710	1870	—	1530	1540	1890	2010	40	45	45
>4.00~4.20	1540	1540	1700	1860	—	1510	1520	1860	1960	40	45	45
>4.20~4.50	1520	1520	1690	1850	—	1510	1520	1860	1960	40	45	—
>4.50~4.70	1510	1510	1680	1840	—	1510	1520	1860	1960	40	45	45
>4.70~5.00	1500	1500	1670	1830	—	1490	1500	1830	1960	40	45	45
>5.00~5.60	1470	1460	1660	1800	—	1490	1500	1830	1960	40	45	45
>5.60~6.00	1460	1440	1650	1780	—	1470	1480	1800	1910	35	40	40
>6.00~6.50	1440	1420	1640	1760	—	1450	1470	1790	1910	35	40	40
>6.50~7.00	1430	1400	1630	1740	—	1420	1440	1760	1910	35	40	40
>7.00~8.00	1400	1380	1620	1710	—	1400	1420	1740	1860	35	40	40
>8.00~9.00	1380	1370	1610	1700	1750	1370	1410	1710	1860	35	40	40
>9.00~10.00	1360	1350	1600	1660	1750	1350	1390	1690	1810	30	35	35
>10.00~12.00	1320	1320	1580	1660	1750	1340	1370	1670	1810	30	35	35
>12.00~14.00	1280	1300	1560	1620	1750					30	35	
>14.00~15.00	1270	1290	1550	1620	1750					30	35	
>15.00~17.00	1250	1270	1540	1580	1750					30	35	

注：1. FDSiMn 和 TDSiMn 直径≤5.00mm 时，$Z \geqslant 35\%$；直径>5.00~14.00mm 时，$Z \geqslant 30\%$。

　　2. 表中抗拉强度 R_m 为材料标准的下限值。TDSiCr-C 直径>8.00~17mm 时，R_m 为 1850MPa。

表 16.2-9　不锈弹簧钢丝的抗拉强度 R_m（摘自 GB/T 24588—2009）　　　　（MPa）

直径/mm	A 组	B 组	C 组		D 组	直径/mm	A 组	B 组	C 组		D 组
			冷拉不小于	时效					冷拉不小于	时效	
0.20	1700	2050	1970	2270	1750	1.6	1400	1650	1650	1950	1550
0.22	1700	2050	1950	2250	1750	1.8	1400	1650	1600	1900	1550
0.25	1700	2050	1850	2250	1750	2.0	1400	1650	1600	1900	1550
0.28	1650	1950	1950	2250	1720	2.2	1320	1550	1550	1850	1550
0.30	1650	1950	1950	2250	1720	2.5	1320	1550	1550	1850	1510
0.32	1650	1950	1920	2220	1680	2.8	1230	1450	1500	1790	1510
0.35	1650	1950	1920	2220	1680	3.0	1230	1450	1500	1790	1510
0.40	1650	1950	1920	2220	1680	3.2	1230	1450	1450	1740	1480
0.45	1600	1900	1900	2200	1680	3.5	1230	1450	1450	1740	1480
0.50	1600	1900	1900	2200	1650	4.0	1230	1450	1400	1680	1480
0.55	1600	1900	1850	2150	1650	4.5	1100	1350	1350	1620	1400
0.60	1600	1900	1850	2150	1650	5.0	1100	1350	1350	1620	1330
0.63	1550	1850	1850	2150	1650	5.5	1100	1350	1300	1550	1330
0.70	1550	1850	1850	2150	1650	6.0	1100	1350	1300	1550	1230
0.80	1550	1850	1820	2120	1620	6.3	1020	1270	1250	1500	
0.90	1550	1850	1800	2100	1620	7.0	1020	1270	1250	1500	—
1.0	1450	1850	1800	2100	1620	8.0	1020	1270	1200	1450	—
1.1	1450	1750	1750	2050	1620	9.0	1000	1150	1150	1400	—
1.2	1450	1750	1750	2050	1580	10.0	980	1000	1150	1400	—
1.4	1450	1750	1700	2000	1580	11.0	—	1000	—	—	—
1.5	1400	1650	1700	2000	1550	12.0	—	1000	—	—	—

注：1. 钢丝试样时效处理推荐工艺为：400~500℃，保温 0.5~1.5h，空冷。

　　2. 表中抗拉强度 R_m 为材料标准的下限值。

表 16.2-10　铍青铜线的抗拉强度

（摘自 YS/T 571—2009）

材料状态	R_m/MPa	
	时效处理前的拉力试验	时效处理后的拉力试验
软	400～580	1050～1380
1/2 硬	710～930	1200～1480
硬	915～1140	1300～1585

表 16.2-11　铜及铜合金线的抗拉强度

（摘自 GB/T 21652—2008）

材料牌号	状态	线材直径/mm	R_m/MPa
QCd1	M（软）	0.1～6.0	≥275
	Y（硬）	0.1～0.5	590～880
		>0.5～4.0	490～735
		>4.0～6.0	470～685
QSn6.5-0.1 QSn6.5-0.4 QSn7-0.2	M（软）	0.1～1.0	≥350
		>1.0～8.5	
QSi3-1、QSn4-3、 QSn6.5-0.1、 QSn6.5-0.4 QSn7-0.2	Y（硬）	0.1～1.0	880～1130
		>1.0～2.0	860～1060
		>2.0～4.0	830～1030
		>4.0～6.0	780～980

弹簧的载荷类型分为静载荷和动载荷。静载荷指恒定不变的载荷或载荷有变化，但循环次数 $N<10^4$ 次。动载荷指载荷有变化，循环次数 $N\geqslant10^4$ 次。根据循环次数动载荷分为：

1）有限疲劳寿命：冷卷弹簧载荷循环次数 $N\geqslant10^4\sim10^6$ 次；热卷弹簧载荷循环次数 $N\geqslant10^4\sim10^5$ 次。

2）无限疲劳寿命：冷卷弹簧载荷循环次数 $N\geqslant10^7$ 次；热卷弹簧载荷循环次数 $N\geqslant2\times10^6$ 次。

当冷卷弹簧载荷循环次数介于 10^6 和 10^7 之间时，或热卷弹簧载荷循环次数介于 10^5 和 2×10^6 之间时，可根据使用情况参照有限或无限寿命设计。

许用应力选取的原则：

1）对静载荷作用下的弹簧，除了考虑强度条件外，对应力松弛有要求的，应适当降低许用应力。

2）对动载荷作用下的弹簧，除了考虑循环次数外，还应考虑应力（变化）幅度，这时按照循环特征公式（16.2-1）计算，也可在图 16.2-2 或图 16.2-3 中查取。当循环特征（γ）值大时，即应力（变化）幅度小，许用应力取大值；当循环特征（γ）值小时，即应力（变化）幅度大，许用应力取小值。

$$\gamma=\frac{\tau_{min}}{\tau_{max}}=\frac{F_{min}}{F_{max}}\ \text{或}\ \gamma=\frac{\sigma_{min}}{\sigma_{max}}=\frac{T_{min}}{T_{max}}=\frac{\varphi_{min}}{\varphi_{max}}$$

（16.2-1）

式中　τ_{min}——最小切应力（MPa）；
τ_{max}——最大切应力（MPa）；
F_{min}——最小载荷（N）；
F_{max}——最大载荷（N）；
σ_{min}——最小弯曲应力（MPa）；
σ_{max}——最大弯曲应力（MPa）；
T_{min}——最小扭矩（N·mm）；
T_{max}——最大扭矩（N·mm）；
φ_{min}——最小弹簧扭转角度（rad 或°）；
φ_{max}——最大弹簧扭转角度（rad 或°）

3）对于重要用途的弹簧，其损坏对整个机械有重大影响，以及在较高或较低温度下工作的弹簧，许用应力应适当降低。

4）经有效喷丸处理的弹簧，可提高疲劳强度或疲劳寿命。

5）对压缩弹簧，经有效强压处理，可提高疲劳寿命，对改善弹簧的性能有明显效果。

6）对动载荷作用下的弹簧，影响疲劳强度的因素很多，难以精确估计；对于重要用途的弹簧，设计完成后，应进行试验验证。

冷卷和热卷的压缩、拉伸弹簧的试验切应力及许用应力见表 16.2-12 及图 16.2-2。扭转弹簧的试验切应力及许用应力见表 16.2-12 及图 16.2-3。

表 16.2-12　弹簧的试验切应力及许用应力（摘自 GB/T 23935—2009）　　　　（MPa）

应力类型		冷卷弹簧材料				热卷弹簧材料 60Si2Mn、60Si2MnA、50CrVA、55CrVA、60CrMnA、60CrMnBA、60Si2CrA、60Si2CrVA
		油淬火-回火弹簧钢丝	冷拉碳素弹簧钢丝、重要碳素弹簧钢丝	不锈钢丝弹簧	铜及铜合金线材、铍青铜线	
压缩弹簧许用切应力	试验切应力	$0.55R_m$	$0.50R_m$	$0.45R_m$	$0.40R_m$	710～890
	静载荷	$0.50R_m$	$0.45R_m$	$0.38R_m$	$0.36R_m$	
	动载荷、有限疲劳寿命	$(0.40\sim0.50)R_m$	$(0.38\sim0.45)R_m$	$(0.34\sim0.38)R_m$	$(0.33\sim0.36)R_m$	568～712
	动载荷、无限疲劳寿命	$(0.35\sim0.40)R_m$	$(0.33\sim0.38)R_m$	$(0.30\sim0.34)R_m$	$(0.30\sim0.33)R_m$	426～534

（续）

应力类型		冷卷弹簧材料				热卷弹簧材料
		油淬火-回火弹簧钢丝	冷拉碳素弹簧钢丝、重要碳素弹簧钢丝	不锈弹簧钢丝	铜及铜合金线材、铍青铜线	60Si2Mn、60Si2MnA、50CrVA、55CrVA、60CrMnA、60CrMnBA、60Si2CrA、60Si2CrVA
拉伸弹簧许用切应力	试验切应力	$0.44R_m$	$0.40R_m$	$0.36R_m$	$0.32R_m$	475~596
	静载荷	$0.40R_m$	$0.36R_m$	$0.30R_m$	$0.29R_m$	
	动载荷、有限疲劳寿命	$(0.32~0.40)R_m$	$(0.30~0.36)R_m$	$(0.28~0.30)R_m$	$(0.26~0.29)R_m$	405~507
	动载荷、无限疲劳寿命	$(0.28~0.32)R_m$	$(0.26~0.30)R_m$	$(0.24~0.27)R_m$	$(0.24~0.26)R_m$	356~447
扭转弹簧许用弯曲应力	试验弯曲应力	$0.80R_m$	$0.78R_m$	$0.75R_m$	$0.75R_m$	994~1232
	静载荷	$0.72R_m$	$0.70R_m$	$0.68R_m$	$0.68R_m$	
	动载荷、有限疲劳寿命	$(0.60~0.68)R_m$	$(0.58~0.66)R_m$	$(0.55~0.65)R_m$	$(0.55~0.65)R_m$	795~986
	动载荷、无限疲劳寿命	$(0.50~0.60)R_m$	$(0.49~0.58)R_m$	$(0.45~0.55)R_m$	$(0.45~0.55)R_m$	636~788

注：1. 抗拉强度 R_m 为材料标准的下限值。

　　2. 对材料直径 d 小于 1mm 的弹簧，试验切应力为表列值的 90%。

　　3. 当试验切应力大于压并切应力时，取压并切应力为试验切应力。

　　4. 热卷弹簧硬度范围为 42~52HRC（392~535HBW）。当硬度接近下限时，试验应力或许用应力则取下限值；当硬度接近上限时，试验应力或许用应力则取上限值。

　　5. 拉伸、扭转弹簧试验应力或许用应力一般取下限值。

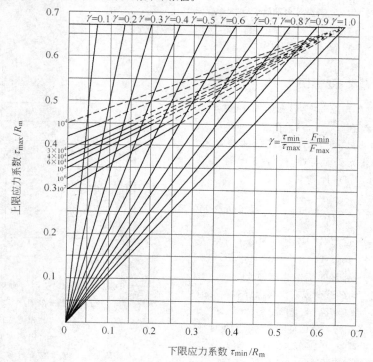

图 16.2-2　压缩、拉伸弹簧疲劳极限图

注：适用于未经喷丸处理的具有较好的耐疲劳性能的钢丝，如重要用途碳素弹
　　簧钢丝、高疲劳级油淬火-回火弹簧钢丝。

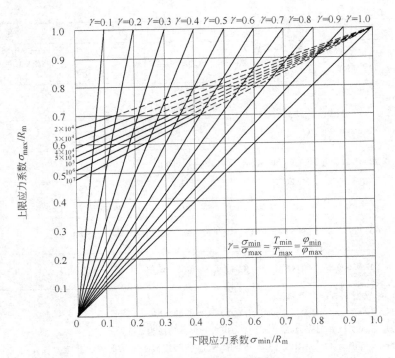

图 16.2-3　扭转弹簧疲劳极限图
注：适用于未经喷丸处理的具有较好的耐疲劳性能的钢丝，如重要用途碳素弹簧
钢丝、高疲劳级油淬火-回火弹簧钢丝。

3　圆柱螺旋压缩弹簧的设计

3.1　弹簧结构和载荷-变形图

压缩弹簧的结构及其载荷-变形图如图 16.2-4 所示。图中，d—弹簧丝直径（mm）；D、D_1、D_2 分别为弹簧的中、内、外径（mm）；F_s—试验载荷（N）。当试验载荷为测定弹簧特性时，弹簧允许承受的最大载荷按式（16.2-2）计算

$$F_s = \frac{\pi d^3}{8D}\tau_s \qquad (16.2\text{-}2)$$

式中　　　　　　τ_s——试验切应力（MPa），见表 16.2-12。

F_1、F_2、$\cdots$、F_s——弹簧的工作载荷（N）。

为了保证指定高度时的载荷或在需要保证载荷下的高度，弹簧变形量应为试验载荷下变形量的 20%~80%，即 $0.2f_s \leqslant f_{1,2,\cdots,n} \leqslant 0.8f_s$。当需要保证刚度时，弹簧变形量应为试验载荷下变形量的 30%~70%，即 f_1 和 f_2 满足 $0.3f_s \leqslant f_{1,2} \leqslant 0.7f_s$。弹簧刚度按式（16.2-3）计算

$$k = \frac{F_2 - F_1}{f_2 - f_1} = \frac{F_2 - F_1}{H_1 - H_2} \qquad (16.2\text{-}3)$$

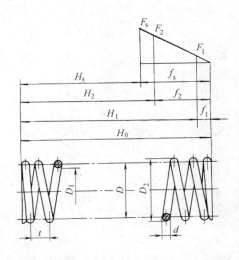

图 16.2-4　压缩弹簧的结构及其载荷-变形图
图中 f_1、f_2、$\cdots$、f_n、f_s—在 F_1、F_2、$\cdots$、F_n、F_s 作用下的弹簧变形量（mm）；
H_0—自由高度或自由长度（mm）；
H_1、H_2、$\cdots$、H_s—在 F_1、F_2、$\cdots$、F_s 作用下的弹簧高度（长度）（mm）；
t—弹簧的节距（mm）。

3.2　设计计算与参数选择

（1）圆柱螺旋压缩弹簧的基本计算公式（见表 16.2-13）。

弹簧的主要尺寸参数确定后，由表 16.2-14 计算弹簧的其他几何尺寸。

表 16.2-13　圆柱螺旋压缩弹簧的基本计算公式（摘自 GB/T 23935—2009）

名称	代号	单位	计算公式
弹簧切应力	τ	MPa	$\tau = K\dfrac{8DF}{\pi d^3} = K\dfrac{8CF}{\pi d^2}$ 或 $\tau = \dfrac{Gdf}{\pi D^2 n}$ 式中　D—弹簧中径(mm) 　F—弹簧工作载荷(N) 　C—旋绕比，$C = D/d$，见表 16.2-3 　G—切变模量(MPa)，见表 16.2-4 　K—曲度系数，静载荷时，一般 K 值可取为 1；当弹簧应力高时，亦可考虑 K 值 $$K = \dfrac{4C-1}{4C-4} + \dfrac{0.615}{C}$$
弹簧变形量	f	mm	$f = \dfrac{8D^3nF}{Gd^4} = \dfrac{8C^3nF}{Gd}$
弹簧刚度	k	N·mm^{-1}	$k = \dfrac{F}{f} = \dfrac{Gd^4}{8D^3n} = \dfrac{Gd}{8C^3n}$
弹簧变形能	U	N·mm	$U = \dfrac{Ff}{2} = \dfrac{kf^2}{2}$
弹簧材料直径	d	mm	$d \geqslant \sqrt[3]{\dfrac{8KDF}{\pi[\tau]}}$ 或 $d \geqslant \sqrt{\dfrac{8KCF}{\pi[\tau]}}$ 式中　$[\tau]$—许用切应力(MPa)，见表 16.2-12
弹簧有效圈数	n	圈	$n = \dfrac{Gd^4}{8D^3F}f = \dfrac{Gd^4}{8kD^3}$
自振频率	f_e	Hz	$f_e = \dfrac{3.56d}{nD^2}\sqrt{\dfrac{C}{\rho}}$ 式中　ρ—材料密度(kg·mm^{-3}) 用于两端固定，一端在工作行程范围内周期性往复运动的情况

表 16.2-14　压缩弹簧几何尺寸计算（摘自 GB/T 23935—2009）

名称	代号	单位	计算方法和确定方法
材料直径	d	mm	按表 16.2-13 中式计算，再按表 16.2-2 取标准值
弹簧中径	D	mm	根据结构要求估计，再按表 16.2-2 取标准值
弹簧内径	D_1	mm	$D_1 = D - d$
弹簧外径	D_2	mm	$D_2 = D + d$
有效圈数	n		按表 16.2-13 中式计算；一般不少于 3 圈，最少不少于 2 圈
支承圈数	n_z		按结构型式从表 16.2-1 中选取
总圈数	n_1		$n_1 = n + n_z$ 尾数应为 1/4、1/2、3/4 或整圈，推荐用 1/2
节距	t	mm	$t = d + \dfrac{f_n}{n} + \delta_1$ 式中　δ_1—余隙，一般取 $\delta_1 \geqslant 0.1d$ 推荐 $0.28D \leqslant t < 0.5D$
间距	δ	mm	$\delta = t - d$
高径比	b		$b = \dfrac{H_0}{D}$

（续）

名　称	代号	单位	计算方法和确定方法		
自由高度或 自由长度	H_0	mm	两端圈磨平	$n_1 = n + 1.5$ 时，$H_0 = tn + d$	
				$n_1 = n + 2$ 时，$H_0 = tn + 1.5d$	
				$n_1 = n + 2.5$ 时，$H_0 = tn + 2d$	
			两端圈不磨	$n_1 = n + 2$ 时，$H_0 = tn + 3d$	
				$n_1 = n + 2.5$ 时，$H_0 = tn + 3.5d$	
工作高度	$H_{1,2,\cdots,n}$	mm	$H_{1,2,\cdots,n} = H_0 - f_{1,2,\cdots,n}$		
试验高度	H_s	mm	$H_s = H_0 - f_s$		
压并高度	H_b	mm	端面磨削约 3/4 圈时，$H_b \leqslant n_1 d_{max}$ 端面不磨削，$H_b \leqslant (n_1 + 1.5) d_{max}$ 式中　d_{max}——材料最大直径		
螺旋角	α	°	$\alpha = \arctan \dfrac{t}{\pi D}$ 荐用值 $5° \leqslant \alpha < 9°$		
弹簧材料的 展开长度	L	mm	$L = \dfrac{\pi D n_1}{\cos\alpha} \approx \pi D n_1$		
弹簧质量	m	kg	$m = \dfrac{\pi}{4} d^2 L \rho$		

（2）查表法

表 16.2-15 是根据 GB/T 2089—2009 普通圆柱螺旋压缩弹簧尺寸及参数编制的，借助该表可快速确定弹簧的主要尺寸参数。方法是：如果已知弹簧的类型、工作载荷 F_2 和对应的变形量 f_2，由弹簧类型计算出该弹簧的试验载荷 F_s，由 F_2 和 f_2 计算出弹簧刚度 k。从表 16.2-15 中查出数值接近且稍大的最大工作载荷 F_n 和对应的簧丝直径 d、弹簧中径 D，用式

（16.2-4）计算弹簧的有效圈数

$$n = \frac{Gd^4}{8D^3 k} \qquad (16.2\text{-}4)$$

当所设计弹簧的材料和表中规定的弹簧材料不同或为拉伸弹簧时，应依照表注的说明调整 F_s 和 f_s 的数值。此法简单但有一定局限性，适用于不重要的弹簧。如果属于重要弹簧，此法只能用于确定初步方案，还需做进一步校核计算。

表 16.2-15　普通圆柱螺旋压缩弹簧的尺寸及参数（摘自 GB/T 2089—2009）

簧丝直径 d /mm	弹簧中径 D /mm	最大工作载荷 F_n /N	最大芯轴直径 D_{Xmax} /mm	最小套筒直径 D_{Tmin} /mm	有效圈数 n											
					2.5				4.5				6.5			
					自由高度 H_0 /mm	最大工作变形量 f_n /mm	弹簧刚度 k/N·mm^{-1}	弹簧单件质量 m /g	自由高度 H_0 /mm	最大工作变形量 f_n /mm	弹簧刚度 k/N·mm^{-1}	弹簧单件质量 m /g	自由高度 H_0 /mm	最大工作变形量 f_n /mm	弹簧刚度 k/N·mm^{-1}	弹簧单件质量 m /g
0.5	3	14	1.9	4.1	4	1.5	9.1	0.07	7	2.8	5.1	0.09	10	4.0	3.5	0.12
	3.5	12	2.4	4.6	5	2.1	5.8	0.08	8	3.8	3.2	0.11	12	5.5	2.2	0.14
	4	11	2.9	5.1	6	2.8	3.9	0.09	9	5.2	2.1	0.12	14	7.3	1.5	0.16
	4.5	9.6	3.4	5.6	7	3.6	2.7	0.10	10	6.4	1.5	0.14	16	9.6	1.0	0.18
	5	8.6	3.9	6.1	8	4.3	2.0	0.11	12	7.8	1.1	0.16	18	11	0.8	0.20
0.8	4	40	2.6	5.4	6	1.6	25	0.22	9	2.9	14	0.32	12	4.1	9.7	0.42
	4.5	36	3.1	5.9	7	2.0	18	0.25	10	3.6	10	0.36	14	5.3	6.8	0.47
	5	32	3.6	6.4	8	2.5	13	0.28	11	4.4	7.2	0.40	15	6.4	5.0	0.52
	6	27	4.2	7.8	9	3.6	7.5	0.33	13	6.4	4.2	0.48	19	9.3	2.9	0.63
	7	23	5.2	8.8	10	4.9	4.7	0.39	15	8.8	2.6	0.56	23	13	1.8	0.73
	8	20	6.2	9.8	12	6.3	3.2	0.44	18	11	1.8	0.64	28	17	1.2	0.84
1	4.5	68	2.9	6.1	7	1.6	43	0.39	10	2.8	24	0.56	14	4.0	17	0.74
	5	62	3.4	6.6	8	1.9	32	0.43	11	3.4	18	0.62	15	5.2	12	0.82
	6	51	4	8	9	2.8	18	0.52	12	5.1	10	0.75	18	7.3	7.0	0.98

（续）

簧丝直径 d /mm	弹簧中径 D /mm	最大工作载荷 F_n/N	最大芯轴直径 D_{Xmax} /mm	最小套筒直径 D_{Tmin} /mm	有效圈数 n											
					2.5				4.5				6.5			
					自由高度 H_0 /mm	最大工作变形量 f_n /mm	弹簧刚度 k/N·mm^{-1}	弹簧单件质量 m /g	自由高度 H_0 /mm	最大工作变形量 f_n /mm	弹簧刚度 k/N·mm^{-1}	弹簧单件质量 m /g	自由高度 H_0 /mm	最大工作变形量 f_n /mm	弹簧刚度 k/N·mm^{-1}	弹簧单件质量 m /g
1	7	44	5	9	10	3.7	12	0.61	14	6.9	6.4	0.87	21	10	4.4	1.14
	8	38	6	10	12	4.9	7.7	0.69	17	8.8	4.3	1.00	25	13	3.0	1.31
	9	34	7	11	13	6.3	5.4	0.78	20	11	3.0	1.12	29	16	2.1	1.47
	10	31	8	12	15	7.8	4.0	0.87	22	14	2.2	1.25	35	21	1.5	1.63
1.2	6	86	3.8	8.2	9	2.3	38	0.75	12	4.1	21	1.08	17	5.7	15	1.41
	7	74	4.8	9.2	10	3.1	24	0.87	14	5.7	13	1.26	20	8.0	9.2	1.65
	8	65	5.8	10	11	4.1	16	1.00	16	7.3	8.9	1.44	24	11	6.2	1.88
	9	58	6.8	11	12	5.3	11	1.12	20	9.4	6.2	1.62	28	13	4.3	2.12
	10	52	7.8	12	14	6.3	8.2	1.25	24	11	4.6	1.80	32	16	3.2	2.35
	12	43	8.8	15	17	9.1	4.7	1.50	26	17	2.6	2.16	40	24	1.8	2.82
1.4	7	114	4.6	9.4	10	2.6	44	1.19	15	4.6	25	1.71	20	6.7	17	2.24
	8	100	5.6	10	11	3.3	30	1.36	16	6.3	16	1.96	22	9.1	11	2.56
	9	89	6.6	11	12	4.2	21	1.53	18	7.4	12	2.20	24	11	8.0	2.88
	10	80	7.6	12	13	5.3	15	1.70	20	9.5	8.4	2.45	28	14	5.8	3.20
	12	67	8.6	15	16	7.6	8.8	2.03	24	14	4.9	2.94	35	20	3.4	3.84
	14	57	11	17	19	10	5.5	2.37	30	18	3.1	3.43	42	27	2.1	4.48
1.6	8	145	5.4	11	11	2.8	51	1.77	17	5.2	28	2.56	22	7.6	19	3.35
	9	129	6.4	12	12	3.6	36	1.99	19	6.5	20	2.88	24	9.2	14	3.77
	10	116	7.4	13	13	4.5	26	2.21	20	8.3	14	3.20	28	12	10	4.18
	12	97	8.4	16	15	6.5	15	2.66	24	12	8.3	3.84	32	17	5.8	5.02
	14	83	10	18	18	8.8	9.4	3.10	28	16	5.2	4.48	40	23	3.6	5.86
	16	73	12	20	22	12	6.3	3.54	36	21	3.5	5.12	48	30	2.4	6.69
1.8	9	179	6.2	12	13	3.1	57	2.52	18	5.6	32	3.64	25	8.1	22	4.77
	10	161	7.2	13	15	3.9	41	2.80	20	7.0	23	4.05	28	10	16	5.29
	12	134	8.2	16	16	5.6	24	3.36	24	10	13	4.86	32	15	9.2	6.35
	14	115	10	18	18	7.7	15	3.92	28	14	8.4	5.67	38	20	5.8	7.41
	16	101	12	20	20	10	10	4.49	32	18	5.6	6.48	45	26	3.9	8.47
	18	90	14	22	22	13	7	5.05	38	23	4.0	7.29	52	33	2.7	9.53
2	10	215	7	13	13	3.4	63	3.46	20	6.1	35	5.00	28	9.0	24	6.54
	12	179	8	16	15	4.8	37	4.15	24	9.0	20	6.00	32	13	14	7.84
	14	153	10	18	17	6.7	23	4.85	26	12	13	7.00	38	17	8.9	9.15
	16	134	12	20	19	8.9	15	5.54	30	16	8.6	8.00	42	23	5.9	10.46
	18	119	14	22	21	11	11	6.23	35	20	6.0	9.00	48	28	4.2	11.77
	20	107	15	25	24	14	7.9	6.92	40	24	4.4	10.00	55	36	3.0	13.07
2.5	12	339	7.5	17	16	3.8	89	6.49	24	6.8	50	9.37	32	10	34	12.26
	14	291	9.5	19	17	5.2	56	7.57	28	9.4	31	10.93	38	13	22	14.30
	16	255	12	21	19	6.7	38	8.65	30	12	21	12.50	40	18	14	16.34
	18	226	14	23	20	8.7	26	9.73	30	15	15	14.06	48	23	10	18.39
	20	204	15	26	24	11	19	10.81	38	19	11	15.62	52	28	7.4	20.43
	22	185	17	28	26	13	14	11.90	42	23	8.1	17.18	58	33	5.6	22.47
	25	163	20	31	30	16	10	13.52	48	30	5.5	19.53	70	43	3.8	25.53
3	14	475	9	19	18	4.1	117	10.90	28	7.3	65	15.75	38	11	45	20.59
	16	416	11	21	20	5.3	78	12.46	30	9.7	43	18.00	40	14	30	23.53
	18	370	13	23	22	6.7	55	14.02	35	12	30	20.25	45	18	21	26.47

（续）

簧丝直径 d /mm	弹簧中径 D /mm	最大工作载荷 F_n /N	最大芯轴直径 D_{Xmax} /mm	最小套筒直径 D_{Tmin} /mm	有效圈数 n										
					2.5				4.5				6.5			
					自由高度 H_0 /mm	最大工作变形量 f_n /mm	弹簧刚度 k/N·mm^{-1}	弹簧单件质量 m /g	自由高度 H_0 /mm	最大工作变形量 f_n /mm	弹簧刚度 k/N·mm^{-1}	弹簧单件质量 m /g	自由高度 H_0 /mm	最大工作变形量 f_n /mm	弹簧刚度 k/N·mm^{-1}	弹簧单件质量 m /g
	20	333	14	26	24	8.3	40	15.57	38	15	22	22.49	50	22	15	29.42
	22	303	16	28	24	10	30	17.13	40	18	17	24.74	58	25	12	32.36
3	25	266	19	31	28	13	20	19.47	45	23	11	28.12	65	34	7.9	36.77
	28	238	22	34	32	16	15	21.80	52	29	8.1	31.49	70	43	5.6	41.18
	30	222	24	36	35	19	12	23.36	58	34	6.6	33.74	80	48	4.6	44.12
	16	661	11	22	22	4.6	145	16.96	32	8.3	80	24.49	45	12	56	32.03
	18	587	13	24	22	5.8	102	19.08	35	10	56	27.56	48	15	39	36.03
	20	528	14	27	24	7.1	74	21.20	38	13	41	30.62	50	19	28	40.04
	22	480	16	29	26	8.6	56	23.32	40	15	31	33.68	55	23	21	44.04
3.5	25	423	19	32	28	11	38	26.50	45	20	21	38.27	65	28	15	50.05
	28	377	22	35	32	14	28	29.68	50	25	15	42.86	70	38	10	56.05
	30	352	24	37	35	16	22	31.80	55	29	12	45.93	75	42	8.4	60.06
	32	330	25	40	38	18	18	33.92	60	33	10	48.99	80	47	7.0	64.06
	35	302	28	43	40	22	14	37.09	65	39	7.7	53.58	90	57	5.3	70.07
	20	764	13	27	26	6.1	126	27.69	38	11	70	39.99	52	16	49	52.30
	22	694	15	29	28	7.3	95	30.45	40	13	53	43.99	55	19	37	57.52
	25	611	18	32	30	9.4	65	34.61	45	17	36	49.99	60	24	25	65.37
	28	545	21	35	34	12	46	38.76	50	21	26	55.99	70	30	18	73.21
4	30	509	23	37	36	14	37	41.53	55	24	21	59.99	75	36	14	78.44
	32	477	24	40	37	15	31	44.30	58	28	17	63.98	80	40	12	83.67
	35	436	27	43	41	18	24	48.45	65	34	13	69.98	90	48	9.1	91.52
	38	402	30	46	46	22	18	52.60	70	40	10	75.98	100	57	7.1	99.36
	40	382	32	48	48	24	16	55.37	75	43	8.8	79.98	105	63	6.1	104.6
	22	988	15	30	28	6.5	152	38.54	42	12	85	55.67	58	17	59	72.80
	25	870	18	33	30	8.4	104	43.80	48	15	58	63.27	60	22	40	82.73
	28	777	21	36	32	11	74	49.06	50	19	41	70.86	70	28	28	92.66
	30	725	23	38	36	12	60	52.56	52	22	33	75.92	75	32	23	99.28
4.5	32	680	24	41	37	14	49	56.06	58	25	27	80.98	75	36	19	105.9
	35	621	27	44	40	16	38	61.32	60	30	21	88.57	85	41	15	115.8
	38	572	30	47	44	19	30	66.58	65	36	16	96.16	90	52	11	125.8
	40	544	42	49	48	22	25	70.08	70	39	14	101.2	100	56	9.7	132.4
	45	483	37	54	54	27	18	78.84	85	48	10	113.9	120	71	6.8	148.9
	25	1154	17	33	30	7	158	54.07	48	13	88	78.11	65	19	61	102.1
	28	1030	20	36	32	9	112	60.56	52	17	62	87.48	70	24	43	114.4
	30	962	22	38	35	11	91	64.89	55	19	51	93.73	75	27	35	122.6
	32	902	23	41	38	12	75	69.21	58	21	42	99.98	80	31	29	130.7
5	35	824	26	44	40	14	58	75.70	60	26	32	109.3	85	37	22	143.0
	38	759	29	47	42	17	45	82.19	65	30	25	118.7	90	44	17	155.3
	40	721	31	49	45	18	39	86.52	70	34	21	125.0	100	48	15	163.4
	45	641	36	54	50	24	27	97.33	80	43	15	140.6	115	64	10	183.9
	50	577	41	59	55	29	20	108.1	95	52	11	156.2	130	76	7.6	204.3
	30	1605	21	39	38	8	190	93.44	55	15	105	135.0	75	22	73	176.5
6	32	1505	22	42	38	10	156	99.67	58	17	87	144.0	80	25	60	188.3
	35	1376	25	45	40	12	119	109.0	60	21	66	157.5	85	30	46	205.9

（续）

簧丝直径 d /mm	弹簧中径 D /mm	最大工作载荷 F_n /N	最大芯轴直径 D_{Xmax} /mm	最小套筒直径 D_{Tmin} /mm	有效圈数 n											
					2.5				4.5				6.5			
					自由高度 H_0 /mm	最大工作变形量 f_n /mm	弹簧刚度 k/N·mm^{-1}	弹簧单件质量 m /g	自由高度 H_0 /mm	最大工作变形量 f_n /mm	弹簧刚度 k/N·mm^{-1}	弹簧单件质量 m /g	自由高度 H_0 /mm	最大工作变形量 f_n /mm	弹簧刚度 k/N·mm^{-1}	弹簧单件质量 m /g
6	38	1267	28	48	42	14	93	118.4	65	24	52	171.0	90	35	36	223.6
	40	1204	30	50	45	15	80	124.6	70	27	44	180.0	95	39	31	235.3
	45	1070	35	55	48	19	56	140.2	75	35	31	202.5	105	49	22	264.7
	50	963	40	60	52	23	41	155.7	85	42	23	224.9	120	60	16	294.2
	55	876	44	66	58	28	31	171.3	95	52	17	247.4	130	73	12	323.6
	60	803	49	71	65	33	24	186.9	105	62	13	269.9	150	88	9.1	353.0
8	32	3441	20	44	45	7	494	177.2	70	13	274	255.9	90	18	190	334.7
	35	3146	23	47	47	8	377	193.8	72	15	210	279.9	96	22	145	366.1
	38	2898	26	50	49	10	295	210.4	76	18	164	303.9	98	26	113	397.4
	40	2753	28	52	50	11	253	221.5	78	20	140	319.9	100	28	97	418.4
	45	2447	33	57	52	14	178	249.2	84	25	99	359.9	105	36	68	470.7
	50	2203	38	62	55	17	129	276.9	88	31	72	399.9	115	44	50	523.0
	55	2002	42	68	58	21	97	304.5	90	37	54	439.9	130	54	37	575.2
	60	1835	47	73	60	24	75	332.2	100	44	42	479.9	140	63	29	627.5
	65	1694	52	78	65	29	59	359.9	110	51	33	519.9	150	74	23	679.8
	70	1573	57	83	70	33	47	387.6	115	61	26	559.9	160	87	18	732.1
	75	1468	62	88	75	39	38	415.3	130	70	21	599.9	180	98	15	784.4
	80	1377	67	93	80	43	32	443.0	140	77	18	639.8	190	115	12	836.7
10	40	5181	26	54	56	8	617	346.1	80	15	343	499.9	110	22	237	653.7
	45	4605	31	59	58	11	433	389.3	85	19	241	562.4	115	28	167	735.4
	50	4145	36	64	61	13	316	432.6	90	24	176	624.9	120	34	122	817.1
	55	3768	40	70	64	16	237	475.8	95	29	132	687.3	130	41	91	898.8
	60	3454	45	75	68	19	183	519.1	105	34	102	749.8	140	49	70	980.5
	65	3188	50	80	72	22	144	562.4	110	40	80	812.3	150	58	55	1062
	70	2961	55	85	75	26	115	605.6	115	46	64	874.8	160	67	44	1144
	75	2763	60	90	80	29	94	648.9	120	53	52	937.3	170	77	36	1226
	80	2591	65	95	86	34	77	692.1	130	60	43	999.8	180	86	30	1307
	85	2438	69	101	92	38	64	735.4	140	68	36	1062	190	98	25	1389
	90	2303	74	106	94	43	54	778.7	150	77	30	1125	200	110	21	1471
	95	2181	79	111	98	47	46	821.9	160	84	26	1187	220	121	18	1553
	100	2072	84	116	100	52	40	865.2	170	94	22	1250	240	138	15	1634
12	50	6891	34	66	70	11	655	622.9	105	19	364	900	140	27	252	1177
	55	6264	38	72	75	13	492	685.2	110	23	274	990	150	33	189	1294
	60	5742	43	77	75	15	379	747.5	120	27	211	1080	160	39	146	1412
	65	5301	48	82	80	18	298	809.8	130	32	166	1170	170	46	115	1530
	70	4922	53	87	85	21	239	872.1	130	37	133	1260	180	54	92	1647
	75	4594	58	92	90	24	194	934.4	140	43	108	1350	190	61	75	1765
	80	4307	63	97	95	27	160	996.7	150	48	89	1440	200	69	62	1883
	85	4053	67	103	100	30	133	1059	160	55	74	1530	220	79	51	2000
	90	3828	72	108	105	34	112	1121	170	62	62	1620	240	89	43	2118
	95	3627	77	113	110	38	96	1184	180	68	53	1710	240	98	37	2236
	100	3445	82	118	115	42	82	1246	190	75	46	1800	260	108	32	2353
	110	3132	92	128	130	51	62	1370	220	92	34	1980	300	131	24	2589
	120	2871	102	138	140	61	47	1495	240	110	26	2159	340	160	18	2824

（续）

簧丝直径 d /mm	弹簧中径 D /mm	最大工作载荷 F_n/N	最大芯轴直径 D_{Xmax} /mm	最小套筒直径 D_{Tmin} /mm	有效圈数 n											
					2.5				4.5				6.5			
					自由高度 H_0 /mm	最大工作变形量 f_n /mm	弹簧刚度 k/N·mm^{-1}	弹簧单件质量 m /g	自由高度 H_0 /mm	最大工作变形量 f_n /mm	弹簧刚度 k/N·mm^{-1}	弹簧单件质量 m /g	自由高度 H_0 /mm	最大工作变形量 f_n /mm	弹簧刚度 k/N·mm^{-1}	弹簧单件质量 m /g
14	60	10627	41	79	82	15	703	1017	130	27	390	1470	170	39	270	1922
	65	9809	46	84	85	18	553	1102	135	32	307	1592	180	46	213	2082
	70	9109	51	89	90	21	442	1187	140	37	246	1715	190	54	170	2242
	75	8501	56	94	95	24	360	1272	145	43	200	1837	200	62	138	2402
	80	7970	61	99	105	27	296	1357	150	48	165	1960	210	70	114	2562
	85	7501	65	105	110	30	247	1441	160	55	137	2082	220	79	95	2723
	90	7084	70	110	115	34	208	1526	170	61	116	2204	240	89	80	2883
	95	6712	75	115	120	38	177	1611	180	68	98	2327	240	99	68	3043
	100	6376	80	120	125	42	152	1696	190	76	84	2449	260	110	58	3203
	110	5796	90	130	130	51	114	1865	200	92	63	2694	280	132	44	3523
	120	5313	100	140	140	60	88	2035	220	108	49	2939	320	156	34	3844
	130	4905	109	151	150	71	69	2204	260	129	38	3184	360	182	27	4164
16	65	14642	44	86	90	16	943	1440	140	28	524	2080	190	40	363	2719
	70	13596	49	91	95	18	755	1550	150	32	419	2239	200	47	290	2929
	75	12690	54	96	100	21	614	1661	150	37	341	2399	210	54	236	3138
	80	11897	59	101	100	24	506	1772	160	42	281	2559	220	61	194	3347
	85	11197	63	107	105	27	422	1883	165	48	234	2719	230	69	162	3556
	90	10575	68	112	110	30	355	1993	170	54	197	2879	240	77	137	3765
	95	10018	73	117	115	33	302	2104	180	60	168	3039	250	86	116	3974
	100	9517	78	122	120	37	259	2215	190	66	144	3199	260	95	100	4184
	110	8652	88	132	130	45	194	2436	200	80	108	3519	280	115	75	4602
	120	7931	98	142	140	53	150	2658	220	96	83	3839	320	137	58	5020
	130	7321	107	153	150	62	118	2879	240	113	65	4159	340	163	45	5439
	140	6798	117	163	160	72	94	3101	260	131	52	4479	380	189	36	5857
	150	6345	127	173	180	82	77	3322	300	148	43	4799	400	212	30	6275
18	75	18068	52	98	105	18	983	2102	160	33	546	3037	220	48	378	3971
	80	16939	57	103	105	21	810	2243	160	38	450	3239	230	54	311	4236
	85	15943	61	109	110	24	675	2383	170	43	375	3442	240	61	260	4501
	90	15057	66	114	115	26	569	2523	180	48	316	3644	250	69	219	4765
	95	14264	71	119	120	29	484	2663	185	53	269	3847	260	77	186	5030
	100	13551	76	124	120	33	415	2803	190	59	230	4049	270	85	159	5295
	110	12319	86	134	130	39	312	3084	200	71	173	4454	280	103	120	5824
	120	11293	96	144	140	47	240	3364	220	85	133	4859	300	123	92	6354
	130	10424	105	155	150	55	189	3644	240	99	105	5264	340	143	73	6883
	140	9679	115	165	160	64	151	3924	260	115	84	5669	360	167	58	7413
	150	9034	125	175	170	73	123	4205	280	133	68	6074	400	192	47	7942
	160	8470	134	186	190	84	101	4485	300	151	56	6478	420	217	39	8472
	170	7971	143	197	200	95	84	4765	340	170	47	6883	480	249	32	9001
20	80	23236	55	105	115	19	1234	2786	170	34	686	4025	240	49	475	5263
	85	21869	59	111	120	21	1029	2960	180	38	572	4276	250	55	396	5592
	90	20654	64	116	130	24	867	3135	190	43	482	4528	260	62	333	5921
	95	19567	69	121	140	27	737	3309	200	48	410	4779	270	69	284	6250
	100	18589	74	126	150	29	632	3483	210	53	351	5031	280	76	243	6579
	110	16899	84	136	160	36	475	3831	220	64	264	5534	290	92	183	7237

（续）

簧丝直径 d /mm	弹簧中径 D /mm	最大工作载荷 F_n /N	最大芯轴直径 D_{Xmax} /mm	最小套筒直径 D_{Tmin} /mm	有效圈数 n											
					2.5				4.5				6.5			
					自由高度 H_0 /mm	最大工作变形量 f_n /mm	弹簧刚度 k /N·mm^{-1}	弹簧单件质量 m /g	自由高度 H_0 /mm	最大工作变形量 f_n /mm	弹簧刚度 k /N·mm^{-1}	弹簧单件质量 m /g	自由高度 H_0 /mm	最大工作变形量 f_n /mm	弹簧刚度 k /N·mm^{-1}	弹簧单件质量 m /g
20	120	15491	94	146	170	42	366	4179	230	76	203	6037	300	110	141	7895
	130	14299	103	157	180	50	288	4528	240	89	160	6540	340	129	111	8552
	140	13278	113	167	190	58	230	4876	260	104	128	7043	360	149	89	9210
	150	12393	123	177	200	66	187	5224	280	119	104	7546	380	172	72	9868
	160	11618	132	188	205	75	154	5573	300	135	86	8049	420	197	59	10526
	170	10935	141	199	210	85	129	5921	320	154	71	8552	450	223	49	11184
	180	10327	151	209	220	96	108	6269	340	172	60	9056	480	246	42	11842
	190	9784	160	220	230	106	92	6618	380	192	51	9559	520	280	35	12500
25	100	36306	69	131	140	24	1543	5407	220	42	857	7811	300	61	593	10214
	110	33006	79	141	150	28	1159	5948	230	51	644	8592	310	74	446	11235
	120	30255	89	151	160	34	893	6489	240	61	496	9373	320	88	343	12257
	130	27928	98	162	160	40	702	7030	260	72	390	10154	340	103	270	13278
	140	25933	108	172	170	46	562	7570	270	83	312	10935	360	120	216	14300
	150	24204	118	182	180	53	457	8111	290	95	254	11716	380	138	176	15321
	160	22691	127	193	190	60	377	8652	300	109	209	12497	420	156	145	16342
	170	21357	136	204	200	68	314	9193	320	123	174	13278	450	177	121	17364
	180	20170	146	214	210	76	265	9733	340	137	147	14059	450	198	102	18385
	190	19109	155	225	220	85	225	10274	360	153	125	14840	500	220	87	19406
	200	18153	165	235	240	94	193	10815	380	170	107	15621	520	245	74	20428
	220	16503	184	256	260	114	145	11896	450	204	81	17183	580	295	56	22471
30	120	52281	84	156	170	28	1852	9404	260	51	1029	13583	340	73	712	17763
	130	48259	93	167	180	33	1456	10187	280	60	809	14715	360	86	560	19243
	140	44812	103	177	185	38	1166	10971	290	69	648	15847	380	100	448	20723
	150	41825	113	187	190	44	948	11755	300	79	527	16979	400	115	365	22204
	160	39211	122	198	210	50	781	12538	310	90	434	18111	420	131	300	23684
	170	36904	131	209	220	57	651	13322	320	102	362	19243	450	148	250	25164
	180	34854	141	219	230	63	549	14106	340	114	305	20375	460	165	211	26644
	190	33020	150	230	240	71	466	14889	360	127	259	21507	480	184	179	28124
	200	31369	160	240	250	78	400	15673	380	141	222	22639	520	204	154	29605
	220	28517	179	261	260	95	300	17240	420	171	167	24903	580	246	116	32565
	240	26141	198	282	280	113	231	18808	450	203	129	27167	620	294	89	35526
	260	24130	217	303	300	133	182	20375	500	239	101	29431	700	345	70	38486
35	140	71160	92	182	200	33	2160	14933	300	59	1200	21570	400	86	831	28207
	150	66416	108	192	210	38	1756	16000	320	68	976	23111	420	98	675	30221
	160	62265	117	203	230	43	1447	17066	330	77	804	24651	450	112	557	32236
	170	58603	126	214	235	49	1206	18133	340	87	670	26192	460	126	464	34251
	180	55347	136	224	240	54	1016	19200	360	98	565	27733	480	142	391	36266
	190	52434	145	235	250	61	864	20266	370	109	480	29273	500	158	332	38280
	200	49812	155	245	260	67	741	21333	380	121	412	30814	520	175	285	40295
	220	45284	174	266	270	81	557	23466	420	147	309	33895	580	212	214	44325
	240	41510	193	287	280	97	429	25599	450	174	238	36977	620	252	165	48354
	260	38317	212	308	300	114	337	27733	480	205	187	40058	680	295	130	52384
	280	35580	231	329	320	132	270	29866	520	237	150	43140	720	342	104	56413
	300	33208	250	350	360	151	220	31999	580	272	122	46221	800	395	84	60443

（续）

簧丝直径 d /mm	弹簧中径 D /mm	最大工作载荷 F_n/N	最大芯轴直径 D_{Xmax} /mm	最小套筒直径 D_{Tmin} /mm	有效圈数 n											
					2.5				4.5				6.5			
					自由高度 H_0 /mm	最大工作变形量 f_n /mm	弹簧刚度 k/N·mm^{-1}	弹簧单件质量 m /g	自由高度 H_0 /mm	最大工作变形量 f_n /mm	弹簧刚度 k/N·mm^{-1}	弹簧单件质量 m /g	自由高度 H_0 /mm	最大工作变形量 f_n /mm	弹簧刚度 k/N·mm^{-1}	弹簧单件质量 m /g
40	160	92944	112	208	220	38	2469	22149	340	68	1372	31992	460	98	950	41836
	170	87477	121	219	230	43	2058	23533	360	77	1143	33992	480	110	792	44451
	180	82617	131	229	240	48	1734	24917	370	86	963	35991	500	124	667	47066
	190	78269	140	240	250	53	1474	26301	380	96	819	37991	520	138	567	49681
	200	74355	150	250	260	59	1264	27686	400	106	702	39991	520	153	486	52295
	220	67596	169	271	280	71	950	30454	420	128	528	43990	580	185	365	57525
	240	61963	188	292	290	85	731	33223	450	153	405	47989	620	221	281	62754
	260	57196	207	313	300	99	575	35991	440	179	320	51988	680	259	221	67984
	280	53111	226	334	320	115	461	38760	520	207	256	55987	720	300	177	73213
	300	49570	245	355	340	132	375	41529	550	238	208	59986	780	344	144	78443
	320	46472	264	376	380	150	309	44297	600	272	171	63985	850	391	119	83673
45	180	117632	126	234	260	42	2777	31738	360	76	1543	45844	480	110	1068	59949
	190	111441	135	245	270	47	2361	33501	360	85	1312	48391	500	123	908	63280
	200	105869	145	255	275	52	2025	35264	280	94	1125	50937	520	136	779	66611
	220	96245	164	276	280	63	1521	38791	400	114	845	56031	550	165	585	73272
	240	88224	183	297	290	75	1172	42317	440	136	651	61125	580	196	451	79933
	260	81438	202	318	300	88	922	45844	450	159	612	66219	650	230	354	86594
	280	75621	221	339	320	102	738	49370	500	184	410	71312	680	266	284	93255
	300	70579	240	360	320	118	600	52897	520	212	333	76406	720	306	231	99916
	320	66168	259	381	340	134	494	56423	550	241	275	81500	780	348	190	106577
	340	62276	278	402	380	151	412	59949	600	272	229	86594	850	392	159	113238
50	200	145225	140	260	280	47	3086	43536	450	85	1714	62886	580	122	1187	82235
	220	132023	159	281	300	57	2319	47890	450	103	1288	69174	620	148	892	90459
	240	121021	178	302	320	68	1786	52244	480	122	992	75463	650	176	687	98682
	260	111712	197	323	320	80	1405	56597	500	143	780	81751	680	207	540	106906
	280	103732	216	344	340	92	1125	60951	550	166	625	88040	720	240	433	115129
	300	96817	235	365	360	106	914	65304	580	191	508	94329	780	275	352	123353
	320	90766	254	386	380	121	753	69658	600	217	419	100617	820	313	290	131576
	340	85426	273	407	400	136	628	74012	620	245	349	106906	850	353	242	139800
55	200	193294	292	428	310	43	4518	52679	460	77	2510	76092	610	111	1738	99505
	220	175722	311	449	330	52	3395	57947	480	93	1886	83701	640	135	1306	109455
	240	161079	330	470	350	62	2615	63215	500	111	1453	91310	670	160	1006	119406
	260	148688	349	491	370	72	2056	68483	520	130	1142	98919	700	188	791	129356
	280	138067	368	512	390	84	1647	73750	540	151	915	106528	730	218	633	139306
	300	128863	387	533	410	96	1339	79018	560	173	744	114138	750	250	515	149257
	320	120809	406	554	430	110	1103	84286	580	197	613	121747	790	285	424	159207
	340	113703	425	575	450	124	920	89554	600	223	511	129356	830	321	354	169158
60	200	193294	444	617	350	30	6399	62692	480	54	3555	90555	620	79	2461	118419
	220	175722	463	638	370	37	4808	68961	500	66	2671	99611	640	95	1849	130261
	240	161079	482	659	390	43	3703	75231	520	78	2057	108667	660	113	1424	142102
	260	148688	501	680	410	51	2913	81500	540	92	1618	117722	680	133	1120	153944
	280	138067	520	701	430	59	2332	87769	560	107	1296	126778	700	154	897	165786
	300	128863	539	722	450	68	1896	94038	580	122	1053	135833	720	177	729	177628
	320	120809	558	743	470	77	1562	100308	620	139	868	144889	740	201	601	189470
	340	113703	577	764	490	87	1302	106577	640	157	724	153944	780	227	501	201312

（续）

| 簧丝直径 d /mm | 弹簧中径 D /mm | 最大工作载荷 F_n/N | 最大芯轴直径 $D_{X\max}$ /mm | 最小套筒直径 $D_{T\min}$ /mm | 有效圈数 n | | | | | | | | | | | |
| | | | | | 8.5 | | | | 10.5 | | | | 12.5 | | | |
					自由高度 H_0/mm	最大工作变形量 f_n/mm	弹簧刚度 k/N·mm^{-1}	弹簧单件质量 m/g	自由高度 H_0/mm	最大工作变形量 f_n/mm	弹簧刚度 k/N·mm^{-1}	弹簧单件质量 m/g	自由高度 H_0/mm	最大工作变形量 f_n/mm	弹簧刚度 k/N·mm^{-1}	弹簧单件质量 m/g
0.5	3	14	1.9	4.1	11	5.2	2.7	0.15	14	6.4	2.2	0.18	16	7.8	1.8	0.21
	3.5	12	2.4	4.6	13	7.1	1.7	0.18	16	8.6	1.4	0.21	19	10	1.2	0.24
	4	11	2.9	5.1	15	10	1.1	0.20	19	12	0.9	0.24	22	14	0.8	0.28
	4.5	9.6	3.4	5.6	18	12	0.8	0.23	22	16	0.6	0.27	26	19	0.5	0.31
	5	8.6	3.9	6.1	21	14	0.6	0.25	26	17	0.5	0.30	30	22	0.4	0.35
0.8	4	40	2.6	5.4	15	5.4	7.4	0.52	18	6.7	6.0	0.62	22	7.8	5.1	0.71
	4.5	36	3.1	5.9	16	6.9	5.2	0.58	20	8.6	4.2	0.69	24	10	3.6	0.80
	5	32	3.6	6.4	18	8.4	3.8	0.65	22	10	3.1	0.77	28	12	2.6	0.89
	6	27	4.2	7.8	22	12	2.2	0.78	28	15	1.8	0.92	32	18	1.5	1.07
	7	23	5.2	8.8	28	16	1.4	0.90	32	21	1.1	1.08	38	26	0.9	1.25
	8	20	6.2	9.8	32	22	0.9	1.03	40	25	0.8	1.23	48	33	0.6	1.43
1	4.5	68	2.9	6.1	16	5.2	13	0.91	20	6.8	10	1.08	24	7.8	8.7	1.25
	5	62	3.4	6.6	18	6.7	9.3	1.01	22	8.3	7.5	1.20	26	9.8	6.3	1.39
	6	51	4	8	20	9.4	5.4	1.21	25	12	4.4	1.44	30	14	3.7	1.67
	7	44	5	9	26	13	3.4	1.41	30	16	2.7	1.68	35	19	2.3	1.95
	8	38	6	10	30	17	2.3	1.62	35	21	1.8	1.92	42	25	1.5	2.23
	9	34	7	11	35	21	1.6	1.82	42	26	1.3	2.16	48	31	1.1	2.51
	10	31	8	12	40	26	1.2	2.02	48	34	0.9	2.40	58	39	0.8	2.79
1.2	6	86	3.8	8.2	22	7.8	11	1.74	25	9.6	9.0	2.08	30	11	7.6	2.41
	7	74	4.8	9.2	25	11	7.0	2.03	30	13	5.7	2.42	35	15	4.8	2.81
	8	65	5.8	10	28	14	4.7	2.33	35	17	3.8	2.77	40	20	3.2	3.21
	9	58	6.8	11	35	18	3.3	2.62	45	22	2.7	3.11	50	26	2.2	3.61
	10	52	7.8	12	40	22	2.4	2.91	50	26	2.0	3.46	58	33	1.6	4.01
	12	43	8.8	15	48	31	1.4	3.49	58	39	1.1	4.15	70	48	0.9	4.82
1.4	7	114	4.6	9.4	26	8.8	13	2.77	30	10	11	3.30	35	13	8.8	3.82
	8	100	5.6	10	28	11	8.7	3.17	35	14	7.1	3.77	40	17	5.9	4.37
	9	89	6.6	11	32	15	6.1	3.56	38	18	5.0	4.24	45	21	4.2	4.92
	10	80	7.6	12	35	18	4.5	3.96	42	22	3.6	4.71	50	27	3.0	5.46
	12	67	8.6	15	45	26	2.6	4.75	52	32	2.1	5.65	60	37	1.8	6.56
	14	57	11	17	55	36	1.6	5.54	65	44	1.3	6.59	75	52	1.1	7.65
1.6	8	145	5.4	11	28	9.7	15	4.13	35	12	12	4.92	40	15	10	5.71
	9	129	6.4	12	32	13	10	4.65	38	15	8.5	5.54	45	18	7.1	6.42
	10	116	7.4	13	35	15	7.6	5.17	42	19	6.2	6.15	48	22	5.2	7.14
	12	97	8.4	16	42	22	4.4	6.20	50	27	3.6	7.38	60	32	3.0	8.56
	14	83	10	18	50	30	2.8	7.24	60	38	2.2	8.61	70	44	1.9	9.99
	16	73	12	20	60	38	1.9	8.27	70	49	1.5	9.84	85	56	1.3	11.42
1.8	9	179	6.2	12	32	11	17	5.89	38	13	14	7.01	42	16	11	8.13
	10	161	7.2	13	35	13	12	6.54	40	16	9.9	7.79	48	19	8.3	9.03
	12	134	8.2	16	40	19	7.1	7.85	50	24	5.7	9.34	58	28	4.8	10.84
	14	115	10	18	48	26	4.4	9.16	58	32	3.6	10.90	70	38	3.0	12.65
	16	101	12	20	60	34	3.0	10.47	70	42	2.4	12.46	80	51	2.0	14.45
	18	90	14	22	65	43	2.1	11.77	80	53	1.7	14.02	95	64	1.4	16.26
2	10	215	7	13	35	11	19	8.08	40	14	15	9.61	48	17	13	11.15
	12	179	8	16	40	16	11	9.69	48	21	8.7	11.54	58	25	7.3	13.38

（续）

簧丝直径 d /mm	弹簧中径 D /mm	最大工作载荷 F_n /N	最大芯轴直径 D_{Xmax} /mm	最小套筒直径 D_{Tmin} /mm	有效圈数 n											
					8.5				10.5				12.5			
					自由高度 H_0 /mm	最大工作变形量 f_n /mm	弹簧刚度 k/N· mm^{-1}	弹簧单件质量 m /g	自由高度 H_0 /mm	最大工作变形量 f_n /mm	弹簧刚度 k/N· mm^{-1}	弹簧单件质量 m /g	自由高度 H_0 /mm	最大工作变形量 f_n /mm	弹簧刚度 k/N· mm^{-1}	弹簧单件质量 m /g
2	14	153	10	18	50	23	6.8	11.31	55	28	5.5	13.46	65	33	4.6	15.61
	16	134	12	20	55	30	4.5	12.92	65	37	3.7	15.38	75	43	3.1	17.84
	18	119	14	22	65	37	3.2	14.54	75	46	2.6	17.30	90	54	2.2	20.07
	20	107	15	25	75	47	2.3	16.15	90	56	1.9	19.23	105	67	1.6	22.30
2.5	12	339	7.5	17	40	13	26	15.14	50	16	21	18.02	58	19	18	20.91
	14	291	9.5	19	45	17	17	17.66	55	22	13	21.03	65	26	11	24.39
	16	255	12	21	52	23	11	20.19	65	28	9.0	24.03	75	34	7.5	27.88
	18	226	14	23	58	29	7.8	22.71	70	36	6.3	27.04	85	43	5.3	31.36
	20	204	15	26	65	36	5.7	25.23	80	44	4.6	30.04	95	52	3.9	34.85
	22	185	17	28	75	43	4.3	27.76	90	53	3.5	33.05	105	64	2.9	38.33
	25	163	20	31	90	56	2.9	31.54	105	68	2.4	37.55	120	82	2.0	43.56
3	14	475	9	19	48	14	34	25.44	58	17	28	30.28	65	21	23	35.13
	16	416	11	21	52	18	23	29.07	65	22	19	34.61	75	26	16	40.14
	18	370	13	23	58	23	16	32.70	70	28	13	38.93	80	34	11	45.16
	20	333	14	26	65	28	12	36.34	75	35	9.5	43.26	90	42	8.0	50.18
	22	303	16	28	70	34	8.8	39.97	85	42	7.2	47.58	100	51	6.0	55.20
	25	266	19	31	80	44	6.0	45.42	100	54	4.9	54.07	115	65	4.1	62.73
	28	238	22	34	95	55	4.3	50.87	115	68	3.5	60.56	140	82	2.9	70.25
	30	222	24	36	100	63	3.5	54.51	120	79	2.8	64.89	150	93	2.4	75.27
3.5	16	661	11	22	55	15	43	39.57	65	19	34	47.10	75	23	29	54.64
	18	587	13	24	58	20	30	44.51	70	24	24	52.99	80	29	20	61.47
	20	528	14	27	65	24	22	49.46	75	29	18	58.88	90	35	15	68.30
	22	480	16	29	70	30	16	54.41	85	37	13	64.77	100	44	11	75.13
	25	423	19	32	80	38	11	61.82	95	47	9.0	73.60	110	56	7.6	85.38
	28	377	22	35	90	48	7.9	69.24	110	59	6.4	82.43	130	70	5.4	95.62
	30	352	24	37	95	54	6.5	74.19	115	68	5.2	88.32	140	80	4.4	102.5
	32	330	25	40	105	62	5.3	79.14	130	77	4.3	94.21	150	92	3.6	109.3
	35	302	28	43	115	74	4.1	86.55	140	92	3.3	103.0	170	108	2.8	119.5
4	20	764	13	27	65	21	37	64.60	80	25	30	76.90	90	30	25	89.21
	22	694	15	29	70	25	28	71.06	85	30	23	84.60	100	37	19	98.13
	25	611	18	32	80	32	19	80.75	95	41	15	96.13	110	47	13	111.5
	28	545	21	35	90	39	14	90.44	105	50	11	107.7	130	59	9.2	124.9
	30	509	23	37	95	46	11	96.90	115	57	8.9	115.4	140	68	7.5	133.8
	32	477	24	40	100	52	9.1	103.4	120	65	7.3	123.0	150	77	6.2	142.7
	35	436	27	43	115	63	6.9	113.1	140	78	5.6	134.6	160	93	4.7	156.1
	38	402	30	46	130	74	5.4	122.7	150	91	4.4	146.1	180	109	3.7	169.5
	40	382	32	48	142	83	4.6	129.2	160	101	3.8	153.8	190	119	3.2	178.4
4.5	22	988	15	30	70	22	45	89.9	85	27	36	107.1	100	33	30	124.2
	25	870	18	33	80	29	30	102.2	95	35	25	121.7	110	41	21	141.1
	28	777	21	36	85	35	22	114.5	105	43	18	136.3	120	52	15	158.1
	30	725	23	38	90	40	18	122.6	110	52	14	146.0	130	60	12	169.4
	32	680	24	41	100	45	15	130.8	120	57	12	155.7	140	69	9.9	180.6
	35	621	27	44	105	56	11	143.1	130	69	9.0	170.3	150	82	7.6	197.6
	38	572	30	47	110	66	8.7	155.3	145	82	7.0	184.9	160	97	5.9	214.5

（续）

簧丝直径 d /mm	弹簧中径 D /mm	最大工作载荷 F_n /N	最大芯轴直径 D_{Xmax} /mm	最小套筒直径 D_{Tmin} /mm	有效圈数 n											
					8.5				10.5				12.5			
					自由高度 H_0 /mm	最大工作变形量 f_n /mm	弹簧刚度 k /N·mm^{-1}	弹簧单件质量 m /g	自由高度 H_0 /mm	最大工作变形量 f_n /mm	弹簧刚度 k /N·mm^{-1}	弹簧单件质量 m /g	自由高度 H_0 /mm	最大工作变形量 f_n /mm	弹簧刚度 k /N·mm^{-1}	弹簧单件质量 m /g
4.5	40	544	42	49	130	74	7.4	163.5	160	91	6.0	194.7	190	107	5.1	225.8
	45	483	37	54	150	93	5.2	184.0	180	115	4.2	219.0	220	134	3.6	254.0
5	25	1154	17	33	80	25	46	126.2	100	30	38	150.2	115	36	32	174.2
	28	1030	20	36	90	31	33	141.3	105	38	27	168.2	120	47	22	195.1
	30	962	22	38	95	36	27	151.4	115	44	22	180.2	130	53	18	209.1
	32	902	23	41	100	41	22	161.5	120	50	18	192.3	140	60	15	223.0
	35	824	26	44	110	48	17	176.6	130	59	14	210.3	150	69	12	243.9
	38	759	29	47	120	58	13	191.8	140	69	11	228.3	170	84	9.0	264.8
	40	721	31	49	130	66	11	201.9	150	78	9.2	240.3	180	93	7.7	278.8
	45	641	36	54	140	80	8.0	227.1	180	99	6.5	270.4	200	118	5.4	313.6
	50	577	41	59	170	99	5.8	252.3	200	123	4.7	300.4	240	144	4.0	348.5
6	30	1605	21	39	95	29	56	218.0	115	36	45	259.6	130	42	38	301.1
	32	1505	22	42	100	33	46	232.6	120	41	37	276.9	140	49	31	321.2
	35	1376	25	45	105	39	35	254.4	130	49	28	302.8	150	57	24	351.3
	38	1267	28	48	115	47	27	276.2	140	58	22	328.8	160	67	19	381.4
	40	1204	30	50	120	50	24	290.7	140	63	19	346.1	170	75	16	401.4
	45	1070	35	55	140	63	17	327.0	160	82	13	389.3	190	97	11	451.6
	50	963	40	60	150	80	12	363.4	190	98	9.8	432.6	220	117	8.2	501.8
	55	876	44	66	170	97	9.0	399.7	200	120	7.3	475.8	240	141	6.2	522.0
	60	803	49	71	190	115	7.0	436.1	240	143	5.6	519.1	280	171	4.7	602.2
8	32	3441	20	44	110	24	145	413.4	150	29	118	492.2	155	35	99	570.9
	35	3146	23	47	115	28	111	452.2	140	35	90	538.3	160	42	75	624.5
	38	2898	26	50	122	33	87	491.0	140	41	70	584.5	170	49	59	678.0
	40	2753	28	52	128	37	74	516.8	150	46	60	615.2	180	54	51	713.7
	45	2447	33	57	130	47	52	581.4	160	58	42	692.1	190	68	36	802.9
	50	2203	38	62	150	58	38	646.0	180	73	31	769.0	210	85	26	892.1
	55	2002	42	68	160	69	29	710.6	190	87	23	846.0	220	105	19	981.3
	60	1835	47	73	170	83	22	775.2	220	102	18	922.9	260	122	15	1071
	65	1694	52	78	190	100	17	839.8	240	121	14	999.8	280	141	12	1160
	70	1573	57	83	200	112	14	904.4	260	143	11	1077	300	167	9.4	1249
	75	1468	62	88	220	133	11	969.0	280	161	9.1	1154	320	191	7.7	1338
	80	1377	67	93	260	148	9.3	1034	300	184	7.5	1230	360	219	6.3	1427
10	40	5181	26	54	140	28	182	807.5	160	35	147	961.3	190	42	123	1115
	45	4605	31	59	140	36	127	908.4	170	45	103	1081	200	53	87	1255
	50	4145	36	64	150	45	93	1009	190	55	75	1202	220	66	63	1394
	55	3768	40	70	170	54	70	1110	200	66	57	1322	240	80	47	1533
	60	3454	45	75	180	64	54	1211	210	79	44	1442	260	93	37	1673
	65	3188	50	80	190	76	42	1312	220	94	34	1562	260	110	29	1812
	70	2961	55	85	200	87	34	1413	240	110	27	1682	280	129	23	1951
	75	2763	60	90	220	99	28	1514	260	126	22	1802	300	145	19	2091
	80	2591	65	95	240	113	23	1615	280	144	18	1923	340	173	15	2230
	85	2438	69	101	255	128	19	1716	300	163	15	2043	360	188	13	2370
	90	2303	74	106	270	144	16	1817	320	177	13	2163	380	210	11	2509
	95	2181	79	111	280	156	14	1918	340	198	11	2283	400	237	9.2	2648
	100	2072	84	116	300	173	12	2019	360	220	9.4	2403	420	262	7.9	2788

（续）

簧丝直径 d /mm	弹簧中径 D /mm	最大工作载荷 F_n /N	最大芯轴直径 D_{Xmax} /mm	最小套筒直径 D_{Tmin} /mm	有效圈数 n											
					8.5				10.5				12.5			
					自由高度 H_0 /mm	最大工作变形量 f_n /mm	弹簧刚度 k/N·mm^{-1}	弹簧单件质量 m /g	自由高度 H_0 /mm	最大工作变形量 f_n /mm	弹簧刚度 k/N·mm^{-1}	弹簧单件质量 m /g	自由高度 H_0 /mm	最大工作变形量 f_n /mm	弹簧刚度 k/N·mm^{-1}	弹簧单件质量 m /g
12	50	6891	34	66	180	36	193	1454	220	44	156	1730	260	53	131	2007
	55	6264	38	72	190	43	145	1599	230	54	117	1903	260	64	98	2208
	60	5742	43	77	200	51	112	1744	240	64	90	2076	280	76	76	2409
	65	5301	48	82	220	60	88	1890	260	75	71	2249	300	88	60	2609
	70	4922	53	87	230	70	70	2035	280	86	57	2423	320	103	48	2810
	75	4594	58	92	240	81	57	2180	300	100	46	2596	340	118	39	3011
	80	4307	63	97	260	92	47	2326	320	113	38	2769	380	135	32	3212
	85	4053	67	103	280	104	39	2471	340	127	32	2942	400	152	27	3412
	90	3828	72	108	300	116	33	2616	360	142	27	3115	420	174	22	3613
	95	3627	77	113	320	130	28	2762	380	158	23	3288	450	191	19	3814
	100	3445	82	118	340	144	24	2907	420	172	20	3461	480	215	16	4014
	110	3132	92	128	380	174	18	3198	480	209	15	3807	550	261	12	4416
	120	2871	102	138	450	205	14	3488	520	261	11	4153	620	302	9.5	4817
14	60	10627	41	79	220	51	207	2374	260	64	167	2826	300	75	141	3278
	65	9809	46	84	230	60	163	2572	270	74	132	3062	320	88	111	3552
	70	9109	51	89	240	70	130	2770	280	87	105	3297	340	104	88	3825
	75	8501	56	94	250	80	106	2968	300	99	86	3533	360	118	72	4098
	80	7970	61	99	270	92	87	3165	320	112	71	3768	380	135	59	4371
	85	7501	65	105	280	103	73	3363	340	127	59	4004	400	153	49	4644
	90	7084	70	110	300	116	61	3561	360	142	50	4239	420	169	42	4918
	95	6712	75	115	320	129	52	3759	380	160	42	4475	450	192	35	5191
	100	6376	80	120	320	142	45	3957	400	177	36	4710	480	213	30	5464
	110	5796	90	130	360	170	34	4352	450	215	27	5181	520	252	23	6011
	120	5313	100	140	400	204	26	4748	500	253	21	5653	580	295	18	6557
	130	4905	109	151	450	245	20	5144	550	307	16	6124	650	350	14	7103
16	65	14642	44	86	240	53	277	3359	280	65	224	3999	340	77	189	4639
	70	13596	49	91	240	61	222	3618	300	76	180	4307	350	90	151	4996
	75	12690	54	96	260	71	180	3876	320	87	146	4614	360	103	123	5353
	80	11897	59	101	260	80	149	4134	320	99	120	4922	380	118	101	5709
	85	11197	63	107	280	90	124	4393	340	112	100	5230	400	133	84	6066
	90	10575	68	112	300	102	104	4651	360	124	85	5537	420	149	71	6423
	95	10018	73	117	320	113	89	4910	380	139	72	5845	450	167	60	6780
	100	9517	78	122	320	125	76	5168	400	154	62	6152	480	183	52	7137
	110	8652	88	132	360	152	57	5685	450	188	46	6768	520	222	39	7850
	120	7931	98	142	400	180	44	6202	480	220	36	7383	580	264	30	8564
	130	7321	107	153	450	209	35	6718	520	261	28	7998	620	305	24	9278
	140	6798	117	163	480	243	28	7235	580	309	22	8613	680	358	19	9991
	150	6345	127	173	520	276	23	7752	650	352	18	9229	750	423	15	10705
18	75	18068	52	98	260	63	289	4906	320	77	234	5840	380	92	197	6774
	80	16939	57	103	280	71	238	5233	340	88	193	6229	400	105	162	7226
	85	15943	61	109	290	80	199	5560	350	99	161	6619	410	118	135	7678
	90	15057	66	114	300	90	167	5887	360	112	135	7008	420	132	114	8129
	95	14264	71	119	320	100	142	6214	380	124	115	7397	450	147	97	8581
	100	13551	76	124	340	111	122	6541	400	137	99	7787	480	163	83	9032

（续）

簧丝直径 d /mm	弹簧中径 D /mm	最大工作载荷 F_n /N	最大芯轴直径 D_{Xmax} /mm	最小套筒直径 D_{Tmin} /mm	有效圈数 n 8.5 自由高度 H_0 /mm	最大工作变形量 f_n /mm	弹簧刚度 k/N·mm^{-1}	弹簧单件质量 m /g	10.5 自由高度 H_0 /mm	最大工作变形量 f_n /mm	弹簧刚度 k/N·mm^{-1}	弹簧单件质量 m /g	12.5 自由高度 H_0 /mm	最大工作变形量 f_n /mm	弹簧刚度 k/N·mm^{-1}	弹簧单件质量 m /g
18	110	12319	86	134	360	134	92	7195	450	166	74	8565	520	199	62	9936
	120	11293	96	144	400	159	71	7849	480	198	57	9344	550	235	48	10839
	130	10424	105	155	420	186	56	8503	520	232	45	10123	620	274	38	11742
	140	9679	115	165	450	220	44	9157	550	269	36	10901	650	323	30	12645
	150	9034	125	175	500	251	36	9811	620	312	29	11680	720	361	25	13549
	160	8470	134	186	550	282	30	10465	680	353	24	12459	800	426	20	14452
	170	7971	143	197	600	319	25	11119	720	399	20	13237	850	469	17	15355
20	80	23236	55	105	300	64	363	6460	350	79	294	7690	400	94	247	8921
	85	21869	59	111	310	72	303	6864	360	89	245	8171	420	106	206	9479
	90	20654	64	116	320	81	255	7268	380	100	206	8652	450	119	173	10036
	95	19567	69	121	330	90	217	7671	400	111	176	9132	460	133	147	10594
	100	18589	74	126	340	100	186	8075	420	124	150	9613	480	148	126	11151
	110	16899	84	136	360	121	140	8883	450	150	113	10574	520	178	95	12266
	120	15491	94	146	400	143	108	9690	480	178	87	11536	550	212	73	13381
	130	14299	103	157	420	168	85	10498	520	210	68	12497	600	247	58	14497
	140	13278	113	167	450	195	68	11305	550	241	55	13458	650	289	46	15612
	150	12393	123	177	500	225	55	12113	600	275	45	14420	700	335	37	16727
	160	11618	132	188	520	258	45	12920	650	314	37	15381	780	375	31	17842
	170	10935	141	199	580	288	38	13728	700	353	31	16342	850	421	26	18957
	180	10327	151	209	620	323	32	14535	750	397	26	17304	900	469	22	20072
	190	9784	160	220	680	362	27	15343	850	445	22	18265	950	544	18	21187
25	100	36306	69	131	360	80	454	12617	420	99	367	15020	520	117	309	17424
	110	33006	79	141	380	97	341	13879	460	120	276	16523	550	142	232	19166
	120	30255	89	151	400	115	263	15141	500	142	213	18025	580	169	179	20909
	130	27928	98	162	420	135	207	16402	520	167	167	19527	620	199	140	22651
	140	25933	108	172	450	157	165	17664	550	193	134	21029	650	232	112	24393
	150	24204	118	182	500	181	134	18926	600	222	109	22531	700	266	91	26136
	160	22691	127	193	520	204	111	20188	620	252	90	24033	750	303	75	27878
	170	21357	136	204	550	232	92	21449	680	285	75	25535	800	339	63	29620
	180	20170	146	214	600	263	78	22711	720	320	63	27037	850	381	53	31363
	190	19109	155	225	620	290	66	23973	780	354	54	28539	880	425	45	33105
	200	18153	165	235	680	318	57	25234	800	395	46	30041	900	465	39	34848
	220	16503	184	256	750	384	43	27758	850	472	35	33045	950	569	29	38332
30	120	52281	84	156	450	96	545	21942	520	119	441	26122	620	141	370	30301
	130	48259	93	167	460	113	428	23771	550	139	347	28299	650	166	291	32826
	140	44812	103	177	480	131	343	25599	580	161	278	30475	680	192	233	35351
	150	41825	113	187	500	150	279	27428	620	185	226	32652	720	220	190	37877
	160	39211	122	198	520	170	230	29256	650	211	186	34829	750	251	156	40402
	170	36904	131	209	550	192	192	31085	680	238	155	37006	800	284	130	42927
	180	34854	141	219	580	216	161	32913	720	266	131	39183	850	317	110	45452
	190	33020	150	230	620	241	137	34742	750	297	111	41359	880	355	93	47977
	200	31369	160	240	650	266	118	36570	800	330	95	43536	910	392	80	50502
	220	28517	179	261	720	324	88	40228	900	396	72	47890	950	475	60	55552
	240	26141	198	282	800	384	68	43885	920	475	55	52244	—	—	—	—
	260	24130	217	303	900	447	54	47542	980	561	43	56597	—	—	—	—

（续）

簧丝直径 d /mm	弹簧中径 D /mm	最大工作载荷 F_n /N	最大芯轴直径 D_{Xmax} /mm	最小套筒直径 D_{Tmin} /mm	有效圈数 n 8.5				10.5				12.5			
					自由高度 H_0 /mm	最大工作变形量 f_n /mm	弹簧刚度 k/N·mm^{-1}	弹簧单件质量 m /g	自由高度 H_0 /mm	最大工作变形量 f_n /mm	弹簧刚度 k/N·mm^{-1}	弹簧单件质量 m /g	自由高度 H_0 /mm	最大工作变形量 f_n /mm	弹簧刚度 k/N·mm^{-1}	弹簧单件质量 m /g
35	140	71160	92	182	500	112	635	34844	620	138	514	41480	720	165	432	48117
	150	66416	108	192	520	128	517	37332	650	159	418	44443	740	189	351	51554
	160	62265	117	203	550	146	426	39821	680	180	345	47406	760	215	289	54991
	170	58603	126	214	580	165	355	42310	700	204	287	50369	780	243	241	58428
	180	55347	136	224	600	185	299	44799	720	229	242	53332	820	273	203	61865
	190	52434	145	235	620	206	254	47288	750	255	206	56295	850	303	173	65302
	200	49812	155	245	650	228	218	49776	800	283	176	59258	880	337	148	68739
	220	45284	174	266	720	276	164	54754	850	340	133	65184	950	408	111	75613
	240	41510	193	287	780	329	126	59732	880	407	102	71109	—	—	—	—
	260	38317	212	308	850	387	99	64709	950	479	80	77035	—	—	—	—
	280	35580	231	329	900	450	79	69687	—	—	—	—	—	—	—	—
	300	33208	250	350	950	514	65	74665	—	—	—	—	—	—	—	—
40	160	92944	112	208	580	128	726	52011	700	158	588	61918	780	188	494	71825
	170	87477	121	219	600	145	605	55262	720	179	490	65788	820	212	412	76314
	180	82617	131	229	620	162	510	58513	740	200	413	69658	840	238	347	80803
	190	78269	140	240	650	180	434	61763	760	223	351	73528	860	265	295	85292
	200	74355	150	250	680	200	372	65014	780	247	301	77398	900	294	253	89782
	220	67596	169	271	720	242	279	71516	820	299	226	85138	950	356	190	98760
	240	61963	188	292	750	288	215	78017	850	356	174	92877	—	—	—	—
	260	57196	207	313	780	338	169	84518	950	417	137	99976	—	—	—	—
	280	53111	226	334	850	393	135	91020	—	—	—	—	—	—	—	—
	300	49570	245	355	900	450	110	97521	—	—	—	—	—	—	—	—
	320	46472	264	376	950	512	91	104023	—	—	—	—	—	—	—	—
45	180	117632	126	234	640	144	817	74055	720	178	661	88161	880	212	555	102267
	190	111441	135	245	660	160	695	78169	750	198	562	93059	950	236	472	107948
	200	105869	145	255	680	178	595	82284	780	220	482	97957	—	—	—	—
	220	96245	164	276	700	215	447	90512	850	266	362	107752	—	—	—	—
	240	88224	183	297	740	256	345	98740	950	316	279	117548	—	—	—	—
	260	81438	202	318	800	301	271	106969	—	—	—	—	—	—	—	—
	280	75621	221	339	840	348	217	115197	—	—	—	—	—	—	—	—
	300	70579	240	360	900	401	176	123425	—	—	—	—	—	—	—	—
	320	66168	259	381	—	—	—	—	—	—	—	—	—	—	—	—
	340	62276	278	402	—	—	—	—	—	—	—	—	—	—	—	—
50	200	145225	140	260	720	160	908	111743	850	198	735	133028	—	—	—	—
	220	132023	159	281	780	194	682	121902	880	239	552	145121	—	—	—	—
	240	121021	178	302	800	230	525	132060	950	285	425	157214	—	—	—	—
	260	111712	197	323	850	270	413	142219	—	—	—	—	—	—	—	—
	280	103732	216	344	—	—	—	—	—	—	—	—	—	—	—	—
	300	96817	235	365	—	—	—	—	—	—	—	—	—	—	—	—
	320	90766	254	386	—	—	—	—	—	—	—	—	—	—	—	—
55	200	193294	292	428	740	145	1329	122917	900	180	1076	146330	—	—	—	—
	220	175722	311	449	780	176	998	135209	950	217	808	160963	—	—	—	—
	240	161079	330	470	800	209	769	147501	—	—	—	—	—	—	—	—
	260	148688	349	491	860	246	605	159793	—	—	—	—	—	—	—	—

（续）

簧丝直径 d/mm	弹簧中径 D/mm	最大工作载荷 F_n/N	最大芯轴直径 D_{Xmax}/mm	最小套筒直径 D_{Tmin}/mm	有效圈数 n											
					8.5				10.5				12.5			
					自由高度 H_0/mm	最大工作变形量 f_n/mm	弹簧刚度 k/N·mm⁻¹	弹簧单件质量 m/g	自由高度 H_0/mm	最大工作变形量 f_n/mm	弹簧刚度 k/N·mm⁻¹	弹簧单件质量 m/g	自由高度 H_0/mm	最大工作变形量 f_n/mm	弹簧刚度 k/N·mm⁻¹	弹簧单件质量 m/g
55	280	138067	368	512	900	285	484	172084	—	—	—	—	—	—	—	—
	300	128863	387	533	950	327	394	184376	—	—	—	—	—	—	—	—
60	200	193294	444	617	760	103	1882	146282								
	220	175722	463	638	800	124	1414	160910								
	240	161079	482	659	850	148	1089	175538								
	260	148688	501	680	900	173	857	190167								
	280	138067	520	701	950	201	686	204795								
	300	128863	539	722	—	—	—	—								

注：1. 质量 m 为近似值，仅作参考。

　　2. F_n 取 $0.8F_s$。

　　3. f_n 取 $0.8f_s$。

　　4. 支承圈 $n_z = 2$ 圈。

3.3　弹簧强度校核、稳定性校核与共振验算

（1）疲劳强度校核

受动载荷的压缩和拉伸弹簧应进行疲劳强度校核。进行校核时，要按式（16.2-1）考虑循环特征 γ 和循环次数 N（见表 16.2-16），以及材料表面状态等影响疲劳强度的各种因素，按式（16.2-5）校核。

$$S = \frac{\tau_{u0} + 0.75\tau_{min}}{\tau_{max}} \geqslant S_{min} \qquad (16.2\text{-}5)$$

式中　　τ_{u0}——脉动疲劳极限应力，其值见表 16.2-16；

　　　　S——疲劳安全系数；

　　　　S_{min}——最小安全系数，$S_{min} = 1.1 \sim 1.3$。

表 16.2-16　脉动疲劳极限应力（MPa）

载荷循环次数 N	10^4	10^5	10^6	10^7
脉动疲劳极限应力 τ_{u0}	$0.45R_m$①	$0.35R_m$	$0.32R_m$	$0.30R_m$

注：本表适用于重要碳素弹簧钢丝、油淬火-回火弹簧钢丝、不锈弹簧钢丝和铍青铜线。

① 对不锈弹簧钢丝和铍青铜线，此值取 $0.35R_m$。

对于重要碳素弹簧钢丝、高疲劳级油淬火-回火弹簧钢丝等优质钢丝制作的弹簧，在不进行喷丸强化的情况下，其疲劳寿命按图 16.2-2 校核。

（2）稳定性校核

为了保证弹簧在使用过程中的稳定性，弹簧的高径比 $b = H_0/D$，应满足下列要求：

两端固定　　　　　$b \leqslant 5.3$

一端固定，一端回转

$b \leqslant 3.7$

两端回转　　　　　$b \leqslant 2.6$

当高径比 b 大于上列数值时，要由式（16.2-6）进行稳定性校核。

$$F_c = C_B k H_0 > F_n \qquad (16.2\text{-}6)$$

式中　　F_c——弹簧的临界载荷（N）；

　　　　C_B——稳定系数，从图 16.2-5 中查取；

　　　　k——弹簧刚度（N·mm⁻¹）；

　　　　F_n——最大工作载荷（N）。

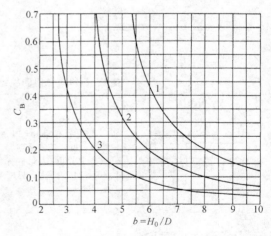

图 16.2-5　稳定系数

1—两端固定　2—一端固定，一端回转

3—两端回转

如果不能满足上式，应重新选取参数，改变 b 值，提高 F_c 值，以保证弹簧的稳定性。如果设计结

构受限制，不能改变参数时，应设置导杆或导套，导杆（导套）与弹簧间隙（直径差）按表 16.2-17 选取。为了保证弹簧的特性，弹簧高径比应大于 0.8。

表 16.2-17　导杆（导套）与弹簧间隙

（摘自 GB/T 23935—2009）　（mm）

弹簧中径 D	≤5	>5 ~10	>10 ~18	>18 ~30	>30 ~50	>50 ~80	>80 ~120	>120 ~150
间隙（直径差）	0.6	1	2	3	4	5	6	7

（3）弹簧的共振验算

必要时，应对受动载荷的弹簧进行共振验算。自振频率 f_e 与强迫振动频率 f_r 之比应大于 10，即 $f_e/f_r>10$。

3.4　组合弹簧的设计计算

对设计承受载荷较大，且安装空间受限制的圆柱螺旋压缩弹簧，可采用组合弹簧（见图 16.2-6）。这

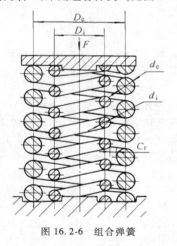

图 16.2-6　组合弹簧

种弹簧比普通弹簧轻，钢丝直径细，制造方便。设计组合弹簧应注意下列事项：

1）内、外弹簧的强度要接近相等。经推算有下列关系

$$\frac{d_e}{d_i}=\frac{D_e}{D_i}=\frac{n_i}{n_e}=\sqrt{\frac{F_{e2}}{F_{i2}}} \qquad (16.2-7)$$

及

$$F_2 = F_{e2}+F_{i2}$$

一般组合弹簧的 F_{e2}（外弹簧最大工作载荷）和 F_{i2}（内弹簧最大工作载荷）之比为 5：2。设计时先按此比值分配外、内弹簧的载荷，然后按单个弹簧的设计步骤进行。

2）内、外弹簧的变形量应接近相等。其中一个弹簧在最大工作载荷下的变形量 f_2 不应大于另一个弹簧在试验载荷下的变形量 f_s。实际所产生的变形差可用垫片调整。

3）为保证组合弹簧的同心关系，防止内、外弹簧发生歪斜，两个弹簧的旋向应相反，一个右旋，一个左旋。

4）组合弹簧的径向间隙 C_r 要满足式（16.2-8）的要求。

$$C_r=\frac{(D_e-d_e)-(D_i+d_i)}{2}$$

$$\geqslant \frac{d_e-d_i}{2} \qquad (16.2-8)$$

5）弹簧端部的支承面结构应能防止内、外弹簧在工作中的偏移。

3.5　圆柱螺旋压缩弹簧压力调整结构

许多圆柱螺旋压缩弹簧在使用中常常需要调整压力，常用圆柱螺旋压缩弹簧的压力调整结构见表 16.2-18。

表 16.2-18　常用圆柱螺旋压缩弹簧的压力调整结构

结构类型	使用说明	结构类型	使用说明
锁紧螺母	调整时，松动螺母 1，将螺母 2 也就是支承座旋到所要求的位置，调整所需的弹簧压力，然后再锁紧螺母 1	回转支承座	在调整螺旋 1 和支承座 2 之间嵌入钢球 3，这样调整螺旋就可以随着弹簧作用力的改变而自由回转
锁紧螺钉	调整时，将锁紧螺钉 2 旋松，然后调整支承座 1，旋到合适位置后，再将锁紧螺钉 2 拧紧	对心顶支承弹簧座	与回转支承座调整结构类似，弹簧座 2 可绕对心顶 1 回转。它适用于大型弹簧

（续）

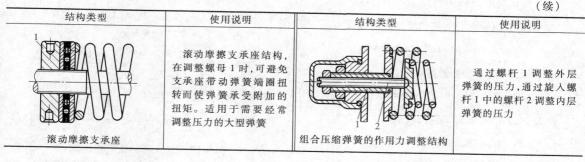

结构类型	使用说明	结构类型	使用说明
滚动摩擦支承座	滚动摩擦支承座结构，在调整螺母 1 时，可避免支承座带动弹簧端圈扭转而使弹簧承受附加的扭矩。适用于需要经常调整压力的大型弹簧	组合压缩弹簧的作用力调整结构	通过螺杆 1 调整外层弹簧的压力，通过旋入螺杆 1 中的螺杆 2 调整内层弹簧的压力

3.6　设计计算示例

例 16.2-1　设计一结构型式为 YI 的阀门压缩弹簧，要求弹簧外径 $D_2 \leqslant 34.8$mm，阀门关闭时 $H_1 = 43$mm，载荷 $F_1 = 270$N；阀门全开时 $H_2 = 32$mm，载荷 $F_2 = 540$N，最高工作频率为 25Hz，循环次数 $N > 10^7$ 次。

解：

（1）选择材料和许用切应力

根据弹簧工作条件，选用适合弹簧用高疲劳级油淬火-回火（VDSiCr）弹簧钢丝。根据 F_2 初步假设材料直径为 $d = 4$mm，由表 16.2-4 查得材料切变模量 $G = 78.5 \times 10^3$MPa。由表 16.2-8 查得材料抗拉强度 $R_m = 1840$MPa。

根据

$$\gamma = \frac{F_1}{F_2} = \frac{270}{540} = 0.5$$

在图 16.2-2 中 $\gamma = 0.5$ 与 10^7 线交点的纵坐标大致为 0.41，即 $[\tau] = 1840 \times 0.41$MPa $= 754.4$MPa。

（2）材料直径

弹簧外径 $D_2 \leqslant 34.8$mm，考虑公差的影响，假设其中径 $D = 30.5$mm。由钢丝直径 d 和弹簧中径 D 计算其旋绕比为

$$C = \frac{D}{d} = \frac{30.5}{4} = 7.6$$

根据表 16.2-13 中式计算曲度系数：

$$K = \frac{4C-1}{4C-4} + \frac{0.615}{C} = \frac{4 \times 7.6 - 1}{4 \times 7.6 - 4} + \frac{0.615}{7.6}$$
$$= 1.194$$

将 $K = 1.194$，代入表 16.2-13 中式得

$$d \geqslant \sqrt[3]{\frac{8KFD}{\pi[\tau]}} = \sqrt[3]{\frac{8 \times 1.194 \times 540 \times 30.5}{\pi \times 754.4}}\text{mm}$$
$$= 4.05\text{mm}$$

取 $d = 4.1$mm，抗拉强度为 1810MPa，与原假设基本相符合。重新计算得 $D = 30.4$mm，$C = 7.4$，$K = 1.20$。

（3）弹簧直径

弹簧中径：$D = 30.4$mm

弹簧外径：$D_2 = D + d = (30.4 + 4.1)$mm $= 34.5$mm

弹簧内径：$D_1 = D - d = (30.4 - 4.1)$mm $= 26.3$mm

（4）弹簧所需刚度和圈数

弹簧所需刚度按式（16.2-3）计算为

$$k = \frac{F_2 - F_1}{H_1 - H_2} = \frac{540 - 270}{43 - 32}\text{N/mm} = 24.55\text{N/mm}$$

按表 16.2-13 中式计算有效圈数为

$$n = \frac{Gd^4}{8kD^3} = \frac{78.5 \times 10^3 \times 4.1^4}{8 \times 24.55 \times 30.4^3}\text{圈} = 4.02\text{ 圈}$$

取 $n = 4.0$ 圈。

取支承圈 $n_z = 2$ 圈，则总圈数

$$n_1 = n + n_z = 4.0\text{ 圈} + 2\text{ 圈} = 6.0\text{ 圈}$$

（5）弹簧刚度、变形量和载荷校核

弹簧刚度按表 16.2-13 中式计算得

$$k = \frac{Gd^4}{8D^3n} = \frac{78.5 \times 10^3 \times 4.1^4}{8 \times 30.4^3 \times 4.0}\text{N/mm} = 24.67\text{N/mm}$$

与所需刚度 $k = 24.55$N/mm 基本相符。

按表 16.2-13 中式计算阀门关闭时的变形量：

$$f_1 = \frac{F_1}{k} = \frac{270}{24.67}\text{mm} = 10.94\text{mm}$$

按表 16.2-13 中式计算阀门开启时的变形量：

$$f_2 = \frac{F_2}{k} = \frac{540}{24.67}\text{mm} = 21.89\text{mm}$$

按表 16.2-14 中式计算自由高度：

$$H_0 = H_1 + f_1 = (43 + 10.94)\text{mm} = 53.94\text{mm}$$

或者 $H_0 = H_2 + f_2 = (32 + 21.89)$mm $= 53.89$mm

取 $H_0 = 53.9$mm

阀门关闭时的工作变形量为

$$f_1 = H_0 - H_1 = (53.9 - 43)\text{mm} = 10.9\text{mm}$$

由表 16.2-13 中式计算阀门关闭时的载荷为

$$F_1 = kf_1 = 24.67 \times 10.9\text{N} = 268.9\text{N}$$

阀门开启时的工作变形量为

$$f_2 = H_0 - H_2 = (53.9 - 32)\text{mm} = 21.9\text{mm}$$

由表 16.2-13 中式计算阀门开启时的载荷为

$$F_2 = kf_2 = 24.67 \times 21.9\text{N} = 540.3\text{N}$$

与要求值 $F_1 = 270\text{N}$、$F_2 = 540\text{N}$ 接近，故符合要求。

（6）自由高度、压并高度和压并变形量

自由高度：$H_0 = 53.9\text{mm}$

压并高度：$H_b \leqslant n_1 d = 6.0 \times 4.1\text{mm} = 24.6\text{mm}$

压并变形量：$f_b = H_0 - H_b = (53.9 - 24.6)\text{mm} = 29.3\text{mm}$

（7）试验载荷和试验载荷下的高度和变形量

由表 16.2-12 中式计算最大试验切应力为

$$\tau_s = 0.55 R_m = 0.55 \times 1810\text{MPa} = 995.5\text{MPa}$$

由式（16.2-2）计算试验载荷为

$$F_s = \frac{\pi d^3}{8D}\tau_s = \frac{\pi \times 4.1^3}{8 \times 30.4} \times 995.5\text{N} = 886.3\text{N}$$

压并时的载荷为

$$F_b = kf_b = 24.67 \times 29.3\text{N} = 722.8\text{N}$$

由 $F_s > F_b$，取 $F_s = F_b = 722.8\text{N}$，$f_s = f_b = 29.3\text{mm}$

由式（16.2-2）计算试验切应力为

$$\tau_s = \tau_b = \frac{8D}{\pi d^3}F_s = \frac{8 \times 30.4}{\pi \times 4.1^3} \times 722.8\text{MPa}$$
$$= 811.9\text{MPa}$$

（8）弹簧展开长度

按表 16.2-14 中式计算弹簧展开长度为

$$L \approx \pi D n_1 = \pi \times 30.4 \times 6\text{mm} = 572.7\text{mm}$$

（9）弹簧质量

按表 16.2-14 中式计算弹簧质量为

$$m = \frac{\pi}{4}d^2 L \rho = \frac{\pi}{4} \times 4.1^2 \times 572.7 \times 7.85 \times 10^{-6}\text{kg}$$
$$= 0.0593\text{kg}$$

（10）特性校核

$$\frac{f_1}{f_s} = \frac{10.9}{29.3} = 0.37 \qquad \frac{f_2}{f_s} = \frac{21.9}{29.3} = 0.75$$

满足 $0.2f_s \leqslant f_{1,2} \leqslant 0.8f_s$ 的要求。

（11）结构参数

自由高度：$H_0 = 53.9\text{mm}$

阀门关闭高度：$H_1 = 43\text{mm}$

阀门开启高度：$H_2 = 32\text{mm}$

压并（试验）高度：$H_b = 24.6\text{mm}$

按表 16.2-14 中式计算

节距：$t = \dfrac{H_0 - 1.5d}{n} = \dfrac{53.9 - 1.5 \times 4.1}{4.0}\text{mm}$
$$= 11.94\text{mm}$$

螺旋角：$\alpha = \arctan\dfrac{t}{\pi D} = \arctan\dfrac{11.94}{\pi \times 30.4} = 7.13°$

（12）弹簧的疲劳强度和稳定性校核

1）弹簧的疲劳强度校核。弹簧工作切应力校核按表 16.2-13 中式计算：

$$\tau_1 = K\frac{8DF_1}{\pi d^3} = 1.2 \times \frac{8 \times 30.4 \times 268.9}{\pi \times 4.1^3}\text{MPa}$$
$$= 362.6\text{MPa}$$

$$\tau_2 = K\frac{8DF_2}{\pi d^3} = 1.2 \times \frac{8 \times 30.4 \times 540.3}{\pi \times 4.1^3}\text{MPa}$$
$$= 728.6\text{MPa}$$

$$\gamma = \frac{\tau_1}{\tau_2} = \frac{362.6}{728.2} = 0.5$$

$$\frac{\tau_1}{R_m} = \frac{362.6}{1810} = 0.2$$

$$\frac{\tau_2}{R_m} = \frac{728.6}{1810} = 0.4$$

由图 16.2-2 可以看出，点（0.20，0.40）在 $\gamma = 0.5$ 和 10^7 作用线的交点以下，表明此弹簧的疲劳寿命 $N > 10^7$ 次。

查表 16.2-16 计算脉动疲劳极限应力 $\tau_{u0} = 0.3R_m$ 强度校核按式（16.2-5）计算：

$$S = \frac{\tau_{u0} + 0.75\tau_{min}}{\tau_{max}} = \frac{0.30 \times 1810 + 0.75 \times 362.6}{728.6}$$
$$= 1.12 \geqslant S_{min}$$

2）弹簧稳定性校核

弹簧的高径比：$b = H_0/D = 53.9/30.4 = 1.8$，满足稳定性要求。

3）共振校核

自振频率按表 16.2-13 中式计算：

$$f_e = \frac{3.56d}{nD^2}\sqrt{\frac{G}{\rho}} = \frac{3.56 \times 4.1}{4.0 \times 30.4^2}\sqrt{\frac{78.5 \times 10^3}{7.85 \times 10^{-6}}}\text{Hz}$$
$$= 394.8\text{Hz}$$

强迫振动频率 $f_r = 25\text{Hz}$

因此 $\dfrac{f_e}{f_r} = \dfrac{394.8}{25} = 15.8 > 10$，满足要求。

（13）弹簧工作图

弹簧工作图如图 16.2-7 所示。

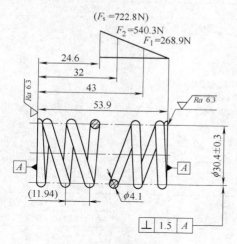

技术要求

1. 弹簧端部结构型式：YI 冷卷压缩弹簧。
2. 旋向：右旋。
3. 总圈数：$n_1 = 6$。
4. 有效圈数：$n = 4.0$。
5. 强化处理：立定处理。
6. 喷丸强度：$0.3 \sim 0.4 A$，表面覆盖率大于 90%。
7. 表面处理：清洗上防锈油。
8. 制造技术条件：其余按 GB/T 1239.2 二级精度。

图 16.2-7　弹簧工作图

4　圆柱螺旋拉伸弹簧的设计

4.1　弹簧结构和载荷-变形图

圆柱螺旋拉伸弹簧的结构及其载荷-变形图如图 16.2-8 所示。图中的各符号含义及弹簧特性与本章

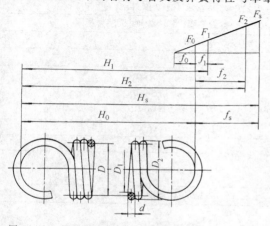

图 16.2-8　圆柱螺旋拉伸弹簧的结构及其载荷-变形图

3.1 节相同，试验载荷 F_s 和弹簧刚度 k 分别按式（16.2-2）和式（16.2-3）计算。

F_0 为拉伸弹簧的初拉力（N），用不需淬火-回火材料制成的密卷拉伸弹簧，在簧圈之间形成的轴向压力即为初拉力。当所加载荷大于初拉力时，弹簧才开始变形。在卷绕成形后，淬火-回火的弹簧没有初拉力。初拉力按式（16.2-9）计算

$$F_0 = \frac{\pi d^3}{8D} \tau_0 \qquad (16.2\text{-}9)$$

式中，初切应力 τ_0 的值根据旋绕比 C 从图 16.2-9 中的阴影区范围内选取。由于弹簧一般均需去应力回火处理，经处理后的弹簧初拉力会有所下降，为便于制造，建议取下限值。初切应力 τ_0 也可参考经验公式（16.2-10）计算

$$\tau_0 = \frac{G}{100C} \qquad (16.2\text{-}10)$$

式中　C——旋绕比，$C = D/d$。

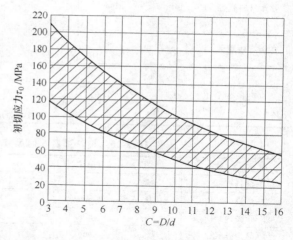

图 16.2-9　拉伸弹簧初切应力选择范围

4.2　设计计算与参数选择

圆柱螺旋拉伸弹簧的基本计算公式见表 16.2-19。

弹簧的主要尺寸参数确定后，由表 16.2-20 计算弹簧的其他几何尺寸。

表 16.2-21 为拉伸弹簧半圆钩环型（LⅠ型）、圆钩环扭中心型（LⅢ型）及圆钩环压中心型（LⅥ型）可承受 10^5 次循环载荷的普通圆柱螺旋拉伸弹簧的尺寸及参数。设计者可根据需要的弹簧中径 D、所需试验载荷 F_s 及变形量 f_s 的关系选用。

簧丝直径 $d < 0.5\text{mm}$ 的小型拉伸弹簧可按 GB/T 1973.2—2005 查取尺寸参数。

表 16.2-19 圆柱螺旋拉伸弹簧的基本计算公式（摘自 GB/T 23935—2009）

名　称	代号	单位	计算公式	
			无初拉力	有初拉力
弹簧切应力	τ	MPa	$\tau = K\dfrac{8DF}{\pi d^3} = K\dfrac{8CF}{\pi d^2}$ 或 $\tau = K\dfrac{Gdf}{\pi D^2 n}$ 式中　D—弹簧中径（mm） 　　　F—弹簧工作载荷（N） 　　　C—旋绕比，$C=D/d$，见表 16.2-3 　　　G—切变模量（MPa），见表 16.2-4 　　　K—曲度系数，静载荷时，一般 K 值可取为 1；当弹簧应力高时，亦可考虑 K 值 $\qquad\qquad K=\dfrac{4C-1}{4C-4}+\dfrac{0.615}{C}$	
弹簧变形量	f	mm	$f=\dfrac{8D^3 nF}{Gd^4}=\dfrac{8C^3 nF}{Gd}$	$f=\dfrac{8D^3 n}{Gd^4}(F-F_0)$
弹簧刚度	k	N·mm^{-1}	$k=\dfrac{F}{f}=\dfrac{Gd^4}{8D^3 n}=\dfrac{Gd}{8C^3 n}$	$k=\dfrac{F-F_0}{f}=\dfrac{Gd^4}{8D^3 n}=\dfrac{Gd}{8C^3 n}$
弹簧变形能	U	N·mm	$U=\dfrac{Ff}{2}=\dfrac{kf^2}{2}$	$U=\dfrac{(F-F_0)}{2}f$
弹簧材料直径	d	mm	$d\geqslant\sqrt[3]{\dfrac{8KDF}{\pi[\tau]}}$ 或 $d\geqslant\sqrt{\dfrac{8KCF}{\pi[\tau]}}$ 式中　$[\tau]$—许用切应力（MPa），见表 16.2-12	
弹簧有效圈数	n	圈	$n=\dfrac{Gd^4}{8D^3 F}f=\dfrac{Gd^4}{8kD^3}$	$n=\dfrac{Gd^4}{8D^3(F-F_0)}f=\dfrac{Gd^4}{8kD^3}$
自振频率	f_e	Hz	$f_e=\dfrac{3.56d}{nD^2}\sqrt{\dfrac{G}{\rho}}$ 式中　ρ—材料密度（kg·mm^{-3}） 用于两端固定，一端在工作行程范围内周期性往复运动的情况	

表 16.2-20 拉伸弹簧几何尺寸计算（摘自 GB/T 23935—2009）

名　称	代号	单位	计算方法和确定方法
材料直径	d	mm	按表 16.2-13 中式计算，再按表 16.2-2 取标准值
弹簧中径	D	mm	根据结构要求估计，再按表 16.2-2 取标准值
弹簧内径	D_1	mm	$D_1 = D-d$
弹簧外径	D_2	mm	$D_2 = D+d$
有效圈数	n		按表 16.2-13 中式计算；一般不少于 3 圈，最少不少于 2 圈
总圈数	n_1		$n_1 = n$，当 $n>20$ 时，圆整为整圈；当 $n<20$ 时，圆整为半圈
节距	t	mm	$t=d+\delta$，对密卷拉伸弹簧取 $\delta=0$
间距	δ	mm	$\delta = t-d$
自由长度	H_0	mm	半圆钩环　　　　$H_0=(n+1)d+D_1$ 圆钩环　　　　　$H_0=(n+1)d+2D_1$ 圆钩环环压中心　$H_0=(n+1.5)d+2D_1$
工作长度	$H_{1,2,\cdots,n}$	mm	$H_{1,2,\cdots,n}=H_0+f_{1,2,\cdots,n}$
试验长度	H_s	mm	$H_s=H_0+f_s$
螺旋角	α	°	$\alpha=\arctan\dfrac{t}{\pi D}$
弹簧材料的展开长度	L	mm	$L\approx\pi Dn+$钩环展开长度
弹簧质量	m	kg	$m=\dfrac{\pi}{4}d^2 L\rho$

表 16.2-21　普通圆柱螺旋拉伸弹簧的尺寸及参数（摘自 GB/T 2088—2009）

簧丝直径 d/mm	弹簧中径 D/mm	初拉力 F_0/N	试验载荷 F_s/N	有效圈数 n											
				8.25				10.5				12.25			
				有效圈长度 H_{Lb}/mm	试验载荷下变形量 f_s/mm	弹簧刚度 k/N·mm⁻¹	弹簧单件质量 m/10⁻³kg	有效圈长度 H_{Lb}/mm	试验载荷下变形量 f_s/mm	弹簧刚度 k/N·mm⁻¹	弹簧单件质量 m/10⁻³kg	有效圈长度 H_{Lb}/mm	试验载荷下变形量 f_s/mm	弹簧刚度 k/N·mm⁻¹	弹簧单件质量 m/10⁻³kg
0.5	3	1.6	14.4	4.6	4.6	2.77	0.14	5.8	5.9	2.18	0.17	6.6	5.3	1.87	0.20
	3.5	1.2	12.3		6.4	1.74	0.16		8.1	1.37	0.20		9.8	1.18	0.23
	4	0.9	10.8		8.5	1.17	0.18		10.8	0.92	0.23		15.7	0.79	0.26
	5	0.6	8.6		13.3	0.60	0.23		17	0.47	0.28		22.9	0.40	0.33
	6	0.4	7.2		19.4	0.35	0.27		25.2	0.27	0.34		31.5	0.23	0.40
0.6	3	3.3	23.9	5.6	3.6	5.75	0.21	6.9	4.6	4.51	0.26	7.9	5.3	3.87	0.30
	4	1.9	17.9		6.6	2.42	0.29		8.4	1.90	0.35		9.8	1.63	0.39
	5	1.2	14.3		10.6	1.24	0.36		13.4	0.975	0.44		15.7	0.836	0.50
	6	0.8	11.9		15.5	0.718	0.43		19.7	0.564	0.52		22.9	0.484	0.69
	7	0.6	10.2		21.2	0.452	0.50		27	0.355	0.61		31.5	0.305	0.69
0.8	4	5.9	40.4	7.4	4.5	7.66	0.51	9.2	5.7	6.02	0.62	10.6	6.7	5.16	0.71
	5	3.8	32.3		7.3	3.92	0.63		9.3	3.08	0.78		10.8	2.64	0.88
	6	2.6	26.9		10.7	2.27	0.76		13.7	1.78	0.93		15.9	1.53	1.06
	8	1.5	20.2		19.6	0.952	0.94		24.9	0.752	1.16		29	0.645	1.33
	9	1.2	18.0		25	0.673	1.05		31.8	0.528	1.30		37.1	0.453	1.50
1.0	5	9.2	61.5	9.3	5.5	9.58	0.99	11.5	7	7.52	1.21	13.3	8.1	6.45	1.38
	6	6.4	51.3		8.1	5.54	1.19		10.3	4.35	1.45		12	3.73	1.66
	7	4.7	44.0		11.3	3.49	1.39		14.3	2.74	1.69		16.7	2.35	1.93
	8	3.6	38.5		14.9	2.34	1.59		19	1.84	1.94		22.2	1.57	2.21
	10	2.3	30.8		23.8	1.20	1.99		30.3	0.940	2.42		35.4	0.806	2.76
	12	1.6	25.6		34.6	0.693	2.38		44.1	0.544	2.91		51.4	0.467	3.31
1.2	6	13.3	86.4	11.1	6.4	11.5	1.72	13.8	8.1	9.03	2.09	15.9	9.4	7.74	2.38
	7	9.8	74.0		8.9	7.24	2.00		11.3	5.69	2.44		13.2	4.87	2.78
	8	7.5	64.8		11.8	4.85	2.29		15	3.81	2.79		17.6	3.26	3.18
	10	4.8	51.8		19	2.48	2.86		19.5	2.41	2.93		28.1	1.67	3.97
	12	3.3	43.2		27.7	1.44	3.43		35.3	1.13	4.18		41.3	0.967	4.77
	14	2.4	37.0		38.2	0.905	4.00		48.7	0.711	4.88		56.8	0.609	5.56
1.6	8	23.6	145	14.8	7.9	15.3	4.07	18.4	10.1	12.0	4.96	21.2	11.8	10.3	5.65
	10	15.1	116		12.9	7.84	5.08		16.4	6.16	6.20		19.1	5.28	7.07
	12	10.5	97.0		19.1	4.54	6.10		24.2	3.57	7.44		28.3	3.06	8.48
	14	7.7	83.1		26.4	2.86	7.12		33.5	2.25	8.68		39.1	1.93	9.89
	16	5.9	72.7		34.8	1.92	8.13		44.5	1.50	9.92		51.8	1.29	11.3
	18	4.7	64.7		44.4	1.35	9.15		56.6	1.06	11.2		66.2	0.906	12.7
2.0	10	37.0	215	18.5	9.3	19.2	7.94	23.0	11.9	15.9	9.68	26.5	13.8	12.9	11.0
	12	25.7	179		13.8	11.1	9.53		17.6	8.71	11.6		20.5	7.46	13.3
	14	18.8	153		19.2	6.98	11.1		2.45	5.48	13.6		28.6	4.70	15.5
	16	14.4	134		25.6	4.68	12.7		32.6	3.67	15.5		38	3.15	17.7
	18	11.4	119		32.8	3.28	14.3		41.7	2.58	17.4		48.7	2.21	19.9
	20	9.2	107		40.9	2.39	15.9		52	1.88	19.4		60.7	1.61	22.1
2.5	12	62.7	339	23.1	10.2	27.1	14.9	28.8	13	21.3	18.2	33.1	15.2	18.2	20.7
	14	46.1	291		14.4	17.0	17.4		18.3	13.4	21.2		21.3	11.5	24.2
	16	35.3	255		19.3	11.4	19.9		24.5	8.97	24.2		28.6	7.69	27.6
	18	27.9	226		24.7	8.02	22.3		31.4	6.30	27.2		36.7	5.40	31.1
	20	22.6	204		31.1	5.84	24.8		39.5	4.59	30.3		46	3.94	34.5
	25	14.4	163		49.7	2.99	31.0		63.2	2.35	37.8		73.6	2.02	43.1

（续）

| 簧丝直径 d /mm | 弹簧中径 D /mm | 初拉力 F₀ /N | 试验载荷 Fₛ /N | 有效圈数 n | | | | | | | | | | | |
| | | | | 15.5 | | | | 18.25 | | | | 20.5 | | | |
				有效圈长度 H_{Lb} /mm	试验载荷下变形量 f_s/mm	弹簧刚度 k/N·mm⁻¹	弹簧单件质量 m /10⁻³kg	有效圈长度 H_{Lb} /mm	试验载荷下变形量 f_s/mm	弹簧刚度 k/N·mm⁻¹	弹簧单件质量 m /10⁻³kg	有效圈长度 H_{Lb} /mm	试验载荷下变形量 f_s/mm	弹簧刚度 k/N·mm⁻¹	弹簧单件质量 m /10⁻³kg
0.5	3	1.6	14.4	8.3	8.7	1.47	0.25	9.6	10.2	1.25	0.29	10.7	11.4	1.12	0.33
	3.5	1.2	12.3		11.9	0.929	0.30		14.1	0.789	0.34		15.8	0.702	0.38
	4	0.9	10.8		15.9	0.622	0.34		18.8	0.528	0.39		21.1	0.470	0.44
	5	0.6	8.6		25.1	0.319	0.42		29.5	0.271	0.49		33.2	0.241	0.55
	6	0.4	7.2		37	0.184	0.51		43.3	0.157	0.59		48.9	0.139	0.65
0.6	3	3.3	23.9	9.9	6.7	3.06	0.37	11.6	7.9	2.60	0.42	12.9	8.9	2.31	0.47
	4	1.9	17.9		12.4	1.29	0.49		14.5	1.10	0.57		16.4	0.975	0.63
	5	1.2	14.3		19.8	0.661	0.61		23.4	0.561	0.71		26.3	0.499	0.78
	6	0.8	11.9		29.1	0.382	0.73		34.2	0.325	0.85		38.4	0.289	0.94
	7	0.6	10.2		39.8	0.241	0.85		47.1	0.204	0.99		52.7	0.182	1.10
0.8	4	5.9	40.4	13.2	8.5	4.08	0.87	15.4	10	3.46	1.00	17.2	11.2	3.08	1.12
	5	3.8	32.3		13.6	2.09	1.08		16.1	1.77	1.26		18	1.58	1.39
	6	2.6	26.9		20.1	1.21	1.30		23.6	1.03	1.51		26.6	0.913	1.69
	8	1.5	20.2		36.7	0.510	1.74		43.2	0.433	2.01		48.6	0.385	2.23
	9	1.2	18.0		46.9	0.358	1.95		55.3	0.304	2.26		62	0.271	2.51
1.0	5	9.2	61.5	16.5	10.3	5.10	1.69	19.3	12.1	4.33	1.96	21.5	13.6	3.85	2.18
	6	6.4	51.3		15.2	2.95	2.03		17.9	2.51	2.35		25.1	1.79	3.20
	7	4.7	44.0		21.1	1.86	2.37		24.9	1.58	2.75		28.1	1.40	3.05
	8	3.6	38.5		28.1	1.24	2.71		32.9	1.06	3.14		37.1	0.941	3.49
	10	2.3	30.8		44.7	0.637	3.39		52.7	0.541	3.92		59.1	0.482	4.36
	12	1.6	25.6		65	0.369	4.07		76.7	0.313	4.71		86	0.279	5.23
1.2	6	13.3	86.4	19.8	11.9	6.12	2.93	23.1	14.1	5.19	3.39	25.8	15.8	4.62	3.77
	7	9.8	74.0		16.7	3.85	3.42		19.6	3.27	3.95		21.8	2.95	4.34
	8	7.5	64.8		22.2	2.58	3.90		26.2	2.19	4.52		29.4	1.95	5.02
	10	4.8	51.8		35.6	1.32	4.88		42	1.12	5.65		47	0.999	6.28
	12	3.3	43.2		52.2	0.765	5.86		61.5	0.649	6.78		69	0.578	7.53
	14	2.4	37.0		71.9	0.481	6.83		84.6	0.409	7.91		95.1	0.364	8.79
1.6	8	23.6	145	26.4	14.9	8.15	6.94	30.8	17.5	6.93	8.03	34.4	19.7	6.17	8.93
	10	15.1	116		24.1	4.18	8.68		28.4	3.55	10.0		31.9	3.16	11.2
	12	10.5	97.0		35.7	2.42	10.4		42.2	2.05	12.1		47.3	1.83	13.4
	14	7.7	83.1		49.6	1.52	12.2		58.4	1.29	14.1		65.6	1.15	15.6
	16	5.9	72.7		65.5	1.02	13.9		77.1	0.866	16.1		86.6	0.771	17.9
	18	4.7	64.7		83.8	0.716	15.6		98.7	0.608	18.1		110.9	0.541	20.1
2.0	10	37.0	215	33.0	17.5	10.20	13.6	38.5	20.6	8.66	15.7	43.0	23.1	7.71	17.4
	12	25.7	179		26	5.90	16.3		30.6	5.01	18.8		34.4	4.46	20.9
	14	18.8	153		36.2	3.71	19.0		42.5	3.16	22.0		47.8	2.81	24.4
	16	14.4	134		48	2.49	21.7		56.7	2.11	25.1		63.6	1.88	27.9
	18	11.4	119		61.5	1.75	24.4		72.7	1.48	28.2		81.5	1.32	31.4
	20	9.2	107		77	1.27	27.1		90.6	1.08	31.4		101.6	0.963	34.9
2.5	12	62.7	339	41.3	19.2	14.4	25.4	48.1	22.6	12.2	29.4	53.8	25.3	10.9	32.7
	14	46.1	291		27	9.07	29.7		31.8	7.70	34.3		35.7	6.86	38.1
	16	35.3	255		36.1	6.08	33.9		42.6	5.16	39.2		47.9	4.59	43.6
	18	27.9	226		46.4	4.27	38.1		54.7	3.62	44.1		61.3	3.23	49.0
	20	22.6	204		58.3	3.11	42.4		68.7	2.64	49.0		77.2	2.35	54.5
	25	14.4	163		128.1	11.59	53.0		110.1	1.35	61.3		123.8	1.20	68.1

（续）

簧丝直径 d /mm	弹簧中径 D /mm	初拉力 F_0 /N	试验载荷 F_s /N	有效圈数 n = 25.5 有效圈长度 H_{Lb} /mm	试验载荷下变形量 f_s /mm	弹簧刚度 k/N·mm^{-1}	弹簧单件质量 m /10^{-3}kg	30.25 有效圈长度 H_{Lb} /mm	试验载荷下变形量 f_s /mm	弹簧刚度 k/N·mm^{-1}	弹簧单件质量 m /10^{-3}kg	40.5 有效圈长度 H_{Lb} /mm	试验载荷下变形量 f_s /mm	弹簧刚度 k/N·mm^{-1}	弹簧单件质量 m /10^{-3}kg
0.5	3	1.6	14.4	13.2	14.3	0.896	0.40	15.6	19.8	0.648	0.54	20.8	22.7	0.564	0.62
	3.5	1.2	12.3		19.6	0.565	0.47		27.2	0.408	0.63		31.3	0.355	0.72
	4	0.9	10.8		26.2	0.378	0.53		36.1	0.274	0.72		41.6	0.238	0.82
	5	0.6	8.6		41.2	0.194	0.67		57.1	0.140	0.90		65.6	0.122	1.03
	6	0.4	7.2		60.7	0.112	0.80		83.8	0.081	1.08		96.3	0.0706	1.23
0.6	3	3.3	23.9	15.9	11.1	1.86	0.58	18.8	13.1	1.570	0.68	24.9	17.6	1.17	0.89
	4	1.9	17.9		20.4	0.784	0.77		24.2	0.661	0.90		32.4	0.494	1.19
	5	1.2	14.3		32.6	0.402	0.96		38.8	0.338	1.12		51.8	0.253	1.48
	6	0.8	11.9		47.8	0.232	1.15		56.6	0.196	1.35		76.0	0.146	1.78
	7	0.6	10.2		65.8	0.146	1.35		78.0	0.123	1.57		104.3	0.1092	2.07
0.8	4	5.9	40.4	21.2	13.9	2.48	1.36	25.0	16.5	2.09	1.60	33.2	22.1	1.56	2.11
	5	3.8	32.3		22.4	1.27	1.70		26.6	1.07	2.00		35.7	0.799	2.63
	6	2.6	26.9		33.1	0.734	1.98		39.3	0.619	2.34		52.6	0.462	3.10
	8	1.5	20.2		60.3	0.310	2.64		71.6	0.261	3.11		95.9	0.195	4.13
	9	1.2	18.0		77.1	0.218	2.98		91.8	0.183	3.50		122.6	0.137	4.65
1.0	5	9.2	61.5	26.5	16.9	3.10	2.66	31.3	20.0	2.61	3.12	41.5	26.8	1.95	4.12
	6	6.4	51.3		25.1	1.79	3.20		29.7	1.51	3.75		39.7	1.13	4.94
	7	4.7	44.0		34.8	1.13	3.73		41.3	0.952	4.37		55.3	0.711	5.76
	8	3.6	38.5		46.2	0.756	4.26		54.7	0.638	5.00		73.3	0.476	6.59
	10	2.3	30.8		73.6	0.387	5.33		87.4	0.326	6.25		116.8	0.244	8.22
	12	1.6	25.6		107.1	0.224	6.39		127.0	0.189	7.50		170.2	0.141	9.88
1.2	6	13.3	86.4	31.8	19.7	3.72	4.60	37.5	23.4	3.13	5.40	49.8	31.2	2.34	7.11
	7	9.8	74.0		27.4	2.34	5.37		32.6	1.97	6.30		43.7	1.47	8.30
	8	7.5	64.8		36.5	1.57	6.14		43.4	1.32	7.20		58.0	0.988	9.48
	10	4.8	51.8		58.5	0.803	7.67		69.4	0.677	9.00		92.9	0.506	11.9
	12	3.3	43.2		85.8	0.465	9.20		101.8	0.392	10.8		136.2	0.293	14.2
	14	2.4	37.0		118.1	0.293	10.7		140.1	0.247	12.6		188	0.184	16.6
1.6	8	23.6	145	42.4	24.5	4.96	10.9	50.0	29.0	4.18	12.8	66.4	38.9	3.12	16.9
	10	15.1	116		39.7	2.54	13.6		47.1	2.14	16.0		63.1	1.60	21.1
	12	10.5	97.0		58.8	1.47	16.4		69.8	1.24	19.2		93.5	0.925	25.3
	14	7.7	83.1		81.5	0.925	19.1		96.7	0.780	22.4		129.6	0.582	29.5
	16	5.9	72.7		107.7	0.620	21.8		128	0.522	25.6		171.3	0.390	33.7
	18	4.7	64.7		137.9	0.435	24.6		163.5	0.367	28.8		219	0.274	37.9
2.0	10	37.0	215	53.0	28.7	6.20	21.3	62.5	34.1	5.22	25.0	83	45.6	3.90	32.9
	12	25.7	179		42.7	3.59	25.6		50.8	3.02	30.0		67.8	2.26	39.5
	14	18.8	153		59.4	2.26	29.8		70.6	1.90	35.0		94.5	1.42	46.1
	16	14.4	134		79.2	1.51	34.1		93.4	1.28	40.0		125.6	0.952	52.7
	18	11.4	119		101.5	1.06	38.4		120.1	0.896	45.0		160.8	0.669	59.3
	20	9.2	107		126.2	0.775	42.6		149.8	0.653	50.0		200.4	0.488	65.9
2.5	12	62.7	339	66.3	31.6	8.75	40.0	78.1	37.4	7.38	46.9	103.8	50.1	5.51	61.7
	14	46.1	291		44.4	5.51	46.6		52.7	4.65	54.7		70.6	3.47	72.0
	16	35.3	255		59.5	3.69	53.3		70.6	3.11	62.5		94.3	2.33	82.3
	18	27.9	226		76.5	2.59	59.9		90.5	2.19	70.3		121.5	1.63	92.6
	20	22.6	204		96.0	1.89	66.6		114.1	1.59	78.1		152.4	1.19	103
	25	14.4	163		153.5	0.968	83.2		182.1	0.816	92.6		243.6	0.610	129

（续）

| 簧丝直径 d /mm | 弹簧中径 D /mm | 初拉力 F_0 /N | 试验载荷 F_s /N | 有效圈数 n | | | | | | | | | | | |
| | | | | 8.25 | | | | 10.5 | | | | 12.25 | | | |
				有效圈长度 H_{Lb} /mm	试验载荷下变形量 f_s/mm	弹簧刚度 k/N·mm⁻¹	弹簧单件质量 m /10⁻³kg	有效圈长度 H_{Lb} /mm	试验载荷下变形量 f_s/mm	弹簧刚度 k/N·mm⁻¹	弹簧单件质量 m /10⁻³kg	有效圈长度 H_{Lb} /mm	试验载荷下变形量 f_s/mm	弹簧刚度 k/N·mm⁻¹	弹簧单件质量 m /10⁻³kg
3.0	14	95.6	475	27.8	10.7	35.3	23.0	34.5	13.6	27.8	28.5	39.8	15.9	23.8	32.8
	16	73.2	416		14.5	23.7	28.6		18.4	18.6	34.9		21.6	15.9	39.8
	18	57.8	370		18.8	16.6	32.2		23.8	13.1	39.2		27.9	11.2	44.7
	20	46.8	333		23.7	12.1	35.7		30.1	9.52	43.7		35.1	8.16	49.7
	22	38.7	303		29	9.11	39.3		37	7.15	47.9		43.1	6.13	54.7
	25	29.9	266		38	6.21	44.7		48.4	4.88	54.5		56.5	4.18	62.1
3.5	18	107	587	32.4	15.6	30.8	43.8	40.3	19.8	24.2	53.4	46.4	23.2	20.7	60.9
	20	86.8	528		19.6	22.5	48.6		25.1	17.6	59.3		29.2	15.1	67.6
	22	71.7	480		24.2	16.9	53.5		30.7	13.3	65.3		35.8	11.4	74.4
	25	55.5	423		32	115	60.8		40.7	9.03	74.2		47.5	7.74	84.5
	28	44.2	377		40.7	8.18	68.1		51.8	6.43	83.1		60.4	5.51	94.7
	35	28.4	302		65.3	4.19	85.1		83.2	3.29	104		97	2.82	118
4.0	22	123	694	37.0	19.8	28.8	69.9	46	25.3	22.6	85.2	53.0	29.4	19.4	97.2
	25	94.7	611		26.3	19.6	79.4		33.5	15.4	96.9		39.1	13.2	110
	28	75.4	545		33.5	14.0	89.0		42.7	11.0	109		50	9.40	124
	32	57.8	477		44.8	9.35	102		57	7.35	124		66.5	6.30	141
	35	48.3	436		54.2	7.15	111		69	5.62	136		80.6	4.81	155
	40	37.0	382		72	4.79	127		91.8	3.76	155		107.1	3.22	177
	45	29.2	339		92.2	3.36	143		118.7	2.61	174		137.1	2.26	199
4.5	25	152	870	41.6	15.6	46.1	101	51.8	29.1	24.7	123	59.6	33.9	21.2	140
	28	121	777		29.3	22.4	113		37.3	17.6	137		43.4	15.1	157
	32	92.6	680		39.2	15.0	129		49.8	11.8	157		58.2	10.1	179
	35	77.4	621		47.7	11.4	141		60.5	8.99	172		70.5	7.71	196
	40	62.8	544		62.7	7.67	161		79.8	6.03	196		93.1	5.17	224
	45	46.8	483		80.9	5.39	181		103.1	4.23	221		120.2	3.63	252
	50	37.9	435		101	3.93	201		128.5	3.09	245		150.4	2.62	280
5.0	25	232	1154	46.3	19.2	47.9	124	57.5	24.5	37.6	151	66.3	28.6	32.2	173
	28	184	1030		24.8	34.1	139		31.6	26.8	170		36.8	23.0	193
	32	141	902		33.4	22.8	159		42.5	17.9	194		49.4	15.4	221
	35	118	824		40.6	17.4	174		51.5	13.7	212		59.8	11.8	242
	40	90.3	721		53.9	11.7	199		68.7	9.18	242		80.1	7.87	276
	45	71.3	641		69.4	8.21	223		88.3	6.45	272		103	5.53	311
	55	47.8	525		106	4.50	273		135.2	3.53	333		157.5	3.03	380
6.0	32	292	1505	55.5	25.6	47.3	228	69	32.6	37.2	279	79.5	38	31.9	318
	35	244	1376		31.3	36.2	250		39.9	28.4	281		46.4	24.4	348
	40	187	1204		42	24.2	286		53.5	19	349		62.4	16.3	398
	45	148	1070		54.2	17	322		68.8	13.4	392		80.2	11.5	447
	50	120	963		68	12.4	357		86.5	9.75	436		100.8	8.36	497
	60	83.2	803		100.3	7.18	429		127.6	5.64	523		148.7	4.84	596
	70	61.1	688		138.7	4.52	500		176.6	3.55	610		205.5	3.05	696
8.0	40	592	2753	132	28.2	76.6	508	54	35.9	60.2	620	172	41.9	51.6	707
	45	468	2447		36.8	53.8	572		46.8	42.3	697		55.7	35.5	809
	50	379	2203		46.5	39.2	635		59.2	30.8	775		70.4	25.9	899
	55	313	2002		57.3	29.5	699		72.8	23.2	852		87.1	19.4	989
	60	263	1835		69.3	22.7	762		88.3	17.8	930		102.7	15.3	1060
	70	193	1573		96.5	14.3	890		123.2	11.2	1080		143.3	9.63	1240
	80	148	1377		128.3	9.58	1020		163.4	7.52	1240		190.5	6.45	1410

（续）

| 簧丝直径 d /mm | 弹簧中径 D /mm | 初拉力 F_0 /N | 试验载荷 F_s /N | 有效圈数 n | | | | | | | | | | | |
| | | | | 15.5 | | | | 18.25 | | | | 20.5 | | | |
				有效圈长度 H_{Lb} /mm	试验载荷下变形量 f_s /mm	弹簧刚度 k/N·mm⁻¹	弹簧单件质量 m /10⁻³kg	有效圈长度 H_{Lb} /mm	试验载荷下变形量 f_s /mm	弹簧刚度 k/N·mm⁻¹	弹簧单件质量 m /10⁻³kg	有效圈长度 H_{Lb} /mm	试验载荷下变形量 f_s /mm	弹簧刚度 k/N·mm⁻¹	弹簧单件质量 m /10⁻³kg
3.0	14	95.6	475	49.5	20.2	18.8	40.7	57.8	23.7	16.0	47.4	64.5	26.7	14.2	54.9
	16	73.2	416		27.2	12.6	48.8		32	10.7	56.5		36	9.53	62.8
	18	57.8	370		35.3	8.85	54.9		41.5	7.52	63.5		46.7	6.69	70.6
	20	46.8	333		44.4	6.45	61.0		52.2	5.48	70.5		58.6	4.88	78.5
	22	38.7	303		54.5	4.85	67.1		64.2	4.12	77.7		72.2	3.66	86.3
	25	29.9	266		71.5	3.30	76.3		84	2.81	88.3		94.4	2.50	98.1
3.5	18	107	587	57.8	29.3	16.4	74.7	67.4	34.5	13.9	86.5	75.3	38.7	12.4	96.1
	20	86.8	528		36.8	12.0	83.1		43.7	10.1	96.1		48.8	9.04	107
	22	71.7	480		45.5	8.98	91.4		53.5	7.63	106		60.1	6.79	118
	25	55.5	423		60	6.12	103		70.7	5.20	120		79.4	4.63	134
	28	44.2	377		76.3	4.36	116		89.9	3.70	135		101.2	3.29	150
	35	28.4	302		122.7	2.23	145		144.8	1.89	168		161.9	1.69	187
4.0	22	123	694	66	37.3	15.3	119	77.0	43.9	13.0	138	86.0	49.2	11.6	153
	25	94.7	611		49.6	10.4	136		58.2	8.87	157		65.4	7.89	174
	28	75.4	545		63.2	7.43	152		74.4	6.31	176		83.6	5.62	195
	32	57.8	477		84.2	4.98	174		99.1	4.23	201		111.5	3.76	223
	35	48.3	436		102	3.80	190		120	3.23	220		134.6	2.88	244
	40	37.0	382		135.3	2.55	217		159.7	2.16	251		178.8	1.93	279
	45	29.2	339		173.1	1.79	244		203.8	1.52	282		229.5	1.35	314
4.5	25	152	870	74.3	43	16.7	172	86.6	50.6	14.2	199	96.8	57	12.6	221
	28	121	777		55.1	11.9	192		65	10.1	222		72.9	9.00	247
	32	92.6	680		73.7	7.97	220		86.8	6.77	254		97.4	6.03	282
	35	77.4	621		89.3	6.09	240		104.9	5.18	278		117.9	4.61	309
	40	62.8	544		117.9	4.08	275		138.7	3.47	318		155.7	3.09	353
	45	46.8	483		152	2.87	309		179.5	2.43	357		201	2.17	397
	50	37.9	435		190	2.09	343		223.1	1.78	397		251.3	1.58	441
5.0	25	232	1154	82.5	36.2	25.5	212	96.3	42.7	21.6	245	107.5	47.8	19.3	272
	28	184	1030		46.7	18.1	237		54.9	15.4	275		61.8	13.7	305
	32	141	902		62.4	12.2	271		73.9	10.3	314		82.8	9.19	349
	35	118	824		76	9.29	297		89.5	7.89	343		100.6	7.02	381
	40	90.3	721		101.4	6.22	339		119.5	5.28	392		134.2	4.70	436
	45	71.3	641		130.4	4.37	381		153.6	3.71	441		172.6	3.30	490
	55	47.8	525		199.7	2.39	466		235.1	2.03	539		263.6	1.81	599
6.0	32	292	1505	99.0	48.1	25.2	391	116	56.7	21.4	452	129	63.5	19.1	502
	35	244	1376		58.7	19.3	427		69	16.4	494		77.5	14.6	549
	40	187	1204		78.8	12.9	488		92.5	11.0	565		104.3	9.75	628
	45	148	1070		101.8	9.06	549		119.7	7.70	635		134.6	6.85	706
	50	120	963		126.4	6.67	610		150.3	5.61	706		168.9	4.99	785
	60	83.2	803		188.4	3.82	732		221.5	3.25	847		249.1	2.89	941
	70	61.1	688		260.1	2.41	854		307.3	2.04	989		344.5	1.82	1100
8.0	40	592	2753	132	53	40.8	868	154	62.5	34.6	1000	172	70.2	30.8	1120
	45	468	2447		69.2	28.6	976		81.4	24.3	1130		91.2	21.7	1260
	50	379	2203		87.3	20.9	1080		103.1	17.7	1260		115.4	15.8	1390
	55	313	2002		107.6	15.7	1190		127	13.3	1380		141.9	11.9	1530
	60	263	1835		129.9	12.1	1300		152.6	10.3	1510		172.2	9.13	1670
	70	193	1573		181.3	7.61	1520		213.6	6.46	1760		240	5.75	1950
	80	148	1377		241	5.10	1740		283.8	4.33	2010		319.2	3.85	2230

（续）

簧丝直径 d /mm	弹簧中径 D /mm	初拉力 F_0 /N	试验载荷 F_s /N	有效圈长度 H_{Lb} /mm (25.5)	试验载荷下变形量 f_s/mm	弹簧刚度 k/N·mm⁻¹	弹簧单件质量 m /10⁻³kg	有效圈长度 H_{Lb} /mm (30.25)	试验载荷下变形量 f_s/mm	弹簧刚度 k/N·mm⁻¹	弹簧单件质量 m /10⁻³kg	有效圈长度 H_{Lb} /mm (40.5)	试验载荷下变形量 f_s/mm	弹簧刚度 k/N·mm⁻¹	弹簧单件质量 m /10⁻³kg
								有效圈数 n							
3.0	14	95.5	475	79.5	33.3	11.4	67.1	93.8	39.4	9.64	78.7	124.5	52.7	7.20	104
	16	73.2	416		44.8	7.66	76.7		53.1	6.46	90.0		71.1	4.82	119
	18	57.8	370		58	5.38	86.3		68.9	4.53	101		92.1	3.39	133
	20	46.8	333		73	3.92	95.9		86.5	3.31	112		115.9	2.47	148
	22	38.7	303		89.6	2.95	106		106.6	2.48	124		142.9	1.85	163
	25	29.9	266		117.5	2.01	120		139.7	1.69	141		187.4	1.26	185
3.5	18	107	587	92.8	48.2	9.96	118	109.4	57.1	8.40	138	145.3	76.6	6.27	182
	20	86.8	528		60.8	7.26	131		72.1	6.12	153		96.5	4.57	202
	22	71.7	480		74.8	5.46	144		88.8	4.60	168		118.7	3.44	222
	25	55.5	423		98.8	3.72	163		117	3.14	191		157.1	2.34	252
	28	44.2	377		125.6	2.65	183		149.2	2.23	214		199.3	1.67	282
	35	28.4	302		201.2	1.36	228		240	1.14	268		320.8	0.853	353
4.0	22	123	694	106	61.3	9.31	188	125.0	72.7	7.85	220	166.0	97.4	5.86	290
	25	94.7	611		81.4	6.34	213		96.5	5.35	250		129.4	3.99	329
	28	75.4	545		103.9	4.52	239		123.3	3.81	280		165.4	2.84	369
	32	57.8	477		138.3	3.03	273		164.4	2.55	320		220.6	1.90	422
	35	48.3	436		167.8	2.31	298		198.8	1.95	350		265.5	1.46	461
	40	37.0	382		222.6	1.55	341		263.4	1.31	400		353.8	0.975	527
	45	29.2	339		284.2	1.09	384		337.8	0.917	450		452.3	0.685	593
4.5	25	152	870	119.3	70.4	10.2	270	140.6	83.8	8.57	316	186.8	112.2	6.40	417
	28	121	777		90.7	7.23	302		107.5	6.10	354		144.2	4.55	467
	32	92.6	680		121.1	4.85	345		143.6	4.09	405		192.6	3.05	534
	35	77.4	621		146.9	3.70	378		174.2	3.12	443		233.3	2.33	584
	40	62.8	544		194	2.48	432		230.2	2.09	506		308.5	1.56	666
	45	46.8	483		250.7	1.74	485		296.7	1.47	569		396.5	1.10	750
	50	37.9	435		312.7	1.27	539		371.1	1.07	633		496.4	0.800	834
5.0	25	232	1154	132.5	59.5	15.5	333	156.3	70.4	13.1	390	207.5	94.6	9.75	515
	28	184	1030		76.9	11.0	373		91.1	9.29	437		121.9	6.94	576
	32	141	902		103	7.39	426		122.2	6.23	500		163.7	4.65	659
	35	118	824		125	5.65	466		148.3	4.76	547		198.9	3.55	720
	40	90.3	721		166.9	3.78	533		197.7	3.19	625		265	2.38	823
	45	71.3	641		214.2	2.66	599		243.5	2.34	703		341.1	1.67	926
	55	47.8	525		329.1	1.45	732		388	1.23	859		521	0.916	1130
6.0	32	292	1505	159	79.3	15.3	614	188	94	12.9	720	249	125.8	9.64	948
	35	244	1376		96.8	11.7	671		114.7	9.87	787		153.6	7.37	1040
	40	187	1204		129.7	7.84	767		153.9	6.61	900		205.9	4.94	1190
	45	148	1070		167.3	5.51	863		198.7	4.64	1010		265.7	3.47	1330
	50	120	963		209.7	4.02	959		249.4	3.38	1120		333.2	2.53	1480
	60	83.2	803		310.3	2.32	1150		367.2	1.96	1350		493	1.46	1780
	70	61.1	688		429.4	1.46	1340		509.7	1.23	1570		680.7	0.921	2070

（续）

簧丝直径 d /mm	弹簧中径 D /mm	初拉力 F_0 /N	试验载荷 F_s /N	有效圈数 n											
				25.5				30.25				40.5			
				有效圈长度 H_{Lb} /mm	试验载荷下变形量 f_s/mm	弹簧刚度 k/N·mm^{-1}	弹簧单件质量 m /10^{-3}kg	有效圈长度 H_{Lb} /mm	试验载荷下变形量 f_s/mm	弹簧刚度 k/N·mm^{-1}	弹簧单件质量 m /10^{-3}kg	有效圈长度 H_{Lb} /mm	试验载荷下变形量 f_s/mm	弹簧刚度 k/N·mm^{-1}	弹簧单件质量 m /10^{-3}kg
8.0	40	592	2753	212	87.1	24.8	1360	250	103.4	20.9	1600	332	138.5	15.6	2110
	45	468	2447		113.7	17.4	1530		134.6	14.7	1800		181.6	10.9	2370
	50	379	2203		143.6	12.7	1700		170.5	10.7	2000		228.3	7.99	2630
	55	313	2002		177.2	9.53	1880		210.1	8.04	2200		281.5	6.00	2900
	60	263	1835		214.2	7.34	2050		254	6.19	2400		340.3	4.62	3160
	70	193	1573		298.7	4.62	2390		353.8	3.90	2800		474.2	2.91	3690
	80	148	1377		396.5	3.10	2730		470.9	2.61	3200		630.3	1.95	4210

注：1. 表中所列 F_0 值，不作为考核项目。

　　2. 质量 m 为近似值，仅供参考。表中的数值是按 LⅢ 及 LⅣ 型弹簧的计算结果，对 LⅠ 型弹簧，该数据略有偏大，如需精确估算，请按表 16.2-20 计算。

4.3　弹簧强度校核

4.3.1　疲劳强度校核

拉伸弹簧的疲劳强度校核与压缩弹簧相同，按本章 3.3 节进行。

4.3.2　钩环强度校核

拉伸弹簧在承受拉伸载荷时，在图 16.2-10 所示钩环的 A、B 两处将承受较大的弯曲应力 σ 和切应力 τ，建议钩环的折弯曲率半径 r_2 和 $r_4 \geqslant 2d$。对重要的弹簧，按式（16.2-11）和式（16.2-12）校核。

$$\sigma = \frac{16FD}{\pi d^3} \cdot \frac{r_1}{r_2} \leqslant [\sigma] \qquad (16.2\text{-}11)$$

$$\tau = \frac{8FD}{\pi d^3} \cdot \frac{r_3}{r_4} \leqslant [\tau] \qquad (16.2\text{-}12)$$

式中，r_1、r_2、r_3、r_4 分别见图 16.2-10。$[\sigma] = (0.50 \sim 0.60)R_m$。

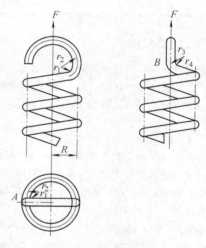

图 16.2-10　拉伸弹簧钩环结构图

4.4　圆柱螺旋拉伸弹簧拉力调整结构

常见圆柱螺旋拉伸弹簧拉力调整结构型式见表 16.2-22。

表 16.2-22　常见圆柱螺旋拉伸弹簧拉力调整结构型式

结构类型	使用说明	结构类型	使用说明
螺杆调整拉力的结构	弹簧端部做成圆锥闭合型，插入带环的螺杆，旋转螺母即可调整弹簧的拉力	支承座为螺母的调整拉力的结构	弹簧安装在带有凸肩的螺母上，弹簧端部两圈的直径比正常直径小，以便固定，旋转螺母即可调整弹簧的拉力

（续）

结构类型	使用说明	结构类型	使用说明
旋塞式调整结构	在螺旋拉杆上加工油螺旋槽，将拉杆旋入弹簧端部，转动拉杆即可调整弹簧的拉力	挂板式调整结构	在薄钢板上钻有两排圆孔；弹簧端部都旋入钢板孔内 3~4 圈，靠旋入钢板孔内圈数的多少来调整弹簧的拉力
直尾式调整结构	将弹簧端部做成直的，并加工出螺纹形成螺杆，旋转螺杆端的螺母即可调整弹簧的拉力	滑块式调整结构	弹簧端部挂在滑块 1 的圆孔内，滑块可以沿着导杆移动，当滑块移到合适的位置时，可以用紧固螺钉 2 将其固定。调整滑块的位置可以调整弹簧的拉力

4.5 设计计算示例

例 16.2-2 设计一拉伸弹簧，循环次数 $N = 1.0 \times 10^5$ 次。工作载荷 $F = 160N$，工作载荷下变形量为 22mm，采用 LⅢ 圆钩环，外径 $D_2 = 21mm$。

解：

（1）选择材料和许用切应力

根据要求选择重要碳素弹簧钢丝 F 组。根据工作载荷初步假设材料直径为 $d = 3mm$，由表 16.2-4 查得材料切变模量 $G = 78.5 \times 10^3 MPa$。由表 16.2-7 查得材料抗拉强度 $R_m = 1780MPa$。

根据表 16.2-12，试验切应力 $\tau_s = 1780 \times 0.4 MPa = 712MPa$；许用切应力 $[\tau] = 1780 \times 0.36 MPa = 640.8MPa$。

（2）材料直径

根据设计要求，弹簧外径 $D_2 = 21mm$，则 $D = D_2 - d = (21-3)mm = 18mm$，从而计算其旋绕比：

$$C = \frac{D}{d} = \frac{18}{3} = 6$$

根据表 16.2-19 中式计算曲度系数 $K = 1.253$，可得

$$d \geqslant \sqrt[3]{\frac{8KFD}{\pi[\tau]}} = \sqrt[3]{\frac{8 \times 1.253 \times 160 \times 18}{\pi \times 640.8}} mm$$
$$= 2.43mm$$

与原假设基本相符合，取 $d = 2.5mm$。根据表 16.2-7，抗拉强度为 1830MPa。

由表 16.2-12 计算最大试验切应力：

$$\tau_s = 0.40 R_m = 0.40 \times 1830 MPa = 732MPa$$

许用切应力为

$$[\tau] = 1830 \times 0.36 MPa = 658.8MPa$$

（3）弹簧直径

弹簧外径：$D_2 = 21mm$

弹簧中径：$D = D_2 - d = (21-2.5)mm = 18.5mm$

弹簧内径：$D_1 = D - d = (18.5-2.5)mm = 16mm$

（4）弹簧旋绕比

$$C = \frac{D}{d} = \frac{18.5}{2.5} = 7.4$$

则按表 16.2-19 中式计算曲度系数 $K = 1.2$

（5）弹簧拉力范围选取

根据图 16.2-9，当 $C = 7.4$ 时，查得初切应力 $\tau_0 = 70~130MPa$

按式（16.2-9）计算初拉力为

$$F_0 = \frac{\pi d^3}{8D} \tau_0 = \frac{\pi \times 2.5^3}{8 \times 18.5} \times (70~130) N$$
$$= 23.2~43.1N$$

这里选取 $F_0 = 32N$

（6）弹簧刚度和有效圈数

弹簧刚度按表 16.2-19 中式计算：

$$k = \frac{F - F_0}{f} = \frac{160 - 32}{22} N/mm = 5.82N/mm$$

按表 16.2-19 中式计算有效圈数：

$$n = \frac{Gd^4}{8kD^3} = \frac{78.5 \times 10^3 \times 2.5^4}{8 \times 5.82 \times 18.5^3} 圈 = 10.4 圈$$

取弹簧有效圈数 $n = 10.5$ 圈。

（7）弹簧实际刚度

因 $n=10.5$ 圈，则弹簧的实际刚度，按表 16.2-19 中式计算，得

$$k=\frac{Gd^4}{8D^3n}=\frac{78.5\times10^3\times2.5^4}{8\times18.5^3\times10.5}\text{N/mm}=5.76\text{N/mm}$$

初拉力按表 16.2-19 中式计算：

$$F_0=F-kf=160\text{N}-5.76\times22\text{N}=33.3\text{N}$$

$F_0=33.3$N 在 $23.2\sim43.1$N 范围内。

初切应力按式（16.2-9）计算：

$$\tau_0=\frac{8D}{\pi d^3}F_0=\frac{8\times18.5}{\pi\times2.5^3}\times33.3\text{MPa}$$
$$=100.5\text{MPa}$$

（8）弹簧的试验载荷

按式（16.2-2）计算：

$$F_s=\frac{\pi d^3}{8D}\tau_s=\frac{\pi\times2.5^3}{8\times18.5}\times732\text{N}=242.8\text{N}$$

（9）试验载荷下的弹簧变形量

按表 16.2-19 中式计算：

$$f_s=\frac{8D^3n}{Gd^4}(F_s-F_0)$$
$$=\frac{8\times18.5^3\times10.5}{78.5\times10^3\times2.5^4}(242.8-33.3)\text{mm}$$
$$=36.3\text{mm}$$

（10）特性校核

$$\frac{f}{f_s}=\frac{22}{36.3}=0.61$$

满足 $0.2f_s\leq f\leq0.8f_s$ 的要求。

（11）强度校核

弹簧工作切应力校核按表 16.2-19 中式计算：

$$\tau=K\frac{8DF}{\pi d^3}=1.2\times\frac{8\times18.5\times160}{\pi\times2.5^3}\text{MPa}$$
$$=579.2\text{MPa}$$

$\tau<[\tau]$，满足强度要求。

（12）弹簧结构参数

按表 16.2-20 中式计算自由长度：

$$H_0=(n+1)d+2D_1$$
$$=[(10.5+1)\times2.5+2\times16]\text{mm}$$
$$=60.8\text{mm}\approx61\text{mm}$$

取自由长度：$H_0=61$mm

工作长度：$H_1=H_0+f=(61+22)\text{mm}=83$mm

试验长度：$H_s=H_0+f_s=(61+36.3)\text{mm}=97.3$mm

有初拉力要求，弹簧密绕。

弹簧的展开长度按表 16.2-20 中式计算：

$L\approx\pi Dn+2\pi D$（钩环展开部分）
$=(\pi\times18.5\times10.5+2\times\pi\times18.5)\text{mm}=726.1$mm

（13）弹簧工作图

弹簧工作图如图 16.2-11 所示。

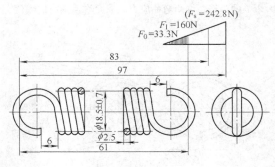

技术要求
1. 弹簧端部结构型式：LⅢ圆钩环扭中心拉伸弹簧。
2. 旋向：右旋。
3. 有效圈数：$n=10.5$。
4. 表面处理：浸防锈油。
5. 制造技术条件：其余按 GB/T 1239.1 二级精度。

图 16.2-11 弹簧工作图

5 圆柱螺旋扭转弹簧的设计

5.1 弹簧结构和载荷-变形图

圆柱螺旋扭转弹簧的结构和载荷-变形图如图 16.2-12 所示。当弹簧有特性要求时，为了保证达到指定的扭转变形角时的扭矩，弹簧的工作变形角 φ_1、φ_2 应为试验变形角 φ_s 的 20%～80%，或工作扭矩 T_1、T_2 为试验扭矩 T_s 的 20%～80%。

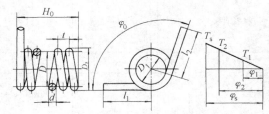

图 16.2-12 圆柱螺旋扭转弹簧的结构和载荷-变形图
注：d—弹簧材料直径（mm）；D、D_1、D_2—弹簧的中径、内径、外径（mm）；T_s—试验扭矩（N·mm），为弹簧允许承受的最大扭矩；T_1、T_2—工作扭矩（N·mm）；φ_1、φ_2、φ_s—在 T_1、T_2、T_s 作用下的变形角；H_0—自由长度（mm）；t—节距（mm）；φ_0—安装自由角度。

5.2 圆柱螺旋扭转弹簧基本计算公式

图 16.2-13 所示为短扭臂弹簧和长扭臂弹簧受力简图，其基本计算公式见表 16.2-23。

许用弯曲应力 $[\sigma]$ 见表 16.2-12。

经强扭处理的弹簧，可提高疲劳极限，对变载荷下的松弛有明显效果。对重要的、其损坏对整个机械有重

大影响的弹簧，许用弯曲应力应取允许范围内的大值。

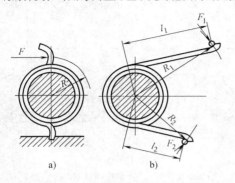

图 16.2-13　圆柱螺旋扭转弹簧受力简图
a）短扭臂弹簧　b）长扭臂弹簧

圆柱螺旋扭转弹簧的几何尺寸及参数计算见表 16.2-24。

5.3　弹簧疲劳强度校核

受动载荷的重要弹簧应进行疲劳强度校核。进行校核时，要按式（16.2-1）考虑变载荷的循环特征、循环次数 N，以及材料表面状态等影响疲劳强度的各种因素。

对于采用重要用途碳素弹簧钢丝等制造的弹簧，其疲劳极限可由图 16.2-3 确定。图 16.2-3 中的 $\sigma_{max}/R_m = 0.7$ 横线是不产生永久变形的极限值，随着永久变形允许程度，σ_{max} 可以适当向上移动，最高可到静载荷时的许用弯曲应力。

表 16.2-23　圆柱螺旋扭转弹簧基本计算公式（摘自 GB/T 23935—2009）

名　称	代号	单位	计　算　公　式
材料弯曲应力	σ	MPa	$$\sigma = K_b \frac{32T}{\pi d^3}$$ 式中　T—扭矩（N·mm） 　　　K_b—曲度系数 短扭臂：$T = FR$，长扭臂：$T = F_1 R_1 = F_2 R_2$ 式中　F、F_1、F_2—弹簧受力（N），如图 16.2-13 所示 　　　R、R_1、R_2—力臂（mm），如图 16.2-13 所示 $$K_b = \frac{4C^2 - C - 1}{4C^2(C-1)}$$ 式中，当扭转方向为顺向时，$K_b = 1$。旋绕比 $C = \dfrac{D}{d}$，见表 16.2-3
材料直径	d	mm	$$d \geqslant \sqrt[3]{\frac{10.2 K_b T}{[\sigma]}}$$ 式中　$[\sigma]$—许用弯曲应力（MPa），见表 16.2-12
弹簧中径	D	mm	$D = Cd$
扭转变形角	φ $\varphi°$	rad °	短扭臂：$\varphi = \dfrac{64TDn}{Ed^4}$，长扭臂：$\varphi = \dfrac{64T}{\pi Ed^4}\left[\pi Dn + \dfrac{1}{3}(l_1 + l_2)\right]$ 短扭臂：$\varphi° = \dfrac{3667TDn}{Ed^4}$，长扭臂：$\varphi° = \dfrac{3667T}{\pi Ed^4}\left[\pi Dn + \dfrac{1}{3}(l_1 + l_2)\right]$ 式中　E—材料弹性模量（MPa），见表 16.2-4 　　　l_1、l_2—臂长（见图 16.2-13）（mm） 　　　n—有效圈数
扭转刚度	k	N·mm·rad^{-1} N·mm·(°)$^{-1}$	短扭臂：　　　　　　　　　　　　　　　　　长扭臂： $k = \dfrac{T}{\varphi} = \dfrac{Ed^4}{64Dn} = \dfrac{T_2 - T_1}{\varphi_2 - \varphi_1}$　　　$k = \dfrac{\pi Ed^4}{64\left[\pi Dn + \dfrac{1}{3}(l_1 + l_2)\right]}$ $k = \dfrac{T}{\varphi°} = \dfrac{Ed^4}{3667Dn} = \dfrac{T_2 - T_1}{\varphi_2° - \varphi_1°}$　　　$k = \dfrac{\pi Ed^4}{3667\left[\pi Dn + \dfrac{1}{3}(l_1 + l_2)\right]}$
有效圈数	n	圈	$$n = \frac{Ed^4 \varphi}{64TD} = \frac{Ed^4 \varphi°}{3667TD}$$

（续）

名　称	代号	单位	计　算　公　式
试验扭矩	T_s	N·mm	$$T_s = \frac{\pi d^3}{32}\sigma_s$$ 式中　σ_s—试验弯曲应力（MPa）。动载荷在有些情况下可取 $\sigma_s = (1.1 \sim 1.3)$ $[\sigma]$ 或取 $T_s = (1.1 \sim 1.3)T_n$ 有特殊要求时,工作扭矩应满足 : $0.2T_s \leqslant T_{1,2,3,\cdots,n} \leqslant 0.8T_s$
试验扭矩下的变形角	φ_s φ_s°	rad °	$$\varphi_s(\varphi_s^\circ) = \frac{T_s}{k}$$ 有特殊要求时,应满足 : $0.2\varphi_s \leqslant \varphi_{1,2,3,\cdots,n} \leqslant 0.8\varphi_s$

表 16.2-24　圆柱螺旋扭转弹簧的几何尺寸及参数计算（摘自 GB/T 23935—2009）

名　称	代号	单位	计算公式及确定方法
材料直径	d		由表 16.2-23 公式计算,并由表 16.2-2,选取标准值
弹簧中径	D		$$D = Cd,\ D = \frac{D_1 + D_2}{2}$$ 由表 16.2-2 选取标准值
弹簧内径	D_1	mm	$D_1 = D - d$ 扭转角度 φ 确定后, $D_1 = \dfrac{2\pi n D}{2\pi n D + \varphi} - d$
弹簧外径	D_2		$D_2 = D + d$
直径减少值	ΔD_s		$$\Delta D_s = \frac{\varphi_s D}{2\pi n} = \frac{\varphi_s^\circ D}{360n}$$ 为了避免弹簧受扭矩后抱紧导杆,需考虑扭矩作用下弹簧直径的减小
导杆直径	D'		$D' = 0.9(D_1 - \Delta D_s)$
弹簧圈数	n	圈	由表 16.2-23 公式计算,应不少于 3 圈,并应按表 16.2-2 查标准值
节距	t	mm	$t = d + \delta$ 密圈弹簧间距 $\delta = 0$
自由长度	H_0	mm	$H_0 = (nt + d) +$ 扭臂在弹簧轴线的长度
螺旋角	α	°	$$\alpha = \arctan\frac{t}{\pi D}$$ 一般旋向为右旋
弹簧展开长度	L	mm	$L \approx \pi D n +$ 扭臂长度

5.4　设计计算示例

例 16.2-3　设计一结构型式为 NⅥ 单臂弯曲扭转密卷右旋弹簧,顺旋向扭转。安装扭矩 $T_1 = 43$N·mm,工作扭矩 $T_2 = 123$N·mm,工作扭转变形角 $\varphi^\circ = \varphi_2^\circ - \varphi_1^\circ = 53°$,内径 $D_1 > 6$mm,扭臂长为 20mm,需要考虑长扭臂对扭转变形角的影响,此结构要求尺寸紧凑,疲劳寿命 $N > 10^7$ 次。

解

（1）选择材料

根据要求选择重要用途碳素弹簧钢丝 F 组。根据工作扭矩 $T_2 = 123$N·mm,假设材料直径为 $d = 0.8 \sim 1.2$mm,由表 16.2-4 查得材料弹性模量 $E = 206 \times 10^3$MPa。由表 16.2-7 查得材料抗拉强度 $R_m = 2280 \sim 2440$MPa,取 $R_m = 2360$MPa。

（2）选取弹簧许用弯曲应力

弹簧承受动载荷,根据循环特征

$$\gamma = \frac{T_1}{T_2} = \frac{43}{123} = 0.35$$

在图 16.2-3 中 $\gamma = 0.35$ 与 10^7 线交点的纵坐标大致为 0.57,则许用弯曲应力为

$$[\sigma] = 0.57R_m = 0.57 \times 2360\text{MPa} = 1345.2\text{MPa}$$

（3）材料直径

根据表 16.2-23 中式计算材料直径,取 $K_b = 1$;

$$d \geqslant \sqrt[3]{\frac{10.2K_bT}{[\sigma]}} = \sqrt[3]{\frac{10.2 \times 1 \times 123}{1345.2}}\text{mm} = 0.98\text{mm}$$

与原假设基本相符合,取 $d = 1$mm,并符合 GB/T 1358 系列值。根据表 16.2-7 抗拉强度为 2360MPa,许用弯曲应力 $[\sigma] = 2360 \times 0.57 = 1345.2$MPa。

（4）弹簧直径

弹簧内径 : 取 $D_1 = 7$mm

弹簧外径：$D_2 = D_1 + 2d = (7 + 2 \times 1)\,\text{mm} = 9\,\text{mm}$

弹簧中径：$D = D_1 + d = (7 + 1)\,\text{mm} = 8\,\text{mm}$

弹簧旋绕比：$C = \dfrac{D}{d} = \dfrac{8}{1} = 8$

（5）弹簧刚度和扭转变形角

按表 16.2-23 中式计算：

$$k = \frac{T_2 - T_1}{\varphi_2 - \varphi_1} = \frac{123 - 43}{53}\,\text{N} \cdot \text{mm}/(^\circ)$$
$$= 1.509\,\text{N} \cdot \text{mm}/(^\circ)$$

按表 16.2-23 中式计算：

$$\varphi_1^\circ = \frac{T_1}{k} = \frac{43}{1.509} = 28.5^\circ$$

$$\varphi_2^\circ = \frac{T_2}{k} = \frac{123}{1.509} = 81.5^\circ$$

（6）有效圈数

考虑长扭臂对扭转变形角的影响，按表 16.2-23 中式推导计算：

$$n = \left[\frac{\pi E d^4}{3667 k} - \frac{1}{3}(l_1 + l_2) \right] / (\pi D)$$
$$= \left[\frac{\pi \times 206 \times 10^3 \times 1^4}{3667 \times 1.509} - \frac{1}{3}(20 + 20) \right] / (\pi \times 8)\,\text{圈}$$
$$= 4.12\,\text{圈}$$

取弹簧有效圈数 $n = 4.15$ 圈。

（7）试验扭矩及其变形角

由表 16.2-12，得试验弯曲应力

$$\sigma_s = 0.78 R_m = 0.78 \times 2360\,\text{MPa} = 1840.8\,\text{MPa}$$

按表 16.2-23 中式计算试验扭矩：

$$T_s = \frac{\pi d^3}{32}\sigma_s = \frac{\pi \times 1^3}{32} \times 1840.8\,\text{N} \cdot \text{mm} = 180.7\,\text{N} \cdot \text{mm}$$

按表 16.2-23 中式计算，试验扭矩下的变形角：

$$\varphi_s^\circ = \frac{3667 T_s}{\pi E d^4}\left[\pi D n + \frac{1}{3}(l_1 + l_2) \right]$$
$$= \frac{3667 \times 180.7}{\pi \times 206 \times 10^3 \times 1^4} \times$$
$$\left[\pi \times 8 \times 4.15 + \frac{1}{3}(20 + 20) \right]$$
$$= 120^\circ$$

$$\frac{\varphi_1^\circ}{\varphi_s^\circ} = \frac{28.5}{120} = 0.24, \quad \frac{\varphi_2^\circ}{\varphi_3^\circ} = \frac{81.5}{120} = 0.68$$

则 $0.2\varphi_s \leqslant \varphi_{1,2} \leqslant 0.8\varphi_s$，满足特性要求。

（8）导杆直径

按表 16.2-24 中式计算导杆直径：

$$\Delta D_s = \frac{\varphi_s^\circ D}{360 n} = \frac{120 \times 8}{360 \times 4.15}\,\text{mm} = 0.64\,\text{mm}$$

$$D' = 0.9(D_1 - \Delta D) = 0.9 \times (7 - 0.64)\,\text{mm}$$
$$= 5.7\,\text{mm}$$

取导杆直径 $D' = 5.5\,\text{mm}$。

（9）疲劳强度校核

按表 16.2-23 中式计算，取 $K_b = 1$ 得

$$\sigma_{max} = K_b \frac{32 T_2}{\pi d^3} = 1 \times \frac{32 \times 123}{\pi \times 1^3}\,\text{MPa} = 1253.5\,\text{MPa}$$

$$\sigma_{min} = K_b \frac{32 T_1}{\pi d^3} = 1 \times \frac{32 \times 43}{\pi \times 1^3}\,\text{MPa} = 438.2\,\text{MPa}$$

从而

$$\frac{\sigma_{max}}{R_m} = \frac{1253.5}{2360} = 0.53 \qquad \frac{\sigma_{min}}{R_m} = \frac{438.2}{2360} = 0.19$$

由图 16.2-3 可以看出点（0.19，0.53）在 $\gamma = 0.35$ 和 10^7 作用线的交点以下，表明此弹簧的疲劳寿命 $N > 10^7$ 次。

（10）自由长度和弹簧展开长度

按表 16.2-24 中式计算：

$$H_0 = nt + d + \text{扭臂在弹簧轴线的长度}$$
$$= \left[(4.15 \times 1 + 1) + (6 \times 2 - 2) \right]\,\text{mm} = 15.2\,\text{mm}$$

弹簧的展开长度按表 16.2-24 中式计算：

$$L \approx \pi D n + \text{扭臂长度}$$
$$= \left[\pi \times 8 \times 4.15 + 2 \times (20 + 6) \right]\,\text{mm}$$
$$= 156.2\,\text{mm}$$

（11）弹簧工作图

弹簧工作图如图 16.2-14 所示。

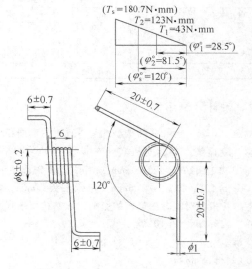

技术要求

1. 弹簧端部结构型式：NVI单臂弯曲扭转弹簧。
2. 旋向：右旋。
3. 有效圈数：$n = 4.15$。
4. 表面处理：浸防锈油。
5. 制造技术条件：其余按 GB/T 1239.3 二级精度。

图 16.2-14　弹簧工作图

6　圆柱螺旋弹簧技术要求

6.1　弹簧特性和尺寸的极限偏差

冷卷和热卷圆柱螺旋弹簧的弹簧特性和尺寸的极限偏差均分为 1、2、3 三个等级，各项目的等级应根据需要分别独立选定，其数值可从表 16.2-25 中查取。

表 16.2-25　弹簧特性和尺寸的极限偏差（摘自 GB/T 1239.1~3—2009，GB/T 23934—2015）

弹簧类型	项　目	弹簧制造精度及极限偏差				备　注
冷卷压缩弹簧	指定高度时载荷 F 的极限偏差/N	精度等级		1	2	3	
		有效圈数	3~10	±0.05F	±0.10F	±0.15F	
			>10	±0.04F	±0.08F	±0.12F	
	弹簧刚度 k 的极限偏差/N·mm^{-1}	精度等级		1	2	3	
		有效圈数	3~10	±0.05k	±0.10k	±0.15k	
			>10	±0.04k	±0.08k	±0.12k	
	弹簧外径或内径的极限偏差/mm	精度等级		1	2	3	
		旋绕比 C	3~8	±0.01D 最小±0.15	±0.015D 最小±0.20	±0.025D 最小±0.40	
			8~15	±0.015D 最小±0.20	±0.02D 最小±0.30	±0.03D 最小±0.50	
			>15~22	±0.02D 最小±0.30	±0.03D 最小±0.50	±0.04D 最小±0.70	
	弹簧自由高度 H_0 的极限偏差/mm	精度等级		1	2	3	当弹簧有特性要求时，自由高度作为参考
		旋绕比 C	3~8	±0.01H_0 最小±0.20	±0.02H_0 最小±0.50	±0.03H_0 最小±0.70	
			8~15	±0.015H_0 最小±0.50	±0.03H_0 最小±0.70	±0.04H_0 最小±0.80	
			>15~22	±0.02H_0 最小±0.60	±0.04H_0 最小±0.80	±0.06H_0 最小±1.0	
	总圈数的极限偏差（圈）	总圈数（圈）		≤10	10~20	>20~50	当弹簧有特性要求时，总圈数作为参考
		极限偏差		±0.25	±0.50	±1.00	
	两端经磨削的弹簧，轴心线对端面的垂直度/mm 或（°）	精度等级		1	2	3	弹簧在自由状态下
		极限偏差		0.02H_0 (1.15°)	0.05H_0 (2.9°)	0.08H_0 (4.6°)	
冷卷拉伸弹簧	指定长度时载荷 F 的极限偏差/N	±[初拉力×α+（指定长度时的载荷-初拉力）×β]					有效圈数 n
		精度等级		1	2	3	>3
		α（系数）		0.10	0.15	0.20	
		β（系数）		0.05	0.10	0.15	3~10
				0.04	0.08	0.12	>10
	弹簧刚度 k 极限偏差/N·mm^{-1}	精度等级		1	2	3	
		有效圈数	3~10	±0.05k	±0.10k	±0.15k	
			>10	±0.04k	±0.08k	±0.12k	
	弹簧外径或内径的极限偏差/mm	精度等级		1	2	3	
		旋绕比 C	4~8	±0.01D 最小±0.15	±0.015D 最小±0.20	±0.025D 最小±0.40	
			8~15	±0.015D 最小±0.20	±0.02D 最小±0.30	±0.03D 最小±0.50	
			>15~22	±0.02D 最小±0.30	±0.03D 最小±0.50	±0.04D 最小±0.70	

（续）

弹簧类型	项　　目	弹簧制造精度及极限偏差					备　　注
冷卷拉伸弹簧	弹簧自由长度 H_0（两钩环内侧之间的长度）的极限偏差/mm		精度等级	1	2	3	弹簧有特性要求时,自由长度作为参考
		旋绕比 C	4~8	$\pm0.01H_0$ 最小±0.2	$\pm0.02H_0$ 最小±0.5	$\pm0.03H_0$ 最小±0.6	
			8~15	$\pm0.015H_0$ 最小±0.5	$\pm0.03H_0$ 最小±0.7	$\pm0.04H_0$ 最小±0.8	对于无初拉力的弹簧;自由长度的极限偏差由供需双方协议规定
			>15~22	$\pm0.02H_0$ 最小±0.6	$\pm0.04H_0$ 最小±0.8	$\pm0.06H_0$ 最小±1.0	
	弹簧两钩环相对角度的公差(°)	弹簧中径 D/mm		角度偏差 γ(°)			
		$\leqslant10$		35			
		>10~25		25			
		>25~55		20			
		>55		15			
	钩环中心面与弹簧轴心线位置度/mm	弹簧中径 D/mm		极限偏差 Δ/mm			适用于半圆钩环、圆钩环、压中心圆钩环。其他钩环的位置度极限偏差由供需双方商定
		>3~6		0.5			
		>6~10		1			
		>10~18		1.5			
		>18~30		2			
		>30~50		2.5			
		>50~120		3			
	弹簧钩环钩部长度 L 的极限偏差/mm	钩环钩部长度 L/mm		极限偏差 /mm			
		$\leqslant15$		±1			
		>15~30		±2			
		>30~50		±3			
		>50		±4			
冷卷扭转弹簧	在指定扭转角时的扭矩极限偏差/N·mm	$\pm($计算扭转角$\times\beta_1+\beta_2)\times k$					k—弹簧扭转刚度 N·mm/(°)
			精度等级	1	2	3	
			β_1	0.03	0.05	0.08	
			圈　数	$\geqslant3~10$	>10~20	>20~30	
			β_2(°)	10	15	20	
	弹簧内径或外径的极限偏差/mm		精度等级	1	2	3	
		旋绕比 C	4~8	$\pm0.01D$ 最小0.15	$\pm0.015D$ 最小0.2	$\pm0.025D$ 最小±0.4	
			>8~15	$\pm0.015D$ 最小±0.2	$\pm0.02D$ 最小±0.3	$\pm0.03D$ 最小±0.5	
			>15~22	$\pm0.02D$ 最小±0.3	$\pm0.03D$ 最小±0.5	$\pm0.04D$ 最小±0.7	

（续）

弹簧类型	项　目	弹簧制造精度及极限偏差				备　注
冷卷扭转弹簧	自由角度的极限偏差/(°)	精度等级	1	2	3	所列极限偏差数值,适用于旋绕比为 4~22 的弹簧 有特性要求的弹簧,自由角度不作考核
		有效圈数 n　≤3	±8	±10	±15	
		>3~10	±10	±15	±20	
		>10~20	±15	±20	±30	
		>20~30	±20	±30	±40	
	自由长度 H_0 的极限偏差/mm	精度等级	1	2	3	密封弹簧的自由长度不作考核
		旋绕比 C　4~8	±0.015H_0 最小±0.3	±0.03H_0 最小±0.6	±0.05H_0 最小±1	
		>8~15	±0.02H_0 最小±0.4	±0.04H_0 最小±0.8	±0.07H_0 最小±1.4	
		>15~22	±0.03H_0 最小±0.6	±0.06H_0 最小±1.2	±0.09H_0 最小±1.8	
	扭臂长度极限偏差/mm	精度等级	1	2	3	
		材料直径 d/mm　0.5~1	±0.02$L(L_1)$ 最小±0.5	±0.03$L(L_1)$ 最小±0.7	±0.04$L(L_1)$ 最小±1.5	
		>1~2	±0.02$L(L_1)$ 最小±0.7	±0.03$L(L_1)$ 最小±1.0	±0.04$L(L_1)$ 最小±2.0	
		>2~4	±0.02$L(L_1)$ 最小±1.0	±0.03$L(L_1)$ 最小±1.5	±0.04$L(L_1)$ 最小±3.0	
		>4	±0.02$L(L_1)$ 最小±1.5	±0.03$L(L_1)$ 最小±2.0	±0.04$L(L_1)$ 最小±4.0	
	扭臂弯曲角度 α 的极限偏差/(°)	精度等级	极限偏差			
		1	±5			
		2	±10			
		3	±15			
热卷压缩及拉伸弹簧	指定载荷时高度的极限偏差/mm	精度等级	1	2	3	当压缩弹簧的自由高度小于 900mm 且在小于最大变形量的 6 倍,大于弹簧中径的 0.8 倍时,按表中规定,除此以外的压缩及拉伸弹簧特性极限偏差,由供需双方协商确定
		极限偏差	±0.05f 最小±2.5	±0.10f 最小±5.0	±0.15f 最小±7.5	
	指定同度时载荷的极限偏差/N	精度等级	1	2	3	
		极限偏差	±0.05F 最小±2.5k	±0.10F 最小±5.0k	±0.15F 最小±7.5k	
	弹簧刚度的极限偏差/ N·mm^{-1}	一般为 ±10%k,使用时对精度有特殊要求的弹簧可选 ±5%k				
	弹簧外径(或内径)的极限偏差/mm	精度等级	1	2	3	同一级别下应取计算值与最小值间绝对值较大者
		极限偏差	±0.0125D 最小±2.0	±0.02D 最小±2.5	±0.0275D 最小±3.0	
	自由高度(长度)的极限偏差/mm	精度等级	1	2	3	当弹簧有特性要求时,自由高度(长度)作为参考
		极限偏差	±0.015H_0 最小±2.0	±0.02H_0 最小±3.0	±0.03H_0 最小±4.0	
	总圈数的极限偏差(圈)	压缩弹簧		拉伸弹簧		当弹簧有特性要求时,不规定总圈数极限偏差
		±1/4		供需双方协议规定		
	两端圈制扁或磨平弹簧轴心线对两端面的垂直度/mm	精度等级	1	2	3	在自由状态下
		自由高度 H_0/mm　≤500	0.026H_0	0.035H_0	0.05H_0	
		>500	0.035H_0	0.05H_0	0.07H_0	

（续）

弹簧类型	项　　目	弹簧制造精度及极限偏差				备　　注
热卷压缩及拉伸弹簧	两端圈制扁或磨平弹簧端圈平面间平行度/mm	精度等级	1	2	3	
		公差	$0.026D_2$	$0.035D_2$	$0.05D_2$	

注：1. 弹簧尺寸的极限偏差必要时可不对称使用，其公差值不变。
　　2. 等节距的压缩弹簧在压缩到全变形量的 80% 时，其正常节距圈不得接触。
　　3. 必要时，弹簧的自由高度的极限偏差允许不对称使用，其公差值不变。

6.2　弹簧的热处理和其他技术要求

1）冷卷弹簧一般在成形后需进行去应力退火，其硬度不予考核。根据使用要求也允许不进行应力退火。

2）用硬状态的青铜线冷卷的弹簧需进行去应力退火处理，其硬度不予考核。用冷硬铍青铜线冷卷的弹簧应进行时效处理。

3）经淬火、回火处理的冷卷弹簧，淬火次数不得超过两次，回火次数不限，其硬度值在 42~52HRC 范围内选取。特殊情况下，其硬度选取范围可扩大到 55HRC。用退火冷硬铍青铜冷卷的弹簧须经淬火和时效处理，淬火次数不得超过两次，时效处理次数不限。

4）经淬火、回火处理的冷卷弹簧，单边脱碳层的深度允许比原材料标准规定的脱碳层深度再增加材料直径的 0.25%。

5）热卷弹簧成形后必须进行均匀的热处理，即淬火、回火处理。

6）热卷弹簧经淬火、回火后的表面硬度一般为 392~555HBW（或 42~52HRC），单边脱碳层的深度允许为原材料标准规定的深度再增加材料直径的 0.5%。

7）热卷弹簧表面应进行防锈处理。

8）当弹簧表面镀层为锌、铬与镉时，电镀后应进行去氢处理。

9）弹簧表面应光滑，不得有肉眼可见的有害缺陷，但允许有深度不大于钢丝直径公差的 1/2 的个别小伤痕存在。

10）根据需要，在图样中对弹簧可规定下列要求：

① 立定处理，强压处理和加温强压处理。

② 喷丸处理。

③ 探伤。

④ 疲劳试验，模拟试验。

7　矩形截面圆柱螺旋压缩弹簧

矩形截面圆柱螺旋压缩弹簧具有刚度大、更接近常数的特点，通常用于特定用途的计量器械上。矩形截面压缩弹簧的结构和载荷-变形图如图 16.2-15 所示。图中 a 和 b 分别是和螺旋中心线垂直边和平行边的长度，其余符号意义与圆截面圆柱螺旋弹簧的相同。

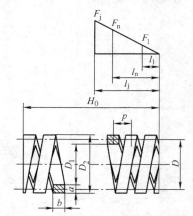

图 16.2-15　矩形截面压缩弹簧的结构和载荷-变形图

7.1　矩形截面圆柱螺旋压缩弹簧的计算公式
（见表 16.2-26）

表 16.2-26　矩形截面圆柱螺旋压缩弹簧的计算公式

名　　称	代号	单位	计　算　公　式
最大工作载荷	F_n	N	$$F_n = \frac{ab\sqrt{ab}}{\beta D}\tau_p = \frac{b\sqrt{ab}}{\beta C}\tau_p$$ 式中　β—系数，由图 16.2-16 查取 $C=\dfrac{D}{a}$，由表 16.2-27 查取 $a=\dfrac{D}{C}=\dfrac{D_2}{C+1}$，$D_2$ 根据空间确定 $b=\left(\dfrac{b}{a}\right)a$，$\dfrac{b}{a}$ 由表 16.2-27 查取，τ_p 由表 16.2-12 查取

（续）

名　　称	代号	单位	计 算 公 式
最大工作载荷下的变形量	f_n	mm	$$f_n = \gamma \frac{F_n D^3 n}{G a^2 b^2} = \gamma \frac{F_n C^2 nD}{G b^2}$$ 式中　γ—系数，由图 16.2-17 查取 　　　n—有效圈数
应力	τ	MPa	$$\tau = \beta \frac{F_n D}{ab\sqrt{ab}} = \beta \frac{F_n C}{b\sqrt{ab}}$$ 若 $\tau > \tau_p$，需重新计算 式中　β—系数，由图 16.2-16 查取
有效圈数	n	圈	$$n = \frac{G a^2 b^2 f_n}{\gamma F D^3} = \frac{G f_n a \left(\dfrac{b}{a} \right)^2}{\gamma F_n C^3}$$
弹簧刚度	k	N/mm	$$k = \frac{G a^2 b^2}{\gamma D^3 n}$$
工作极限载荷	F_j	N	$$F_j = \frac{ab\sqrt{ab}}{\beta D} \tau_j$$ 式中　Ⅰ类载荷：$\tau_j \le 1.67\tau_p$ 　　　Ⅱ类载荷：$\tau_j \le 1.26\tau_p$ 　　　Ⅲ类载荷：$\tau_j \le 1.12\tau_p$
工作极限载荷下变形量	f_j	mm	$$f_j = \frac{F_j}{k}$$
最小工作载荷	F_{min}	N	$$F_{min} = \left(\frac{1}{3} \sim \frac{1}{2} \right) F_j$$
最小工作载荷下变形量	f_{min}	mm	$$f_{min} = \frac{F_{min}}{k}$$
弹簧外径 弹簧中径 弹簧内径	D_2 D D_1	mm	D_2 根据实际空间要求设定 $D = D_2 - a$ $D_1 = D_2 - 2a$

名　　称	代号	单位	端部并紧、磨平，支承圈为 1 圈	端部并紧、不磨平，支承圈为 1 圈
端部结构				
总圈数	n_1	圈	$n_1 = n + 2$	$n_1 = n + 2$
自由高度	H_0	mm	$H_0 = nt + 1.5b$	$H_0 = nt + 3b$
压并高度	H_b	mm	$H_b = (n + 1.5)b$	$H_b = (n + 3)b$
节距	t	mm	一般取 $t = (0.28 \sim 0.5) D_2$	
间距	δ	mm	$\delta = t - b$	
工作行程	h	mm	$h = f_n - f_1$	
螺旋角	α	°	$\alpha = \arctan \dfrac{t}{\pi D}$	
展开长度	L	mm	$L = n_1 \pi D$	

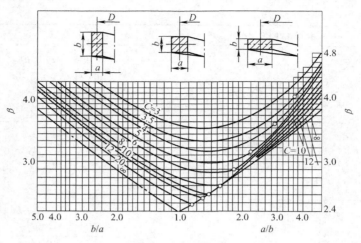

图 16.2-16 系数 β 值

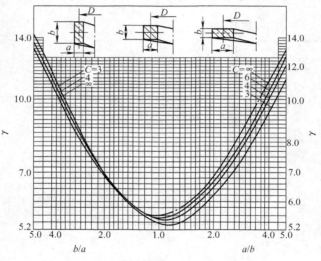

图 16.2-17 系数 γ 值

7.2 矩形截面圆柱螺旋压缩弹簧有关参数的选择（见表 16.2-27）

表 16.2-27 矩形截面圆柱螺旋压缩弹簧有关参数的选择

项　目	公式及数据					
旋绕比 C	$C = \dfrac{D}{a}$，其中 a 为矩形截面材料垂直于弹簧轴线的边长					
	a	0.2~0.4	0.5~1	1.1~2.4	2.5~6	7~16	18~50
	C	4~7	5~12	5~10	4~9	4~8	4~6
b/a 及 a/b 的值	当 b>a 时，取 b/a<4 及当 a>b 时，取 a/b>4 的矩形截面圆柱螺旋压缩弹簧，由于制造困难，内应力过大，建议不要使用 推荐如下： 当 b>a 时，选取 b/a>4 的值 当 a>b 时，选取 a/b<4 的值					
工作极限应力 τ_j	I 类载荷：$\tau_j \leqslant 1.67\tau_p$ II 类载荷：$\tau_j \leqslant 1.26\tau_p$ III 类载荷：$\tau_j \leqslant 1.12\tau_p$					

第3章　多股螺旋弹簧

1　多股螺旋弹簧的类型、结构及特性

（1）类型

用多股钢丝拧成钢索制成的螺旋弹簧称为多股螺旋弹簧。

多股螺旋弹簧只有圆柱形一种。按受力情况分为压缩、拉伸和扭转弹簧，扭转弹簧应用很少。

（2）结构

多股螺旋弹簧是由多股钢丝拧成的钢索缠绕而成（见图 16.3-1），其结构与单股簧丝的螺旋弹簧相同，且钢索中的每股钢丝都构成一个圆柱螺旋弹簧。钢索一般由 2~7 股直径为 0.5~3mm 的钢丝拧成，压缩弹簧钢索的旋向应与弹簧的旋向相反，而拉伸弹簧钢索的旋向应与弹簧的旋向相同，这样钢索才不会松散。

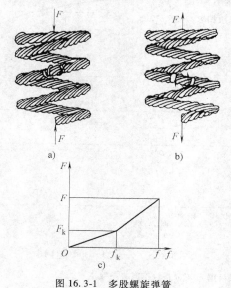

图 16.3-1　多股螺旋弹簧
a）压缩弹簧　b）拉伸弹簧　c）特性线

当钢索为 2~4 股钢丝时，制成无中心股的钢索（见图 16.3-2a~c）；当超过 4 股钢丝后，一般要制成有中心股的钢索（见图 16.3-2d、e），这样可以增加各股钢丝相对位置的稳定性，减少受力后的相对位移。

（3）特性

多股螺旋弹簧在承受载荷前，钢索的各股钢丝间接触是不紧密的，当承受载荷并达到一定数值时，各股钢丝才拧紧。拧紧前、后弹簧的特性是不同的，故

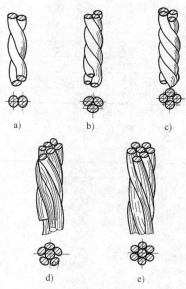

图 16.3-2　多股螺旋弹簧钢索结构

特性线为两条直线组成的折线，具有明显的转折点。

由于多股螺旋弹簧变形时各股钢丝之间摩擦较大，故在载荷循环次数超过 10^6 次的情况下，不宜采用多股螺旋弹簧。转折点载荷与最大工作载荷之比一般应为 $\frac{1}{4} \sim \frac{1}{3}$。

多股螺旋弹簧的其他特性有：

1）强度高。多股螺旋弹簧采用直径较小的碳素弹簧钢丝制成，而碳素弹簧钢丝的直径越小，强度越高。

2）特性线较平直，柔度较大。

3）弹簧变形时钢索各股钢丝间产生一定的摩擦力，消耗较多的能量，减振能力较强，但是在循环载荷作用下，磨损也较严重。

4）比单股螺旋弹簧寿命长，安全性高。

5）制造工艺较复杂，自动化程度低，成本高，因而无特殊需要一般不采用。

2　多股螺旋弹簧的材料及许用应力

多股螺旋弹簧一般应选用直径 $d<3$mm 的碳素弹簧钢丝、重要用途碳素弹簧钢丝和油淬火-回火碳素弹簧钢丝制造。有关这些钢丝的力学性能可参见本篇第 2 章，其许用应力见表 16.3-1。

多股螺旋弹簧，根据其所受载荷性质及使用要求分为两组，见表 16.3-1。

他几何尺寸。

3 多股螺旋弹簧的设计计算

多股螺旋弹簧的基本计算公式见表 16.3-2。弹簧的主要尺寸参数确定后，由表 16.3-3 计算弹簧的其

4 多股螺旋弹簧的技术要求

多股螺旋弹簧的尺寸极限偏差分为 I 、Ⅱ 两个组别，其数值从表 16.3-4 中查取。

表 16.3-1 弹簧组别和许用应力

组 别	工作性质	变形速度 $v/(\mathrm{m/s})$	压缩、拉伸弹簧许用切应力 $[\tau]$	扭转弹簧许用弯曲应力 $[\sigma]$
I	动载荷	$8<v\leqslant13$	$(0.43\sim0.52)R_{\mathrm{m}}$	$(0.68\sim0.75)R_{\mathrm{m}}$
	主要弹簧	$5<v\leqslant8$		
Ⅱ	一般弹簧	$v\leqslant5$	$(0.57\sim0.62)R_{\mathrm{m}}$	$(0.86\sim0.97)R_{\mathrm{m}}$

注：1. 对重要的、其损坏对整个机械有重大影响的弹簧，许用切应力应适当降低，R_{m} 取下限值。

2. 摘自 GB/T 13828—2009。

表 16.3-2 多股螺旋弹簧的基本计算公式

项 目	单位	公式及数据
钢索拧紧前多股螺旋弹簧的变形量 f_1	mm	$$f_1=\frac{8FD^3n}{i'Gd^4m}$$ 式中 i'—钢索拧紧前捻索系数，$i'=\dfrac{(1+\mu)\cos\beta}{1+\mu\cos^2\beta}$，也可以根据 β 按图 a 选取 F—载荷(N) n—有效圈数 m—钢索股数 a)
钢索拧紧前多股螺旋弹簧的刚度 k_1	N/mm	$$k_1=\frac{F}{f_1}\times\frac{i'Gd^4m}{8D^3n}$$
钢索拧紧时多股螺旋弹簧的变形量 f_{K}	mm	$$f_{\mathrm{K}}=\frac{8F_{\mathrm{K}}D^3n}{i'Gd^4m}$$ 式中 F_{K}—拧紧载荷(N) 其他符号意义同前
钢索拧紧后多股螺旋弹簧的续加变形量 f_{c}	mm	$$f_{\mathrm{c}}=\frac{8(F-F_{\mathrm{K}})D^3n}{i''Gd^4m}$$ 式中 i''—钢索拧紧后续加变形阶段捻索系数，$i''=\dfrac{\cos\beta}{\cos^2\gamma}[1+\mu\sin^2(\beta+\gamma)]$ 其中，γ 与 β 的关系根据 m 不同按以下两表选取 当钢索股数 $m=3$ 时 当钢索股数 $m=4$ 时 i'' 也可根据 m 不同按以下两表选取 当钢索股数 $m=3$ 时 当钢索股数 $m=4$ 时

当钢索股数 $m=3$ 时

β	15°	20°	25°	30°	35°
γ	15.31°	20.84°	27.00°	34.43°	44.40°

当钢索股数 $m=4$ 时

β	15°	20°	25°	30°	35°
γ	15.59°	21.56°	28.51°	37.61°	48.78°

当钢索股数 $m=3$ 时

β	15°	20°	25°	30°	35°
i''	1.12	1.21	1.35	1.58	2.07

当钢索股数 $m=4$ 时

β	15°	20°	25°	30°	35°
i''	1.12	1.23	1.40	1.73	2.45

（续）

项 目	单位	公式及数据
多股螺旋弹簧的变形量 f	mm	$$f=f_K+f_c=\frac{8FD^3n}{iGd^4m}$$ 式中 i—综合捻索系数 $$i=\frac{F_K}{i'F}+\frac{1}{i''}(1-F_K/F)$$ i 也可根据 β 及 F_K/F 按图 b 选取。例如，查 $F_K/F=0.2$，$\beta=30°$ 时 $\frac{1}{i}$ 值，从 $\beta=30°$ 处向上作垂线与 $\frac{1}{i'}$ 和 $\frac{1}{i''}$ 分别交于 B 点和 A 点，过 A 点和 B 点分别作横坐标的平行线，与两边纵坐标轴分别交于 D 点和 C 点。连接 C 和 D；从上部横坐标 $F_K/F=0.2$ 处向下作垂线与 CD 线交于 E。过 E 点作横坐标平行线，与纵坐标轴 $\frac{1}{i}$ 交于点 F，此 F 点即为所求，$\frac{1}{i}=0.75$ 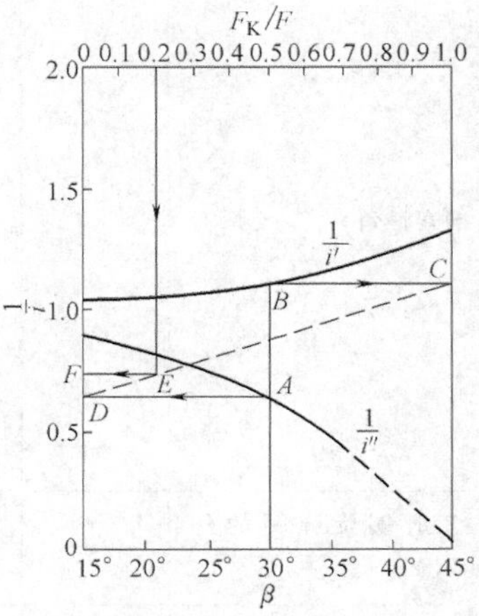
钢索拧紧后多股螺旋弹簧的刚度 k_2	N/mm	$$k_2=\frac{iGd^4m}{8D^3n}$$
切应力 τ	MPa	$$\tau=K\frac{8FD}{m\pi d^3}$$ 式中 $K=\sqrt{\gamma_t^2+\gamma_b^2}$ $$\gamma_t=\frac{F_K}{F}\cos\beta+\gamma_t\left(1-\frac{F_K}{F}\right)$$ $$\gamma_b=\frac{F_K}{F}\sin\beta+\gamma_b\left(1-\frac{F_K}{F}\right)$$ 而 γ_t 及 γ_b 可根据 β 及 m 按图 c 选取 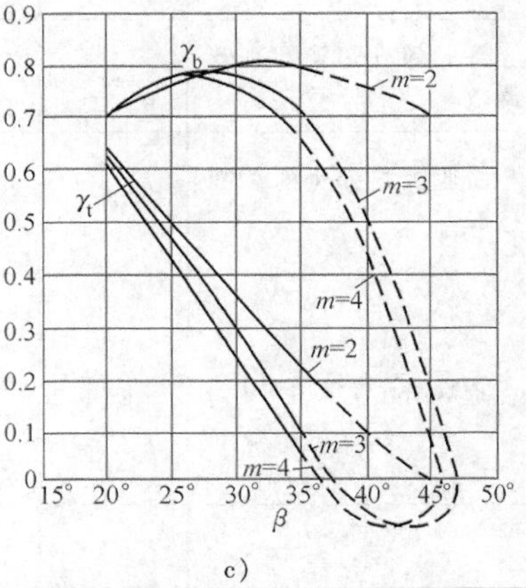

表 16.3-3 多股螺旋弹簧的几何尺寸计算

项 目	单位	公式及数据
钢丝直径 d	mm	一般在 0.5~3mm 范围内选取
钢索股数 m		一般为 2~4，最好不少于 3
弹簧旋绕比 C		$C=D/d$，可以取为 3.5~5，一般不小于 4
钢索索径 d_c	mm	$$d_c=d_2+d$$ 式中 d_2—各股钢丝断面中心的圆周直径（mm） 而 d_2 与拧角 β 及 d 的关系可根据 m 不同按以下两表选取 当钢索股数 $m=3$ 时 当钢索股数 $m=4$ 时

当钢索股数 $m=3$ 时

β	15°	20°	25°	30°	35°
d_2/d	1.17	1.18	1.19	1.21	1.25

当钢索股数 $m=4$ 时

β	15°	20°	25°	30°	35°
d_2/d	1.44	1.46	1.50	1.55	1.61

（续）

项　　目	单位	公 式 及 数 据
钢索拧角 β	°	钢索拧角 β 的选择与弹簧的性能有关，一般取 $\beta=25°\sim30°$；当要求弹簧的特性曲线有较大范围的线性关系时，取 $\beta=22°\sim25°$。钢索拧角 β 与钢索索距 t_c 及钢索索径 d_c 的关系如下表所示

钢索拧角 β 与钢索索距 t_c 及钢索索径 d_c 的关系

		8	9	10	11	12	13	14
$m=3$	t_c/d	8	9	10	11	12	13	14
	β	24.97°	22.37°	20.25°	18.49°	17.00°	15.74°	14.64°
	d_c/d	2.19	2.18	2.17	2.17	2.17	2.17	2.16
$m=4$	t_c/d	8	9	10	11	12		
	β	31.13°	27.78°	25.08°	22.85°	20.99°		
	d_c/d	2.54	2.51	2.49	2.48	2.47		

项　　目	单位	公 式 及 数 据
多股螺旋弹簧的外径 D_2	mm	$$D_2=D+d_c$$ 式中　D—弹簧中径（mm）
多股螺旋弹簧的内径 D_1	mm	$$D_1=D-d_c$$
钢索索距 t_c	mm	$$t_c=\frac{\pi d_c}{\tan\beta}$$
多股螺旋弹簧的有效圈数 n	圈	$$n=\frac{iGd^4mf}{8FD^3}$$
多股螺旋弹簧的总圈数 n_1	圈	压缩弹簧：$n_1=n+(2\sim2.5)$ 拉伸弹簧：$n_1=n$ n_1 尾数为 1/4、1/2、3/4 及整圈
多股螺旋弹簧节距 t	mm	$$t=d_c+\frac{f_b}{n}$$ 式中　f_b—压并载荷下变形量（mm） 而　　　　$f_b=H_0-H_b$ 式中　H_0—自由高度（mm）
多股螺旋弹簧自由高度 H_0	mm	压缩弹簧，两端磨平： 　　当 $n_1=n+1.5$ 时，$H_0=tn+d$ 　　当 $n_1=n+2$ 时，$H_0=tn+1.5d$ 　　当 $n_1=n+2.5$ 时，$H_0=tn+2d$ 拉伸弹簧： 　　L I 型　$H_0=(n+1)d+D_1$ 　　L II 型　$H_0=(n+1)d+2D_1$ 　　L III 型　$H_0=(n+1.5)d+2D_1$
多股螺旋压缩弹簧的压并高度 H_b	mm	端部不并紧、两端磨平，支承圈为 3/4 圈时 $$H_b=(n+1)d_c$$ 端部并紧、磨平，支承圈为 1 圈时 $$H_b=(n+1.5)d_c$$
钢丝展开长度 L	mm	$$L=\pi Dn_1/\cos\alpha$$
三（四）股钢丝展开长度 L_1	mm	$$L_1=\pi Dn_1m/\cos\alpha\cos\beta$$

表 16.3-4　多股螺旋弹簧的尺寸极限偏差

项　目	弹簧组别及极限偏差			备　注
	弹簧组别	I	II	
弹簧外径 D_2 或内径 D_1 的极限偏差/mm	旋绕比 C　≤4	±0.015D 最小±0.2	±0.025D 最小±0.4	
	>4~8	±0.02D 最小±0.3	±0.03D 最小±0.5	
	>8~15	±0.03D 最小±0.5	±0.04D 最小±0.7	
弹簧自由高度（自由长度 H_0）的极限偏差/mm	弹簧组别	I	II	当有特性要求时,弹簧自由高度作为参考
	≤50	±0.06H_0	±0.08H_0	
	>50~100	±0.05H_0	±0.06H_0	
	>100~300	±0.04H_0	±0.05H_0	
	>300~500	±0.03H_0	±0.04H_0	
弹簧自由角度的极限偏差/(°)	弹簧组别	I	II	
	有效圈数 n　≤3	±10	±15	
	>3~10	±15	±20	
	>10~20	±20	±30	
	>20~30	±30	±40	
弹簧总圈数 n_1 的极限偏差/圈	弹簧组别	I	II	
	≤15	±0.25	±0.50	
	>15~30	±0.50	±0.75	
	>30~50	±0.75	±1.00	
	>50	±1.00	±1.50	
指定高度（长度）负荷 F 的极限偏差/N	弹簧组别	I	II	
		±10%F	±15%F	

注：1. 弹簧尺寸的极限偏差，必要时可以不对称使用，其公差值不变。
　　2. 自由状态下，弹簧在压缩到全变形量的80%时，其正常节距圈不得接触。

第 4 章　非线性特性螺旋弹簧

1　圆锥螺旋压缩弹簧

1.1　圆锥螺旋压缩弹簧的结构及特性线

圆锥螺旋压缩弹簧的结构及其特性线见图 16.4-1。当承受载荷后，特性线的 OA 段是直线；载荷继续增加时，弹簧从大圈开始逐圈接触，其工作圈数逐渐减少，刚度则逐渐增大，到所有弹簧圈完全压并为止，特性线的 AB 段是渐增型，有利于防止共振的发生。当大端弹簧圈的半径 R_2 和小端弹簧圈的半径 R_1 之差 $(R_2-R_1) \geqslant nd$ 时，弹簧压并后所有各圈都落在支承座上，其压并高度 $H_b = d$。

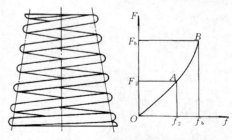

图 16.4-1　圆锥螺旋压缩弹簧的结构及其特性线

常用的圆锥螺旋压缩弹簧有等节距型和等螺旋角型两种，它们的几何尺寸计算见表 16.4-1，变形量和强度计算见表 16.4-2。

1.2　圆锥螺旋压缩弹簧的设计计算

表 16.4-1　圆锥螺旋压缩弹簧的几何尺寸计算

项　目			等节距圆锥螺旋弹簧　　$t=$常数	等螺旋角圆锥螺旋弹簧　　$\alpha=$常数
名　称	代号	单位	阿基米德螺旋线	对数螺旋线
有效圈数	n	圈		$n = \dfrac{Gd^4}{16k}\left(\dfrac{R_2-R_1}{R_2^4-R_1^4}\right)$ 式中　G—切变模量（MPa） 　　　k—弹簧刚度（N/mm）
弹簧圈压并时节距	t'	mm		$t' = d\sqrt{1-\left(\dfrac{R_2-R_1}{nd}\right)^2}$
节距	t	mm	$t = \dfrac{f_b + nt'}{n}$ 式中　f_b—压并变形量（mm）	—
螺旋角	α	°	—	$\alpha = \dfrac{32R_2^2 F}{\pi Gd^4} + \dfrac{t'}{2\pi R_2}$ 式中　F—工作载荷（N）

（续）

项　目			等节距圆锥螺旋弹簧　t = 常数	等螺旋角圆锥螺旋弹簧　α = 常数
名　称	代号	单位	阿基米德螺旋线	对数螺旋线
弹簧圈 i 的半径	R_i	mm	$R_i = R_2 - (R_2 - R_1)\dfrac{i}{n}$	$R_i = R_2 \mathrm{e}^{\frac{i}{n}\ln\frac{R_2}{R_1}}$ 或 $R_i \approx R_2 - (R_2 - R_1)\dfrac{i}{n}$
小端支承圈的半径	R_1'	mm	$R_1' = R_1 - \dfrac{n_2 d(R_2 - R_1)}{2\sqrt{{H_0'}^2 - (R_2 - R_1)^2}}$ 式中　n_2—支承圈数	
大端支承圈的半径	R_2'	mm	$R_2' = R_2 + \dfrac{n_2 d(R_2 - R_1)}{2\sqrt{{H_0'}^2 - (R_2 - R_1)^2}}$	
有效工作圈的自由高度	H_0'	mm	$H_0' = nt$	$H_0' = \pi n\alpha(R_2 - R_1)$
总圈数	n_1	圈	当端部并紧、磨平支承圈为 1 时: $n_1 = n + 2$	当端部并紧、磨平支承圈为 3/4 时: $n_1 = n + 1.5$
自由高度	H_0	mm	当 $n_1 = 2$ 时, $H_0 = H_0' + 1.5d$	当 $n_2 = 1.5$ 时, $H_0 = H_0' + d$
弹簧钢丝展开长度	L	mm	$L \approx \pi n_1(R_2' + R_1')$	

注：当 $(R_2 - R_1) \geqslant nd$ 时，取 $t' = 0$。

表 16.4-2　圆锥螺旋压缩弹簧的变形量和强度计算

	名称	代号	单位	等节距圆锥螺旋弹簧 t = 常数	等螺旋角圆锥螺旋弹簧 α = 常数
弹簧圈开始接触前	变形量	f	mm	$f = \dfrac{16nF}{Gd^4}\left(\dfrac{R_2^4 - R_1^4}{R_2 - R_1}\right)$ 式中　F—工作载荷(N)	
	应力	τ	MPa	$\tau = \dfrac{16KFR_2}{\pi d^3}$ 式中　K—曲度系数, $K = \dfrac{4C-1}{4C-4} + \dfrac{0.615}{C}$, 其中 $C = \dfrac{2R_2}{d}$	
	弹簧刚度	k	N·mm^{-1}	$k = \dfrac{F}{f} = \dfrac{Gd^4(R_2 - R_1)}{16n(R_2^4 - R_1^4)}$	
弹簧圈开始接触后	载荷	F	N	$F_i = \dfrac{Gd^4}{64R_i^3}(t - t')$	$F_i = \dfrac{\pi Gd^4}{32R_i^2}\left(\alpha - \dfrac{t'}{2\pi R_i}\right)$

（续）

名称	代号	单位	等节距圆锥螺旋弹簧 t＝常数	等螺旋角圆锥螺旋弹簧 α＝常数
弹簧圈开始接触后 变形量	f	mm	$f_i=\dfrac{n}{R_2-R_1}\left[\dfrac{16F_i}{Gd^4}(R_i^4-R_1^4)+(t-t')(R_2-R_1)\right]$	$f_i=\dfrac{n}{R_2-R_1}\left[\dfrac{16F_i}{Gd^4}(R_i^4-R_1^4)+\pi\alpha(R_2^2-R_1^2)-t'(R_2-R_i)\right]$
弹簧圈开始接触后 应力	τ	MPa	$\tau=\dfrac{16KR_iF_i}{\pi d^3}$	

注：1. 当 $(R_2-R_1)\geqslant nd$ 时，取 $t'=0$。
　　2. 当计算弹簧圈开始接触时的载荷 F_2、变形量 f_2 或 τ_2 时，取 $R_i=R_2$。
　　3. 当计算弹簧圈完全压并时的载荷 F_b、变形量 f_b 或应力 τ_b 时，取 $R_i=R_1$。

2　截锥涡卷螺旋弹簧

2.1　截锥涡卷螺旋弹簧的特性线

截锥涡卷螺旋弹簧（见图 16.4-2）的特性线与截锥螺旋弹簧相似，这种弹簧能承受较大载荷，吸收较多的变形能，结构紧凑，但制造工艺较复杂，成本高。由于簧圈间间隙小，热处理较困难，也无法进行抛丸处理。热处理时最好采用热风循环炉加热、延长保温时间并采用喷油冷却，故除重型机械的减振装置外，一般都不推荐采用这种弹簧。

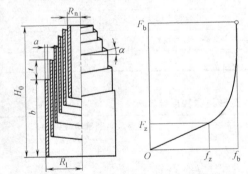

图 16.4-2　截锥涡卷螺旋弹簧及其特性线

2.2　截锥涡卷螺旋弹簧的材料及许用应力

截锥涡卷螺旋弹簧一般采用热卷成形，对于小型的截锥涡卷弹簧也可采用冷卷。材料多采用热轧硅锰弹簧钢板，也可用铬钒钢；在不太重要的场合也可采用碳素弹簧钢或者锰弹簧钢。

截锥涡卷弹簧的坯料应加热辗薄，如无条件，也可采用刨削的方法加工。热卷时，要用特制的芯棒在卷簧机上成形，手工卷制难以保证间隙。因为弹簧间隙小，所以在油淬火时，最好采用热风循环炉加热等措施来保证质量。

当上述材料经热处理后的硬度达到或者超过 47HRC 时，其许用应力依照表 16.4-3 选取。

表 16.4-3　截锥涡卷螺旋弹簧的许用应力

使用条件	许用应力/MPa
只压缩使用，或变载作用次数很少时	1330
只压缩使用，或变载作用次数较多时	770
作为悬架弹簧使用时	1120
当载荷为压缩和拉伸的交变载荷时	380

2.3　设计计算（见表 16.4-4）

表 16.4-4　截锥涡卷螺旋弹簧的设计计算公式

参数名称		计算公式		
		等螺旋角	等节距	等应力
几何尺寸	第 i 圈簧圈的中半径	$R_i=R_1-(R_1-R_n)\theta/(2n\pi)=R_1-(R_1-R_n)i/n$		
	大端到第 i 圈簧圈的自由高度	$H_i=n\pi\alpha[(R_1^2-R_i^2)/(R_1-R_n)]+b$	$H_i=nt[(R_1-R_i)/(R_1-R_n)]+b$	$H_i=2n\pi\alpha_1[(R_1^3-R_i^3)/(R_1-R_n)]/(3R_1)+b$
	有效圈数的自由高度	$H_0=n\pi\alpha(R_1+R_n)+b$	$H_0=nt+b$	$H_0=2n\pi\alpha_1[(R_1+R_n)^2-R_1R_n]/(3R_1)+b$
	大端到第 i 圈簧圈的展开长度	$L\approx n\pi[(R_1^2-R_i^2)/(R_1-R_n)]$		

（续）

参数名称		计算公式		
		等螺旋角	等节距	等应力
有簧圈接触前的变形量和载荷	变形量	$f=n\pi F[\,(R_1^4-R_n^4)/(R_1-R_n)\,]/(2K_2Gba^3)$		
	最大扭应力	$\tau=K'FR_1/(K_3ba^2)$		
	刚度	$k=2K_2Gba^3[\,(R_1-R_n)/(R_1^4-R_n^4)\,]/(n\pi)$		
	变形能	$U=K_3\tau^2V[\,1+(R_n/R_1)^2\,]/(4K_2G)$		
有簧圈接触后的变形量和载荷	载荷	$F_i=K_2Gba^3a/R_i^2$	$F_i=K_2Gba^3t/(2\pi R_i^3)$	$F_i=K_2Gba^3\alpha_1/(R_1R_i)$
	螺旋角	$\alpha=F_iR_i^2/(K_2Gba^3)$	$\alpha_i=t/(2\pi R_i)$	$\alpha_i=\alpha_1R_i/R_1$
	变形量	$f_i=n\pi[\,(R_1^2-R_i^2)a+$ $F_i(R_i^4-R_n^4)/(2k_2Gba^3)\,]$ $/(R_1-R_n)$	$f_i=n\pi[\,t(R_1-R_i)/\pi+F_i(R_i^4-$ $R_n^4)/(2k_2Gba^3)\,]/$ (R_1-R_n)	$f_i=n\pi[\,2(R_1^3-R_i^3)\alpha_1+F_i(R_i^4-$ $R_n^4)/(2K_2Gba^3)\,]$ $/(R_1-R_n)$
	扭应力	$\tau_i=K'F_iR_i/(K_3ba^2)$		
说明		R_1—大端簧圈中半径；R_n—小端簧圈中半径；R_i—从大端数起第 i 圈簧圈中半径；V—弹簧工作圈的材料体积；K'—曲度因子，$K'=1+a/(2R_1)$；K_2、K_3—因子，见表 16.4-5；a—簧丝的厚度；b—簧丝的宽度；α_1—最大弹簧工作圈的螺旋升角		

表 16.4-5　K_2 和 K_3 的数值

b/a	K_2	K_3	b/a	K_2	K_3
1	0.1406	0.2082	2.25	0.2401	0.2520
1.05	0.1474	0.2112	2.5	0.2494	0.2576
1.1	0.1540	0.2139	2.75	0.2570	0.2626
1.15	0.1602	0.2165	3	0.2633	0.2672
1.2	0.1661	0.2189	3.5	0.2733	0.2751
1.25	0.1717	0.2212	4	0.2808	0.2817
1.3	0.1717	0.2236	4.5	0.2866	0.2870
1.35	0.1821	0.2254	5	0.2914	0.2915
1.4	0.1869	0.2273	6	0.2983	0.2984
1.45	0.1914	0.2289	7	0.3033	0.3033
1.5	0.1958	0.2310	8	0.3071	0.3071
1.6	0.2037	0.2343	9	0.3100	0.3100
1.7	0.2109	0.2375	10	0.3123	0.3123
1.75	0.2143	0.2390	20	0.3228	0.3228
1.8	0.2174	0.2404	50	0.3291	0.3291
1.9	0.2233	0.2432	100	0.3312	0.3312
2	0.2287	0.2459	∞	0.3333	0.3333

第5章 碟形弹簧

1 碟形弹簧的结构和尺寸系列

碟形弹簧是用钢板冲压成形的截锥形压缩弹簧。它有三个特点：

1）刚度大。能以小变形承受大载荷，适合于轴向空间较小的场合。

2）具有变刚度的性质。碟形弹簧压平时变形量 h_0 和厚度 t 的比值不同，其特性曲线也不同。当 h_0/t 为 0.4～0.8 时，其特性曲线接近于直线；当 h_0/t 大于 1.3 时，则随着变形量的增加，其载荷增加却逐渐变小。

3）用同样的碟形弹簧采用不同的组合方式，能使弹簧特性在很大范围内变化。可采用对合、叠合的组合方式，也可采用复合不同厚度、不同片数等组合方式。

当叠合时，相对于同一变形，弹簧数越多则载荷越大；当对合时，对于同一载荷，弹簧数越多则变形越大。

碟形弹簧根据厚度分为无支承面碟簧和有支承面碟簧，见图 16.5-1 和表 16.5-1。

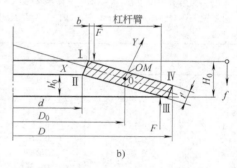

图 16.5-1 单个碟簧及计算应力的截面位置

a）无支承面 b）有支承面

注：D—弹簧外径（mm）；d—弹簧内径（mm）；D_0—弹簧中性径（mm），为碟簧截面中性点所在圆直径，其大小按 $D_0 = \dfrac{D-d}{\ln\dfrac{D}{d}}$ 计算；t—厚度（mm）；t'—减薄碟簧厚度（mm）；H_0—自由高度（mm）；h_0—无支承面碟簧压平时变形量（mm），$h_0 = H_0 - t$；h_0'—有支承面碟簧压平时变形量（mm），$h_0' = H_0 - t'$；b—支承面宽度（mm），$b \approx D/150$；F—载荷（N）；f—变形量（mm）。

常用碟形弹簧还按其外径 D、压平时变形量 h_0 和厚度 t 的比值 D/t、h_0/t 分为三个系列。各种大小的碟形弹簧尺寸，以及当变形量 $f = 0.75h_0$ 时的载荷 F 和应力参数见表 16.5-2。非常用碟形弹簧尺寸系列见表 16.5-3。

表 16.5-1 碟形弹簧按厚度的分类（摘自 GB/T 1972—2005）

类 别	形 式	碟簧厚度 t/mm	工 艺 方 法
1	无支承面	<1.25	冷冲成形,边缘倒圆
2		1.25～6.0	1）切削内、外圆或平面,边缘倒圆,冷成形或热成形 2）精冲,边缘倒圆,冷成形或热成形
3	有支承面	>6.0～16.0	冷成形或热成形,加工所有表面,边缘倒圆

表 16.5-2 碟形弹簧的系列、尺寸和参数(摘自 GB/T 1972—2005)

系列 A $\frac{D}{t} \approx 18$;$\frac{h_0}{t} \approx 0.4$;$E = 206\text{GPa}$;$\mu = 0.3$

类别	外径 D /mm	内径 d /mm	厚度① $t(t')$ /mm	压平时变形量 h_0 /mm	自由高度 H_0 /mm	$f \approx 0.75h_0$					质量 Q /(kg/1000 件)
						F /N	f /mm	H_0-f /mm	σ_{OM}② /MPa	σ_{II} 或 σ_{III}③ /MPa	
1	8	4.2	0.4	0.2	0.6	210	0.15	0.45	-1200	1200*	0.114
	10	5.2	0.5	0.25	0.75	329	0.19	0.56	-1210	1240*	0.225
	12.5	6.2	0.7	0.3	1	673	0.23	0.77	-1280	1420*	0.508
	14	7.2	0.8	0.3	1.1	813	0.23	0.87	-1190	1340*	0.711
	16	8.2	0.9	0.35	1.25	1000	0.26	0.99	-1160	1290*	1.050
	18	9.2	1	0.4	1.4	1250	0.3	1.1	-1170	1300*	1.480
	20	10.2	1.1	0.45	1.55	1530	0.34	1.21	-1180	1300*	2.010
2	22.5	11.2	1.25	0.5	1.75	1950	0.38	1.37	-1170	1320*	2.940
	25	12.2	1.5	0.55	2.05	2910	0.41	1.64	-1210	1410*	4.400
	28	14.2	1.5	0.65	2.15	2850	0.49	1.66	-1180	1280*	5.390
	31.5	16.3	1.75	0.7	2.45	3900	0.53	1.92	-1190	1320*	7.840
	35.5	18.3	2	0.8	2.8	5190	0.6	2.2	-1210	1330*	11.40
	40	20.4	2.25	0.9	3.15	6540	0.68	2.47	-1210	1340	16.40
	45	22.4	2.5	1	3.5	7720	0.75	2.75	-1150	1300*	23.50
	50	25.4	3	1.1	4.1	12000	0.83	3.27	-1250	1430*	34.30
	56	28.5	3	1.3	4.3	11400	0.98	3.32	-1180	1280*	43.00
	63	31	3.5	1.4	4.9	15000	1.05	3.85	-1140	1300*	64.90
	71	36	4	1.6	5.6	20500	1.2	4.4	-1200	1330*	91.80
	80	41	5	1.7	6.7	33700	1.28	5.42	-1260	1460*	145.0
	90	46	5	2	7	31400	1.5	5.5	-1170	1300*	184.5
	100	51	6	2.2	8.2	48000	1.65	6.55	-1250	1420*	273.7
	112	57	6	2.5	8.5	43800	1.88	6.62	-1130	1240*	343.8
3	125	64	8(7.5)	2.6	10.6	85900	1.95	8.65	-1280	1330*	533.0
	140	72	8(7.5)	3.2	11.2	85300	2.4	8.8	-1260	1280*	666.6
	160	82	10(9.4)	3.5	13.5	139000	2.63	10.87	-1320	1340*	1094
	180	92	10(9.4)	4	14	125000	3	11	-1180	1200	1387
	200	102	12(11.25)	4.2	16.2	183000	3.15	13.05	-1210	1230*	2100
	225	112	12(11.25)	5	17	171000	3.75	13.25	-1120	1140	2640
	250	127	14(13.1)	5.6	19.6	249000	4.2	15.4	-1200	1220	3750

系列 B $\frac{D}{t} \approx 28$;$\frac{h_0}{t} \approx 0.75$;$E = 206\text{GPa}$;$\mu = 0.3$

类别	外径 D /mm	内径 d /mm	厚度① $t(t')$ /mm	压平时变形量 h_0 /mm	自由高度 H_0 /mm	$f \approx 0.75h_0$					质量 Q /(kg/1000 件)
						F /N	f /mm	H_0-f /mm	σ_{OM}② /MPa	σ_{II} 或 σ_{III}③ /MPa	
1	8	4.2	0.3	0.25	0.55	119	0.19	0.36	-1140	1330	0.086
	10	5.2	0.4	0.3	0.7	213	0.23	0.47	-1170	1300	0.180
	12.5	6.2	0.5	0.35	0.85	291	0.26	0.59	-1000	1110	0.363
	14	7.2	0.5	0.4	0.9	279	0.3	0.6	-970	1100	0.444
	16	8.2	0.6	0.45	1.05	412	0.34	0.71	-1010	1120	0.698
	18	9.2	0.7	0.5	1.2	572	0.38	0.82	-1040	1130	1.030
	20	10.2	0.8	0.55	1.35	745	0.41	0.94	-1030	1110	1.460
	22.5	11.2	0.8	0.65	1.45	710	0.49	0.96	-962	1080	1.880
	25	12.2	0.9	0.7	1.6	868	0.53	1.07	-938	1030	2.640
	28	14.2	1	0.8	1.8	1110	0.6	1.2	-961	1090	3.590

（续）

系列 B $\dfrac{D}{t}\approx 28$；$\dfrac{h_0}{t}\approx 0.75$；$E=206\mathrm{GPa}$；$\mu=0.3$

类别	外径 D /mm	内径 d /mm	厚度[①] $t(t')$ /mm	压平时变形量 h_0 /mm	自由高度 H_0 /mm	$f\approx 0.75h_0$					质量 Q /(kg/1000 件)
						F /N	f /mm	H_0-f /mm	$\sigma_{\mathrm{OM}}^{②}$ /MPa	σ_{II} 或 $\sigma_{\mathrm{III}}^{③}$ /MPa	
2	31.5	16.3	1.25	0.9	2.15	1920	0.68	1.47	−1090	1190	5.600
	35.5	18.3	1.25	1	2.25	1700	0.75	1.5	−944	1070	7.130
	40	20.4	1.5	1.15	2.65	2620	0.86	1.79	−1020	1130	10.95
	45	22.4	1.75	1.3	3.05	3660	0.98	2.07	−1050	1150	16.40
	50	25.4	2	1.4	3.4	4760	1.05	2.35	−1060	1140	22.90
	56	28.5	2	1.6	3.6	4440	1.2	2.4	−963	1090	28.70
	63	31	2.5	1.75	4.25	7180	1.31	2.94	−1020	1090	46.40
	71	36	2.5	2	4.5	6730	1.5	3	−934	1060	57.70
	80	41	3	2.3	5.3	10500	1.73	3.57	−1030	1140	87.30
	90	46	3.5	2.5	6	14200	1.88	4.12	−1030	1120	129.1
	100	51	3.5	2.8	6.3	13100	2.1	4.2	−926	1050	159.7
	112	57	4	3.2	7.2	17800	2.4	4.8	−963	1090	229.2
	125	64	5	3.5	8.5	30000	2.63	5.87	−1060	1150	355.4
	140	72	5	4	9	27900	3	6	−970	1100	444.4
	160	82	6	4.5	10.5	41100	3.38	7.12	−1000	1110	698.3
	180	92	6	5.1	11.1	37500	3.83	7.27	−895	1040	885.4
3	200	102	8(7.5)	5.6	13.6	76400	4.2	9.4	−1060	1250	1369
	225	112	8(7.5)	6.5	14.5	70800	4.88	9.62	−951	1180	1761
	250	127	10(9.4)	7	17	119000	5.25	11.75	−1050	1240	2687

系列 C $\dfrac{D}{t}\approx 40$；$\dfrac{h_0}{t}\approx 1.3$；$E=206\mathrm{GPa}$；$\mu=0.3$

类别	外径 D /mm	内径 d /mm	厚度[①] $t(t')$ /mm	压平时变形量 h_0 /mm	自由高度 H_0 /mm	$f\approx 0.75h_0$					质量 Q /(kg/1000 件)
						F /N	f /mm	H_0-f /mm	$\sigma_{\mathrm{OM}}^{②}$ /MPa	σ_{II} 或 $\sigma_{\mathrm{III}}^{③}$ /MPa	
1	8	4.2	0.2	0.25	0.45	39	0.19	0.26	−762	1040	0.057
	10	5.2	0.25	0.3	0.55	58	0.23	0.32	−734	980	0.112
	12.5	6.2	0.35	0.45	0.8	152	0.34	0.46	−944	1280	0.251
	14	7.2	0.35	0.45	0.8	123	0.34	0.46	−769	1060	0.311
	16	8.2	0.4	0.5	0.9	155	0.38	0.52	−751	1020	0.466
	18	9.2	0.45	0.6	1.05	214	0.45	0.6	−789	1110	0.661
	20	10.2	0.5	0.65	1.15	254	0.49	0.66	−772	1070	0.912
	22.5	11.2	0.6	0.8	1.4	425	0.6	0.8	−883	1230	1.410
	25	12.2	0.7	0.9	1.6	601	0.68	0.92	−936	1270	2.060
	28	14.2	0.8	1	1.8	801	0.75	1.05	−961	1300	2.870
	31.5	16.3	0.8	1.05	1.85	687	0.79	1.06	−810	1130	3.580
	35.5	18.3	0.9	1.15	2.05	831	0.86	1.19	−779	1080	5.140
	40	20.4	1	1.3	2.3	1020	0.98	1.32	−772	1070	7.300
2	45	22.4	1.25	1.6	2.85	1890	1.2	1.65	−920	1250	11.70
	50	25.4	1.25	1.6	2.85	1550	1.2	1.65	−754	1040	14.30
	56	28.5	1.5	1.95	3.45	2620	1.46	1.99	−879	1220	21.50
	63	31	1.8	2.35	4.15	4240	1.76	2.39	−985	1350	33.40
	71	36	2	2.6	4.6	5140	1.95	2.65	−971	1340	46.20
	80	41	2.25	2.95	5.2	6610	2.21	2.99	−982	1370	65.50
	90	46	2.5	3.2	5.7	7680	2.4	3.3	−935	1290	92.20
	100	51	2.7	3.5	6.2	8610	2.63	3.57	−895	1240	123.2
	112	57	3	3.9	6.9	10500	2.93	3.97	−882	1220	171.9
	125	64	3.5	4.5	8	15100	3.38	4.62	−956	1320	248.9
	140	72	3.8	4.9	8.7	17200	3.68	5.02	−904	1250	337.7

系列 C　$\dfrac{D}{t} \approx 40;\ \dfrac{h_0}{t} \approx 1.3;\ E = 206\text{GPa};\ \mu = 0.3$

类别	外径 D/mm	内径 d/mm	厚度① $t(t')$/mm	压平时变形量 h_0/mm	自由高度 H_0/mm	$f \approx 0.75h_0$ F/N	f/mm	H_0-f/mm	σ_{OM}②/MPa	σ_{II}或σ_{III}③/MPa	质量 Q/(kg/1000 件)
2	160	82	4.3	5.6	9.9	21800	4.2	5.7	-892	1240	500.4
	180	92	4.8	6.2	11	26400	4.65	6.35	-869	1200	708.4
	200	102	5.5	7	12.5	36100	5.25	7.25	-910	1250	1004
3	225	112	6.5(6.2)	7.1	13.6	44600	5.33	8.27	-840	1140	1456
	250	127	7(6.7)	7.8	14.8	50500	5.85	8.95	-814	1120	1915

注：标记示例：一级精度，系列 A，外径 $D=100$mm 的第 2 类弹簧标记为：碟簧 A100-1 GB/T 1972。
　　　　　二级精度，系列 B，外径 100mm 的碟簧标记为：碟簧 B100 GB/T 1972。
① 表中给出的是碟簧厚度 t 的公称数值，在第 3 类碟簧中碟簧厚度减薄为 t'。
② 表中 σ_{OM} 表示碟簧上表面 OM 点的计算应力（压应力）。
③ 表中给出的是碟簧下表面的最大计算拉应力，有 * 号的数值是在位置 II 处的拉应力，无 * 号的数值是位置 III 处的拉应力。

表 16.5-3　非常用碟形弹簧尺寸系列（摘自 GB/T 1972—2005）

类别	外径 D/mm	内径 d/mm	厚度① $t(t')$/mm	自由高度 H_0/mm	压平时变形量 h_0/mm	(h_0/t) h_0'/t'	$f=h_0$ σ_{OM}②/MPa	f/mm	H_0-f/mm	$f \approx 0.75h_0$ F/N	σ③/MPa	质量 Q/(kg/1000 片)
3	260	131	14(12.9)	19.5	5.5	0.51	-1444	4.125	15.375	224687	1122	4012
	260	131	11.5(10.6)	18	6.5	0.70	-1392	4.875	13.125	150851	1188	3296
	260	131	9(8.3)	15.5	6.5	0.87	-1076	4.875	10.625	74483	986	2581
	270	136	15(13.8)	21	6	0.52	-1565	4.5	16.500	279693	1223	4629
	270	136	13(12)	19	6	0.58	-1351	4.5	14.500	183541	1087	4025
	270	136	10(9.2)	17.5	7.5	0.90	-1276	5.625	11.875	109946	1189	3086
	280	142	16(14.75)	22	6	0.49	-1560	4.5	17.500	315987	1202	5296
	280	142	13(12)	20.5	7.5	0.71	-1566	5.625	14.875	218086	1341	4309
	280	142	10(9.2)	17.5	7.5	0.90	-1192	5.625	11.875	102681	1113	3304
	290	147	16(14.75)	22	6	0.49	-1454	4.500	17.500	294484	1120	5683
	290	147	13(12)	20.5	7.5	0.71	-1459	5.625	14.875	203246	1249	4623
	290	147	10.5(9.7)	18.5	8	0.91	-1244	6.000	12.500	118434	1161	3737
	300	152	16(14.75)	22.5	6.5	0.53	-1469	4.875	17.625	299199	1151	6084
	300	152	13.5(12.45)	21	7.5	0.69	-1417	5.625	15.375	211867	1202	5135
	300	152	11(10.15)	19	8	0.87	-1220	6.000	13.000	126270	1122	4168
	315	162	18(16.9)	25	7	0.48	-1629	5.250	19.750	419031	1236	7613
	315	162	15(13.8)	23.5	8.5	0.7	-1635	6.375	17.125	297519	1380	6209
	315	162	12(11.05)	21	9	0.9	-1368	6.750	14.250	169652	1283	4972
	330	167	17(15.65)	24	7	0.53	-1469	5.250	18.750	378013	1108	8451
	330	167	15(13.8)	23.5	8.5	0.70	-1473	6.375	17.125	272522	1259	6893
	330	167	12(11.05)	21	9	0.90	-1234	6.000	15.000	153045	1150	5519
	340	172	18(16.6)	25	7	0.51	-1384	5.250	19.750	356028	1045	8962
	340	172	15(13.8)	23.5	8.5	0.70	-1387	6.375	17.125	256672	1186	7318
	340	172	12(11.05)	21	9	0.90	-1162	6.750	14.250	144144	1083	5860
	355	182	19(17.5)	27	8	0.54	-1626	6.000	21.000	516889	1275	10568
	355	182	16.5(15.2)	26	9.5	0.71	-1576	7.125	18.875	353672	1359	8706
	355	182	13(12)	23	10	0.92	-1239	7.500	15.500	189116	1218	6873
	370	187	20(18.45)	28	8	0.52	-1484	6.000	22.000	471668	1157	11595
	370	187	16.5(15.2)	26	9.5	0.71	-1438	7.125	18.875	322730	1233	9552

（续）

类别	外径 D /mm	内径 d /mm	厚度① $t(t')$ /mm	自由高度 H_0 /mm	压平时变形量 h_0 /mm	(h_0/t) h_0'/t'	$f=h_0$ σ_{OM}② /MPa	$f\approx0.75h_0$				质量 Q /(kg /1000 片)
								f /mm	(H_0-f) /mm	F /N	σ③ /MPa	
3	370	187	13(12)	23	10	0.92	−1180	7.500	15.500	172570	1105	7541
	380	192	20(18.45)	28.5	8.5	0.54	−1492	6.375	22.125	476530	1179	12232
	380	192	17(15.65)	27	10	0.73	−1478	7.500	19.500	352946	1275	10376
	380	192	13.5(12.45)	23.5	10	0.89	−1163	7.500	16.000	182062	1077	8254
	400	202	21(19.35)	29.5	8.5	0.52	−1416	6.375	23.125	496432	1108	14220
	400	202	18(16.6)	28	10	0.69	−1416	7.500	20.500	375905	1168	12420
	400	202	14(12.9)	24.5	10.5	0.90	−1142	7.875	16.625	192737	1062	9480
	420	212	22(20.25)	31	9	0.53	−1423	6.750	24.250	548308	1118	6412
	420	212	19(17.5)	29.5	10.5	0.69	−1422	7.875	21.625	420725	1204	14183
	420	212	15(13.8)	26	11	0.88	−1163	8.250	17.750	224394	1076	11185
	440	222	23(21.1)	32.5	9.5	0.54	−1431	7.125	25.375	602805	1132	18775
	440	222	20(18.45)	31.5	11.5	0.71	−1491	8.625	22.875	491415	1274	16416
	440	222	16(14.75)	28	12	0.90	−1232	9.000	19.000	271589	1145	13124
	450	227	25(23.05)	36	11	0.56	−1718	8.250	27.750	859748	1369	21455
	450	227	21(19.35)	33	12	0.71	−1562	9.000	24.000	567109	1334	18011
	450	227	16(14.75)	28	12	0.90	−1178	9.000	19.000	259623	1095	13729
	480	242	26(23.95)	36	10	0.50	−1432	7.500	28.500	767144	1108	25373
	480	242	21.5(19.8)	34	12.5	0.72	−1463	9.375	24.625	557948	1256	20977
	480	242	17(15.65)	30	13	0.92	−1190	9.750	20.250	297357	1115	16580
	500	253	27(24.85)	38	11	0.53	−1509	8.250	29.750	875297	1186	28497
	500	253	22.5(20.75)	35.5	12.5	0.71	−1414	9.375	26.125	596978	1220	23794
	500	253	18(16.6)	31.5	13.5	0.90	−1214	10.125	21.375	337473	1100	19379

注：标记示例：外径为 500mm，内径为 253mm，厚度为 18mm，减薄厚度为 16.6mm，自由高度为 31.5mm 的一级精度碟簧标记为：

$$\phi500\times\phi253\times18\times31.5\text{-C1}$$（C 后面的数字表示精度等级，二级精度为 C2）。

① 表中给出的 t 是碟簧厚度的公称数值，t' 是第 3 类碟簧的实际厚度。

② σ_{OM} 是碟簧上表面 OM 点的计算应力。

③ σ 为 σ_{II}（位置 II 处的最大计算拉应力）和 σ_{III}（位置 III 处的最大计算拉应力）中的较大值。

2　碟形弹簧的设计计算

2.1　单片碟形弹簧的设计计算

无支承面和有支承面的碟簧使用相同的公式计算。为使有支承面的计算载荷（在 $f=0.75h_0$ 时）与相同尺寸（D、d、H_0）的无支承面碟簧的计算载荷相等，应将有支承面碟簧的厚度减薄，减薄量 t'/t 按表 16.5-4 计算。

表 16.5-4　有支承面碟簧厚度的减薄量

（摘自 GB/T 1972—2005）

系　列	A	B	C
t'/t	0.94	0.94	0.96

碟形弹簧各参数的计算公式如下。

碟簧载荷：

$$F=\frac{4E}{1-\mu^2}\times\frac{t^4}{K_1D^2}K_4^2\frac{f}{t}\times$$

$$\left[K_4^2\left(\frac{h_0}{t}-\frac{f}{t}\right)\left(\frac{h_0}{t}-\frac{f}{2t}\right)+1\right] \quad (16.5\text{-}1)$$

当碟簧压平时，$f=h_0$，上式简化为

$$F_c=F_{(f=h_0)}=\frac{4E}{1-\mu^2}\times\frac{t^3h_0}{K_1D^2}K_4^2 \quad (16.5\text{-}2)$$

计算应力：

$$\sigma_{OM}=-\frac{4E}{1-\mu^2}\times\frac{t^2}{K_1D^2}K_4\frac{f}{t}\frac{3}{\pi} \quad (16.5\text{-}3)$$

$$\sigma_{\mathrm{I}}=-\frac{4E}{1-\mu^2}\times\frac{t^2}{K_1D^2}K_4\frac{f}{t}\times$$

$$\left[K_4K_2\left(\frac{h_0}{t}-\frac{f}{2t}\right)+K_3\right] \quad (16.5\text{-}4)$$

$$\sigma_{\text{II}} = -\frac{4E}{1-\mu^2} \times \frac{t^2}{K_1 D^2} K_4 \frac{f}{t} \times$$

$$\left[K_4 K_2 \left(\frac{h_0}{t} - \frac{f}{2t} \right) - K_3 \right] \quad (16.5\text{-}5)$$

$$\sigma_{\text{III}} = -\frac{4E}{1-\mu^2} \frac{t^2}{K_1 D^2} K_4 \frac{1}{C} \frac{f}{t} \times$$

$$\left[K_4 \left(K_2 - 2K_3 \right) \left(\frac{h_0}{t} - \frac{f}{2t} \right) - K_3 \right]$$
$$(16.5\text{-}6)$$

$$\sigma_{\text{IV}} = -\frac{4E}{1-\mu^2} \frac{t^2}{K_1 D^2} K_4 \frac{1}{C} \frac{f}{t} \times$$

$$\left[K_4 \left(K_2 - 2K_3 \right) \left(\frac{h_0}{t} - \frac{f}{2t} \right) + K_3 \right]$$
$$(16.5\text{-}7)$$

式 (16.5-1) ~式 (16.5-7) 中

F——碟簧载荷 (N);

F_c——碟簧压平时载荷 (N);

σ_{OM}——碟簧 OM 点的应力 (MPa);

σ_{I}、σ_{II}、σ_{III}、σ_{IV}——碟簧位置 I、II、III、IV 处的应力 (MPa);

E——弹性模量 (MPa),弹簧钢取 $E = 2.06 \times 10^5$ MPa;

μ——泊松比,弹簧钢取 $\mu = 0.3$;

C——外径和内径之比,$C = D/d$;

K_1、K_2、K_3、K_4——计算系数

$$K_1 = \frac{1}{\pi} \frac{\left(\dfrac{C-1}{C} \right)^2}{\dfrac{C+1}{C-1} - \dfrac{2}{\ln C}} \quad (16.5\text{-}8)$$

$$K_2 = \frac{6}{\pi} \frac{\dfrac{C-1}{\ln C} - 1}{\ln C} \quad (16.5\text{-}9)$$

$$K_3 = \frac{3}{\pi} \frac{C-1}{\ln C} \quad (16.5\text{-}10)$$

$$K_4 = \sqrt{-\frac{C_1}{2} + \sqrt{\left(\frac{C_1}{2} \right)^2 + C_2}} \quad (16.5\text{-}11)$$

式中

$$C_1 = \frac{\left(\dfrac{t'}{t} \right)^2}{\left(\dfrac{H_0}{4t} - \dfrac{t'}{t} + \dfrac{3}{4} \right) \left(\dfrac{5}{8} \dfrac{H_0}{t} - \dfrac{t'}{t} + \dfrac{3}{8} \right)}$$

$$C_2 = \frac{C_1}{\left(\dfrac{t'}{t} \right)^3} \left[\frac{5}{32} \left(\frac{H_0}{t} - 1 \right)^2 + 1 \right]$$

计算系数 K_1、K_2 和 K_3 的值也可以根据 $C = D/d$ 从表 16.5-5 中查取。

在计算中,对无支承面弹簧 $K_4 = 1$;对有支承面弹簧,K_4 按式 (16.5-11) 计算,并将各公式中的 t 用 t' 替代,h_0 用 h_0' 替代。计算得到的应力为正值时是拉应力,负值时是压应力。

碟簧刚度:

$$k = \frac{\mathrm{d}F}{\mathrm{d}f} = \frac{4E}{1-\mu^2} \frac{t^3}{K_1 D^2} K_4^2 \times$$

$$\left\{ K_4^2 \left[\left(\frac{h_0}{t} \right)^2 - 3 \frac{h_0}{t} \frac{f}{t} + \frac{3}{2} \left(\frac{f}{t} \right)^2 \right] + 1 \right\}$$
$$(16.5\text{-}12)$$

碟簧变形能:

$$U = \int_0^f F \mathrm{d}f = \frac{2E}{1-\mu^2} \frac{t^5}{K_1 D^2} K_4^2 \left(\frac{f}{t} \right)^2 \times$$

$$\left[K_4^2 \left(\frac{h_0}{t} - \frac{f}{2t} \right)^2 + 1 \right] \quad (16.5\text{-}13)$$

碟簧特性曲线:

碟形弹簧的特性曲线与 $\dfrac{h_0}{t}$ 或 $K_4 \left(\dfrac{h_0'}{t'} \right)$ 的值有关,如图 16.5-2 所示。当 $f/h_0 > 0.75$ 时,由于实际杠杆臂缩短,弹簧载荷比计算值要大,这部分的计算特性曲线与实测特性线有较大区别。

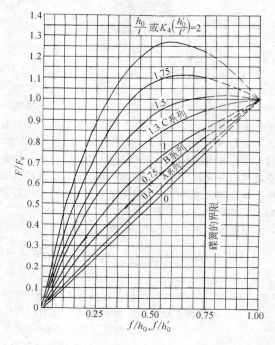

图 16.5-2 按不同 $\dfrac{h_0}{t}$ 或 $K_4 \left(\dfrac{h_0'}{t'} \right)$ 计算的碟簧特性曲线

表 16.5-5 计算系数 K_1、K_2 和 K_3 的值

$C = D/d$	1.90	1.92	1.94	1.96	1.98	2.00	2.02	2.04	2.06
K_1	0.672	0.677	0.682	0.686	0.690	0.694	0.698	0.702	0.706
K_2	1.197	1.201	1.206	1.211	1.215	1.220	1.224	1.229	1.233
K_3	1.339	1.347	1.355	1.362	1.370	1.378	1.385	1.393	1.400

2.2 组合碟形弹簧的设计计算

叠合、对合和复合组合碟形弹簧的总载荷和总变形量的计算公式见表 16.5-6。

为获得特殊的碟簧特性曲线，除表 16.5-6 中的三种组合形式外，还可以采用不同厚度碟簧组成的对合组合碟簧，或由尺寸相同，但各组片数逐渐增加的复合组合碟簧，其总载荷和总变形量可参照表 16.5-6 中的公式计算。

使用组合碟簧时，必须考虑摩擦力对特性曲线的

表 16.5-6 碟簧组合形式及计算公式

形 式	简图及特性	载荷及变形量的计算公式	说 明
叠合组合		$F_z = nF$ $f_z = f$ $H_z = H_0 + (n-1)t$	F—单片碟簧的载荷（N） F_z—总载荷（N） f—单片碟簧变形量（mm） f_z—总变形量（mm） n—叠合层数 i—对合片数 H—单片碟簧的自由高度（mm） H_z—组合碟簧的自由高度（mm） t—单片碟簧的厚度（mm）
对合组合		$F_z = F$ $f_z = if$ $H_z = iH_0$	
复合组合		$F_z = nF$ $f_z = if$ $H_z = i[H_0 + (n-1)t]$	

影响。摩擦力与组合碟簧的组数、每个叠层的片数有关，也与碟簧表面质量和润滑情况有关。由于摩擦力的阻尼作用，叠合组合碟簧的刚性比理论计算值大，对合组合碟簧的各片变形量将依次递减。在冲击载荷下使用组合碟簧，外力的传递对各片也依次递减。所以，组合碟簧的片数不宜用得过多，尽可能采用直径较大、片数较少的组合碟簧。

当考虑摩擦力影响时，碟簧载荷

$$F_R = F \frac{n}{1 \pm f_M(n-1) \pm f_R} \qquad (16.5\text{-}14)$$

式中 n——叠合片数；

     f_M——碟簧锥面间的摩擦因数（见表 16.5-7）；

     f_R——承载边缘处的摩擦因数（见表 16.5-7）。

式（16.5-14）用于加载时取负号，卸载时取正号。

对由多组叠合碟簧对合组成的复合碟簧，当仅考虑叠合表面间摩擦时，可令式中 $f_R = 0$。式（16.5-

14）也适用于单片碟簧，以 $n = 1$ 代入即可。

表 16.5-7 组合碟簧接触处的摩擦因数

（摘自 GB/T 1972—2005）

系列	锥面间的摩擦因数 f_M	承载边缘处的摩擦因数 f_R
A	0.005 ~ 0.03	0.03 ~ 0.05
B	0.003 ~ 0.02	0.02 ~ 0.04
C	0.002 ~ 0.015	0.01 ~ 0.03

3 碟形弹簧的许用应力和疲劳极限

碟形弹簧按其载荷性质分为两类：

静载荷：作用载荷不变或在长时间内只有偶然变化，在规定寿命内变化次数小于 1×10^4 次。

变载荷：作用在碟簧上的载荷在预加载荷 F_1 和工作载荷 F_2 之间循环变化，在规定寿命内变化次数大于 1×10^4 次。

（1）静载荷作用下碟簧许用应力

静载荷作用下的碟簧应通过校核 OM 点的应力 σ_{OM} 来保证自由高度 H_0 的稳定。在压平时的 σ_{OM} 应接近弹簧材料的屈服强度 R_{eL}。对于材料为 60Si2MnA 或 50CrVA 的弹簧，其屈服强度 $R_{eL} = 1400 \sim 1600\text{MPa}$。

（2）变载荷作用下碟簧的疲劳极限

变载荷作用下碟簧使用寿命可分为：

1）无限寿命。可以承受 2×10^6 次或更多加载次数而不破坏。

2）有限寿命。可以在持久强度范围内承受 $1 \times 10^4 \sim 2 \times 10^6$ 次有限的加载次数直至破坏。

受变载荷作用的碟形弹簧的疲劳破坏一般发生在最大拉应力位置 Ⅱ 或 Ⅲ 处（见图 16.5-1），是 Ⅱ 点还是 Ⅲ 点，取决于 $C = D/d$ 值和 h_0/t（无支承面）或 $K_4 \dfrac{h_0'}{t'}$（有支承面）。图 16.5-3 所示为碟簧受疲劳破坏的关键部位。在过渡区内时，应同时校核其 $\sigma_{\text{Ⅱ}}$ 和 $\sigma_{\text{Ⅲ}}$，以确定其破坏部位是在 Ⅱ 点还是在 Ⅲ 点。

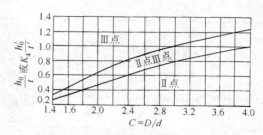

图 16.5-3 碟簧疲劳破坏的关键部位

对受变载荷作用的碟形弹簧，安装时必须有预压变形量 f_1，一般 $f_1 = 0.15h_0 \sim 0.20h_0$。此预压变形量 f_1 能防止在 Ⅰ 点附近产生径向小裂纹，对提高寿命也有作用。材料为 50CrVA 的变载荷作用下单个（或不超过 10 片的对合组合）碟簧的疲劳极限校核方法是：根据碟簧厚度计算出碟簧的上限应力 $\sigma_{r\max}$（对应于工作时最大变形量 f_2）和下限应力 $\sigma_{r\min}$（对应于预压变形量 f_1），由图 16.5-4 查取。

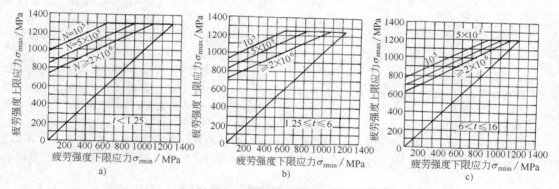

图 16.5-4 碟簧的疲劳极限曲线图

a）$t < 1.25\text{mm}$ b）$1.25\text{mm} \leqslant t \leqslant 6\text{mm}$ c）$6\text{mm} < t \leqslant 16\text{mm}$

4 碟形弹簧的技术要求

碟形弹簧不宜由棒料或其他形式的毛坯直接机械加工成截锥形，而要求冲压成形，以保证其承载能力。当碟簧厚度 $t < 1\text{mm}$ 时，常用表面光洁的冷轧带钢，经退火后冷冲压成形；当厚度为 $1 \sim 6\text{mm}$ 时，则在冷冲压成形后，切削加工内孔和外圆；当厚度 $t \geqslant 6\text{mm}$ 时，可采用热轧带钢或钢板，在热冲压成形后再切削加工各表面。GB/T 1972—2005 规定了碟形弹簧的技术要求：

1）碟簧各尺寸和参数的极限偏差见表 16.5-8。

2）碟簧的表面粗糙度见表 16.5-9。碟簧表面不允许有毛刺、裂纹、斑疤等缺陷。

3）碟簧材料应采用 60Si2MnA 或 50CrVA 带、板材或锻造坯料制造。

4）碟簧成形后，必须进行热处理，即淬火、回火处理。淬火次数不得超过两次。

表 16.5-8 碟簧各尺寸和参数的极限偏差（摘自 GB/T 1972—2005）

名　　　称		极　限　偏　差
外径 D 的极限偏差	一级精度	h12
	二级精度	h13
内径 d 的极限偏差	一级精度	H12
	二级精度	H13

（续）

名　称		极　限　偏　差				
厚度 $t(t')$ 的极限偏差 /mm	$t(t')$/mm	0.2~0.6	>0.6~<1.25	1.25~3.8	>3.8~6	>6~16
	一、二级精度	+0.02 -0.06	+0.03 -0.09	+0.04 -0.12	+0.05 -0.15	±0.10
自由高度 H_0 的极限偏差 /mm	$t(t')$/mm	<1.25	1.25~2	>2~3	>3~6	>6~16
	一、二级精度	+0.10 -0.05	+0.15 -0.08	+0.20 -0.10	+0.30 -0.15	±0.30
载荷 F 在 $f=0.75h_0$ 时的 波动范围 （%）	$t(t')$/mm	<1.25		1.25~3	>3~6	>6~16
	一级精度	+25 -7.5		+15 -7.5	+10 -5	±5
	二级精度	+30 -10		+20 -10	+15 -7.5	±10

注：在保证载荷偏差的条件下，厚度极限偏差在制造中可做适当调整，但其公差带不得超出表中规定的范围。

表 16.5-9　碟簧的表面粗糙度

（摘自 GB/T 1972—2005）

类别	基本制造方法	表面粗糙度 Ra/μm	
		上、下表面	内、外圆
1	冷成形，边缘倒圆	3.2	12.5
2	冷成形或热成形，切削 内、外圆或平面，边缘倒圆	6.3	6.3
	冷成形或热成形，精冲， 边缘倒圆	6.3	3.2
3	冷成形或热成形，加工所 有表面边缘倒圆	12.5	12.5

5）碟簧淬火、回火后的硬度必须在 42~52HRC 范围内。

6）经热处理后的碟簧，其表面脱碳层的深度：对于 1 类碟簧，不得超过其厚度的 5%；对于 2、3 类碟簧，不得超过其厚度的 3%，其最大值不超过 0.15mm。

7）碟簧应全部进行强压处理，处理方法为：一次压平，持续时间不少于 12h，或短时压平。压平次数不少于五次，压平力不小于 2 倍的 $F_{f=0.75h_0}$。碟簧经强压处理后，自由高度尺寸应稳定。在规定的试验条件下，其自由高度应在表 16.5-8 规定的极限偏差范围内。

8）对用于承受变载荷的碟簧，内锥面推荐进行表面强化处理，如喷丸处理等。

9）根据需要，碟簧表面应进行防腐处理（如磷化、氧化和镀锌等）。经电镀处理后的碟簧必须进行去氢处理。对承受变载荷作用的碟簧应避免采用电镀的方法。

碟簧的导向采用导杆或导套，导向件和碟簧之间的间隙采用表 16.5-10 中数值，优先采用内导向。

表 16.5-10　碟簧与导杆、导套之间的间隙 （摘自 GB/T 1972—2005）　（mm）

D 或 d	~16	>16~20	>20~26	>26~31.5	>31.5~50	>50~80	>80~140	>140~250
间隙	0.2	0.3	0.4	0.5	0.6	0.8	1	1.6

5　设计计算示例

例 16.5-1　设计一组合碟形弹簧，承受静载荷为 5000N 时变形量要求为 10mm。导杆最大直径为 20mm。

解：根据题意从表 16.5-2 系列 A、B、C 中各选一个规格，其尺寸和参数见表 16.5-11。

表 16.5-11　尺寸和数据

碟簧	D /mm	d /mm	t /mm	h_0 /mm	H_0 /mm	$f=0.75h_0$		
						F /N	f /mm	σ_{II} 或 σ_{III} /MPa
A40	40	20.4	2.25	0.9	3.15	6500	0.68	1340
B40	40	20.4	1.5	1.15	2.65	2620	0.86	1130
C40	40	20.4	1	1.30	2.30	1020	0.98	1070

方案 1：采用 A 系列 $D=40$mm 碟簧的对合弹簧组。

由 $C=\dfrac{D}{d}=\dfrac{40}{20.4}=1.96$，从表 16.5-5 查得 $K_1=0.686$，碟簧无支承面时，$K_4=1$。

用式（16.5-2）计算，得

$$F_c=\frac{4E}{1-\mu^2}\times\frac{t^3h_0}{K_1D^2}K_4^2$$

$$=\frac{4\times2.06\times10^5}{1-0.3^2}\times\frac{2.25^3\times0.9}{0.686\times40^2}\times1^2\text{N}$$

$$=8457\text{N}$$

根据 $\dfrac{h_0}{t}=\dfrac{0.9}{2.25}=0.4$ 和 $\dfrac{F_1}{F_c}=\dfrac{5000}{8457}=0.59$，由图 16.5-2

查得 $\frac{f_1}{h_0} = 0.57$，由此变形量 $f_1 = 0.57 h_0 = 0.57 \times 0.9\text{mm} = 0.51\text{mm}$。满足总变形量 $f_z = 10\text{mm}$ 所需碟簧片数为

$$i = \frac{f_z}{f_1} = \frac{10}{0.51} = 19.6$$

取 20 片。

对合碟簧组的总自由高度为

$$H_z = i H_0 = 20 \times 3.15\text{mm} = 63\text{mm}$$

承受载荷 5000N 时的高度为

$$H_1 = H_z - if_1 = (63 - 20 \times 0.51)\text{mm} = 52.8\text{mm}$$

方案 2：采用 B 系列 $D = 40\text{mm}$ 碟簧的复合组合弹簧组。

取叠合片数 $n = 2$，如不计摩擦力，单片碟簧承受载荷为

$$F_1 = \frac{F_z}{n} = \frac{5000}{2}\text{N} = 2500\text{N}$$

由式 (16.5-2) 计算，得

$$\begin{aligned} F_C &= \frac{4E}{1 - \mu^2} \times \frac{t^3 h_0}{K_1 D^2} K_4^2 \\ &= \frac{4 \times 2.06 \times 10^5}{1 - 0.3^2} \times \frac{1.5^3 \times 1.15}{0.686 \times 40^2} \times 1^2 \text{N} \\ &= 3202\text{N} \end{aligned}$$

根据 $\frac{h_0}{t} = \frac{1.15}{1.5} = 0.75$ 和 $\frac{F_1}{F_C} = \frac{2500}{3180} = 0.79$，由图 16.5-2 查得 $\frac{f_1}{h_0} = 0.71$，由此变形量 $f_1 = 0.71 h_0 = 0.71 \times 1.15\text{mm} = 0.82\text{mm}$。满足总变形量 10mm 所需对合组数为

$$i = \frac{f_z}{f_1} = \frac{10}{0.82} = 12.2$$

取 13 个对合组。

复合组合碟簧组的总自由高度为

$$\begin{aligned} H_z &= i[H_0 + (n - 1)t] \\ &= 13 \times [2.65 + (2 - 1) \times 1.5]\text{mm} = 54\text{mm} \end{aligned}$$

承受载荷 5000N 后的高度为

$$\begin{aligned} H_1 &= H_z - if_1 = (54 - 13 \times 0.82)\text{mm} \\ &= 43.34\text{mm} \end{aligned}$$

当考虑摩擦力时，碟簧载荷应予修正。由表 16.5-7 取 $f_M = 0.015$，修正后的单片碟簧载荷为

$$\begin{aligned} F_1 &= F_z \frac{1 - f_M(n - 1)}{n} \\ &= 5000 \times \frac{1 - 0.015 \times (2 - 1)}{2}\text{N} = 2463\text{N} \end{aligned}$$

根据 $\frac{h_0}{t} = 0.75$ 和 $\frac{F_1}{F_C} = \frac{2463}{3202} = 0.77$，由图 16.5-2

查得 $\frac{f_1}{h_0} = 0.68$，其变形量 $f_1 = 0.68 h_0 = 0.68 \times 1.15\text{mm} = 0.78\text{mm}$，则复合组数为

$$i = \frac{f_z}{f_1} = \frac{10}{0.78} = 12.82$$

仍取复合组数为 13。

载荷为 5000N 时的高度为

$$\begin{aligned} H_1 &= H_z - if_1 = (54 - 13 \times 0.78)\text{mm} \\ &= 43.86\text{mm} \end{aligned}$$

方案 1 的碟簧片数较少；方案 2 的碟簧组总高度较小，单片碟簧的利用也较好。但因叠合组数为单数，弹簧组一端为外圆支承，另一端为内圆支承。一般情况下尽量以外圆支承较好。方案 3 的计算从略。

例 16.5-2 有一由 20 片碟簧 A40 (GB/T 1972) 对合组合的弹簧，受预加载荷 $F_1 = 1500\text{N}$，工作载荷 $F_2 = 5000\text{N}$，循环加载，验算此弹簧组的疲劳强度。

解：

（1）由 F_1、F_2 求 f_1、f_2

弹簧的直径比 $C = \frac{D}{d} = \frac{40}{20.4} = 1.96$，从表 16.5-5 查得 $K_1 = 0.686$，$K_2 = 1.211$，$K_3 = 1.362$。这个碟簧是无支承面的，$K_4 = 1$。

由式 (16.5-2) 计算，得

$$\begin{aligned} F_C &= \frac{4E}{1 - \mu^2} \times \frac{t^3 h_0}{K_1 D^2} K_4^2 \\ &= \frac{4 \times 2.06 \times 10^5}{1 - 0.3^2} \times \frac{2.25^3 \times 0.9}{0.686 \times 40^2} \times 1^2 \text{N} \\ &= 8457\text{N} \end{aligned}$$

由此

$$\frac{F_1}{F_C} = \frac{1500}{8457} = 0.18 \qquad \frac{F_2}{F_C} = \frac{5000}{8457} = 0.59$$

按照 $h_0/t = 0.4$，查图 16.5-2，得 $f_1/h_0 = 0.155$，$f_2/h_0 = 0.57$。由此

$$f_1 = 0.155 h_0 = 0.155 \times 0.9\text{mm} = 0.14\text{mm}$$

$$f_2 = 0.57 h_0 = 0.57 \times 0.9\text{mm} = 0.51\text{mm}$$

（2）疲劳破坏的关键部位

由 $\frac{h_0}{t} = 0.4$ 和 $C = 1.96$ 从图 16.5-3 查得疲劳破坏的关键部位在 Ⅱ 点。

（3）计算应力 $\sigma_{\text{Ⅱ}}$ 并检验碟簧寿命

按式 (16.5-5) 计算 $\sigma_{\text{Ⅱ}}$

当 $f_1 = 0.14\text{mm}$ 时，

$$\sigma_{\mathrm{II}} = -\frac{4E}{1-\mu^2} \times \frac{t^2}{K_1 D^2} K_4 \frac{f}{t}\left[K_4 K_2\left(\frac{h_0}{t}-\frac{f}{2t}\right)-K_3\right]$$

$$= -\frac{4\times2.06\times10^5}{1-0.3^2}\times\frac{2.25^2}{0.686\times40^2}\times1\times\frac{0.14}{2.25}\times$$

$$\left[1\times1.211\times\left(\frac{0.9}{2.25}-\frac{0.14}{2\times2.25}\right)-1.362\right]\mathrm{MPa}$$

$$= 238\mathrm{MPa}$$

当 $f_2 = 0.51\mathrm{mm}$ 时，

$$\sigma_{\mathrm{II}} = -\frac{4E}{1-v^2}\times\frac{t^2}{K_1 D^2} K_4 \frac{f}{t}\times$$

$$\left[K_4 K_2\left(\frac{h_0}{t}-\frac{f}{2t}\right)-K_3\right]$$

$$= -\frac{4\times2.06\times10^5}{1-0.3^2}\times\frac{2.25^2}{0.686\times40^2}\times1\times\frac{0.51}{2.25}\times$$

$$\left[1\times1.211\times\left(\frac{0.9}{2.25}-\frac{0.51}{2\times2.25}\right)-1.362\right]\mathrm{MPa}$$

$$= 961\mathrm{MPa}$$

碟簧的计算应力幅为

$$\sigma_{\mathrm{a}} = \sigma_{\max} - \sigma_{\min} = (961-238)\mathrm{MPa} = 723\mathrm{MPa}$$

由图 16.5-4b 查得：当 $\sigma_{r\min} = 238\mathrm{MPa}$，寿命 2×10^6 时的 $\sigma_{r\max} = 840\mathrm{MPa}$，即疲劳强度应力幅 σ_{ra} 为

$$\sigma_{ra} = \sigma_{r\max} - \sigma_{r\min} = (840-238)\mathrm{MPa} = 602\mathrm{MPa}$$

即 $\sigma_{\mathrm{a}} > \sigma_{ra}$，不能满足无限寿命的要求。改进办法有：

1）提高预加载荷。如果必须满足上限应力 961MPa，则由图 16.5-4b 可查出 $N = 2\times10^6$ 时的下限应力为 500MPa，此时对应的预加弹簧变形量近似为

$$f_1 \geqslant \frac{500}{240}\times0.14\mathrm{mm} = 0.29\mathrm{mm}$$

再由图 16.5-2，按 $f_1/h_0 = 0.29/0.9 = 0.32$ 查出 $F_1/F_c = 0.35$，则 $F_1 = 0.35\times8457\mathrm{N} = 2960\mathrm{N}$，即预加载荷 F_1 为 2960N，才能满足工作载荷 $F_2 = 5000\mathrm{N}$ 的变载荷，达到 $N = 2\times10^6$ 疲劳寿命要求。

2）降低工作载荷。如果仍保持预加载荷为 1500N，要求达到 $N = 2\times10^6$ 疲劳寿命要求，则工作载荷应降低。由图 16.5-4b 查出 $\sigma_{r\min} = 238\mathrm{MPa}$，$N = 2\times10^6$ 时的 $\sigma_{r\max} = 840\mathrm{MPa}$。考虑安全系数，取 $\sigma_{r\max} = 800\mathrm{MPa}$，则

$$f_2 \approx \frac{800}{961}\times0.51\mathrm{mm} = 0.42\mathrm{mm},$$

$$f_2/h_0 = 0.42/0.9 = 0.47$$

由图 16.5-2 查得 $F_2/F_c = 0.51$，$F_2 = 0.51\times8460\mathrm{N} = 4315\mathrm{N}$，即工作载荷不大于 4315N 时，能满足疲劳强度要求。

6　碟形弹簧工作图（见图 16.5-5、图 16.5-6）

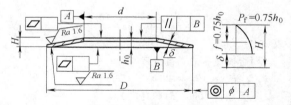

图 16.5-5　无支承面碟簧

注：技术要求：1）精度等级；2）锐角倒圆；
　　　3）内锥面喷丸处理；4）热处理后硬度。

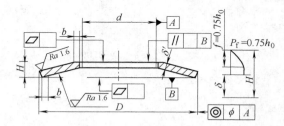

图 16.5-6　有支承面碟簧

注：技术要求：1）精度等级；2）锐角倒圆；3）内锥面喷丸处理；4）热处理后硬度。

7　膜片碟簧

7.1　膜片碟簧的特点及用途

膜片碟簧的外圆部分是碟形弹簧的形状（圆锥形），内圆部分则由冲有长孔和切槽的 18 片（也有 12 片或 15 片）闭合的扇形板形成，它广泛用于车辆的离合器中作压紧元件。图 16.5-7 所示为离合器中应用的干式单片膜片碟簧。

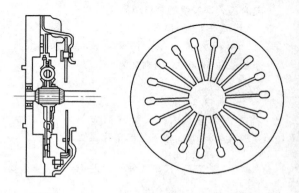

图 16.5-7　离合器中应用的干式单片膜片碟簧

膜片碟簧可以单片使用，也可以多片叠成一组使用。图 16.5-8 所示为两种不同的叠合方法。图 16.5-8a

所示为并联重叠，在受载状态下，对于同一变形量，载荷与重叠片数成正比；图 16.5-8b 所示结构为串联重叠（对合组合），此时弹簧的变形量与重叠的片数成正比。

7.2　膜片碟簧的设计计算

膜片碟簧的基本计算公式见表 16.5-12。碟簧的主要尺寸确定后，由表 16.5-13 确定其他参数。

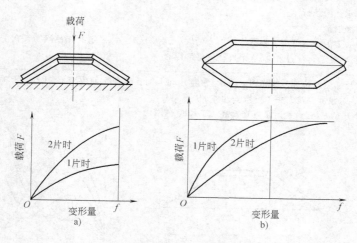

图 16.5-8　干式单片膜片碟簧的两种叠合方法
a) 并联重叠　　b) 串联重叠

表 16.5-12　膜片碟簧的基本计算公式

项目	单位	公式及数据
膜片碟簧载荷 F	N	$$F = \frac{C_1 C E h^4}{r_2^2}$$ 式中　$C_1 = \dfrac{f}{\left(1-\dfrac{1}{\mu^2}\right)h}\left[\left(\dfrac{H}{h}-\dfrac{f}{h}\right)\left(\dfrac{H}{h}-\dfrac{f}{2h}\right)+1\right]$;f—变形量(mm);μ—泊松比,$\mu=0.3$ $C = \left(\dfrac{\alpha+1}{\alpha-1}-\dfrac{2}{\lg\alpha}\right)\pi\left(\dfrac{\alpha}{\alpha-1}\right)^2$;$\alpha = r_2/r_1$;H、h、r_2 和 r_1 意义见表 16.5-13 中的结构图
板材厚 h	mm	$$h = \sqrt[4]{\dfrac{Fr_2^2}{C_1 C E}}$$ 用上式即可以求得 h。因 C_1 值随 H/h 的变化而变化,所以在求 h 值之前,必须先假定 H/h 的值
膜片应力 σ	MPa	膜片的应力;上缘产生压应力 σ_{c},下缘产生拉应力 σ_{t} $\sigma_{\mathrm{c1}} = -K_{\mathrm{c1}}\dfrac{Eh^2}{r_2^2}$　　$\sigma_{\mathrm{c2}} = -K_{\mathrm{c2}}\dfrac{Eh^2}{r_2^2}$　　$\sigma_{\mathrm{t1}} = -K_{\mathrm{t1}}\dfrac{Eh^2}{r_2^2}$　　$\sigma_{\mathrm{t2}} = -K_{\mathrm{t2}}\dfrac{Eh^2}{r_2^2}$ 式中　$K_{\mathrm{c1}} = \dfrac{Cf}{(1-\mu^2)h}\left[C_2\left(\dfrac{H}{h}-\dfrac{f}{2h}\right)+C_3\right]$,$K_{\mathrm{c2}} = \dfrac{Cf}{(1-\mu^2)h}\left[C_4\left(\dfrac{H}{h}-\dfrac{f}{2h}\right)-C_5\right]$ $K_{\mathrm{t1}} = \dfrac{Cf}{(1-\mu^2)h}\left[C_2\left(\dfrac{H}{h}-\dfrac{f}{2h}\right)-C_3\right]$,$K_{\mathrm{t2}} = \dfrac{Cf}{(1-\mu^2)h}\left[C_4\left(\dfrac{H}{h}-\dfrac{f}{2h}\right)+C_5\right]$ 其中,$C_2 = \left(\dfrac{\alpha-1}{\lg\alpha}-1\right)\dfrac{6}{\pi\lg\alpha}$,$C_3 = \dfrac{3(\alpha-1)}{\pi\lg\alpha}$,$C_4 = \left(\alpha-\dfrac{\alpha-1}{\lg\alpha}\right)\dfrac{6}{\alpha\pi\lg\alpha}$,$C_5 = \dfrac{3(\alpha-1)}{\alpha\pi\lg\alpha} = \dfrac{C_3}{\alpha}$ 膜片碟簧的损坏通常发生在拉应力一侧,除去 H/h 很大的情况外,多从内圆周下端开始破坏。对于同样的分离行程来说,应力 σ_{t1} 随 H/h 的减小而增大;相反 σ_{t2} 随 H/h 的增大而增大。所以,只要进行应力 σ_{t1} 和 σ_{t2} 的校核就可以了

表 16.5-13　膜片碟簧参数的确定

项目	数据及说明
确定膜片碟簧的最大外径 D_2	1)飞轮安装螺栓的节圆直径。根据这个尺寸的大小来决定离合器的结构尺寸,从而决定膜片碟簧可以外伸的最大直径 2)承受的载荷 3)磨损量 4)必要的分离行程。根据许用应力的大小,由 2)、3)、4)确定的外径值如果由 1)确定的最大外径范围内,则对于离合器来说,这个外径值是可行的
选择 H/h 值	膜片碟簧的特性曲线如图 b 所示,它随 H 和 h 的比值变化而改变,当 $H/h \geqslant 3.0$ 时,波谷处的载荷为负值,这时膜片碟簧失去了可恢复性 对于 H/h 值,设计时最好选择在 1.7~2.0 范围内 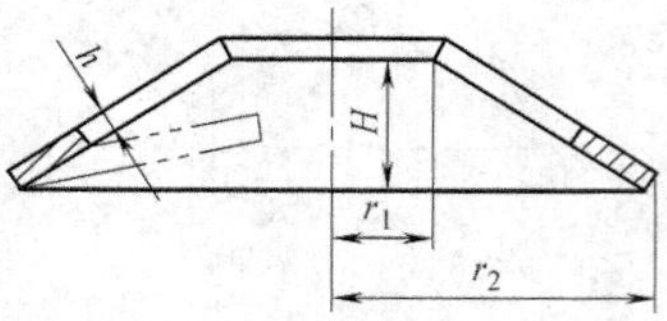 a)膜片碟簧的结构 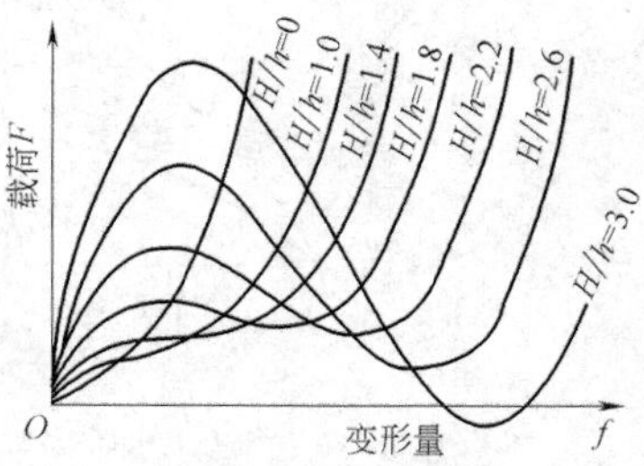　　　　b)膜片碟簧的特性曲线
选择 r_2/r_1 值	取 $r_2/r_1 \approx 1.3$。若此比值取值较小,则由于制造上的误差,可能造成膜片碟簧强度的较大离散性
膜片碟簧许用应力	膜片碟簧一般采用优质弹簧钢,其许用应力应根据使用条件来确定 一般取最大压应力: $\sigma_{cp} = 1450$MPa 最大拉应力: $\sigma_{tp} = 700$MPa
结构图	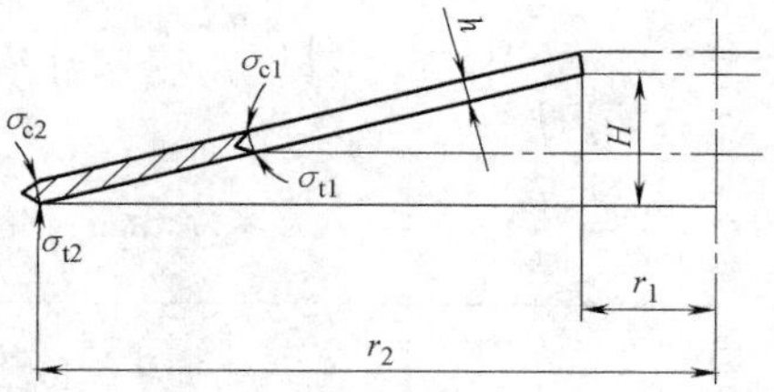

第6章 开槽碟形弹簧

开槽碟形弹簧是在普通碟形弹簧上开出由内向外的径向沟槽制成的。与相应直径的普通碟形弹簧（即不开槽碟形弹簧）相比，它能在较小的载荷下产生较大的变形，因此它综合了碟形弹簧和悬臂片簧两者的一些优点。开槽碟形弹簧常用于轴向尺寸受到限制而允许外径较大的场合，如离合器以及需要具有渐减形载荷-变形特性曲线的场合。

1 开槽碟形弹簧的特性曲线

图 16.6-1 所示为开槽碟形弹簧的载荷 F 与变形量 f 的关系曲线。

根据比值 H/t（开槽碟形弹簧圆锥高度 H 与板料厚度 t 之比）看，这种特性曲线属于比值 H/t 中等时，即 $\sqrt{2} < \dfrac{H}{t} < 2\sqrt{2}$ 的情况，包括有负刚度的区段。从图 16.6-1 中可以明显地看出，当载荷减小时，变形量反而增大。

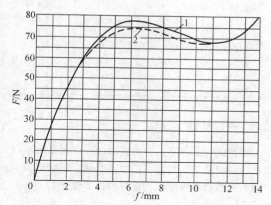

图 16.6-1 开槽碟形弹簧 F-f 关系曲线

1—试验曲线　2—计算曲线

2 开槽碟形弹簧设计参数的选择

为了确定开槽碟形弹簧的几何尺寸（见图 16.6-2），可利用下述比值与数值选择设计参数。

（1）比值 D/d

比值 D/d = 1.8、2.0、2.5、3.0。应根据具体结构上的要求进行选择。

（2）比值 D/D_m

比值 D/D_m = 1.15、1.20、1.3、1.4、1.5。该比值越小，则 D 与 D_m 的尺寸精度对载荷-变形特性的

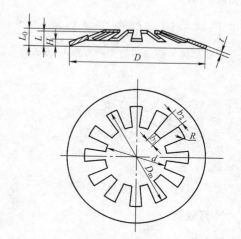

图 16.6-2 开槽碟形弹簧

影响越大，同时应力也越大。

（3）比值 D/t

比值 D/t = 70、100 和 >100。该比值越大，则设计应力越小，但弹簧尺寸也越大。

（4）比值 H/t

比值 H/t = 1.3、1.4、1.8、2.2。该比值与普通碟形弹簧完全一样，它决定了载荷-变形特性曲线的非线性程度。对于 $H/t > 1.4$ 的情况，在普通碟形弹簧中通常是不推荐采用的（因为它会产生跃变）。但当开槽碟形弹簧不是多片串联而是单片使用时，则可以采用。

（5）舌片数 Z

舌片数 Z = 8、12、16、20。舌片数越多，则舌片与封闭环部分连接处的应力分布就越均匀，疲劳性能也就越好。

（6）舌片根部半径 R

舌片根部半径 $R = t$、$2t$ 和 $>2t$。该半径越大，则应力集中越小。

（7）大端处内锥高 H 和小端处内锥高 L

未受载荷作用时舌片大端部分（D_m 处）内锥高 H 与舌片小端部分（d 处）内锥高 L 的关系为

$$H = \frac{1 - \dfrac{D_m}{D}}{1 - \dfrac{d}{D}}L \qquad (16.6\text{-}1)$$

（8）舌片大端宽度 b_2 与舌片小端宽度 b_1 的关系为

$$b_2 = (D_m/d)b_1 \qquad (16.6\text{-}2)$$

（9）对 f_2 的考虑

如果需要确定新尺寸，则舌片变形量 f_2 在第一次近似计算时可以忽略，因为 f_2 约占总变形量的 10%或更小。为了考虑到 f_2 的因素，将计算得到的尺寸稍加修正即可。

3　开槽碟形弹簧的设计计算

开槽碟形弹簧的载荷和变形如图 16.6-3 所示。

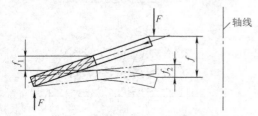

图 16.6-3　开槽碟形弹簧的载荷和变形

3.1　计算载荷

计算载荷 F 为

$$F = \frac{E}{1-\mu^2} \times \frac{t^3}{D^2} K_1 f_1 \times$$

$$\left[1 + \left(\frac{H}{t} - \frac{f_1}{t} \right) \left(\frac{H}{t} - \frac{f_1}{2t} \right) \right] \times$$

$$\left[\left(1 - \frac{D_m}{D} \right) \Big/ \left(1 - \frac{d}{D} \right) \right] \qquad (16.6\text{-}3)$$

式中　　　　　　　F——开槽碟簧载荷（N）；

d、D、D_m、H 和 t——尺寸参数（mm）；

E——弹性模量（MPa）；

μ——泊松比，$\mu = 0.3$；

K_1——系数，

$$K_1 = \frac{2}{3}\pi \frac{(D/D_m)^2 \ln(D/D_m)}{[(D/D_m)-1]^2}$$

K_1 可按 D/D_m 从表 16.6-2 查得。

3.2　变形量

总变形量 f 为

$$f = \left[\left(1 - \frac{d}{D} \right) \Big/ \left(1 - \frac{D_m}{D} \right) \right] f_1 + f_2$$

$$(16.6\text{-}4)$$

式中　f_1——封闭环部分在直径 D_m 处的变形量（mm）；

f_2——舌片的变形量（mm）

$$f_2 = \frac{C(D_m - d)^3(1-\mu^2)F}{2Et^3 b_2 Z} \qquad (16.6\text{-}5)$$

式中　C——系数，可根据 b_1/b_2 从表 16.6-1 查得。

表 16.6-1　系数 C 值

b_1/b_2	0.2	0.3	0.4	0.5	0.6	0.7	0.8	0.9	1.0
C	1.31	1.25	1.20	1.16	1.12	1.08	1.05	1.03	1.0

3.3　计算应力

计算应力 σ 为

$$\sigma = \frac{E}{1-\mu^2} \times \frac{t}{D^2} \times \frac{D_m}{D} K_2 f_1 \left[1 + K_3 \left(\frac{H}{t} - \frac{f_1}{2t} \right) \right]$$

$$(16.6\text{-}6)$$

式中　σ——应力（MPa）；

K_2——系数，$K_2 = \dfrac{2(D/D_m)^2}{(D/D_m)-1}$ （16.6-7）

K_3——系数，$K_3 = 2 - 2\left[\dfrac{1}{\ln(D/D_m)} - \dfrac{1}{(D/D_m)-1} \right]$

$$(16.6\text{-}8)$$

K_2、K_3 可按 D/D_m 从表 16.6-2 查得。

表 16.6-2　系数 K_1、K_2 和 K_3 值

D/D_m	K_1	K_2	K_3
1.10	24.2	24.2	1.016
1.15	17.2	17.6	1.023
1.20	13.7	14.4	1.030
1.25	11.6	12.5	1.037
1.30	10.3	11.3	1.044
1.35	9.35	10.4	1.044
1.40	8.63	9.80	1.050
1.45	8.08	9.35	1.061
1.50	7.64	9.00	1.066
1.55	7.29	8.75	1.072
1.60	7.00	8.53	1.078

3.4　特性曲线

根据式（16.6-3）和式（16.6-4）计算出不同变形量的载荷和不同载荷下的总变形量，以变形量为横坐标，以载荷为纵坐标，绘制特性曲线。

4　设计计算示例

例 16.6-1　已知原始条件：$D = 152$mm，$D_m = 132$mm，$d = 76$mm，$t = 2$mm，$L_0 = 12.7$mm，$L = 10.7$mm，$b_1 = 9$mm，$Z = 12$，开槽形状为径向梯形，材料为 60Si2MnA。

解：

（1）确定主要参数

大端处内锥高 H 按式（16.6-1）计算，得

$$H = \frac{1 - \dfrac{D_m}{D}}{1 - \dfrac{d}{D}} L = \frac{1 - \dfrac{132}{152}}{1 - \dfrac{76}{152}} \times 10.7\text{mm} = 2.81\text{mm}$$

舌片大端宽度 b_2 按式（16.6-2）计算，得

$$b_2 = \frac{D_m}{d} b_1 = \frac{132}{76} \times 9mm = 15.63mm$$

取 $b_2 = 15mm$，则

$b_1/b_2 = 9/15 = 0.6$，从表 16.6-1 查得 $C = 1.12$。

$D/D_m = 152/132 = 1.152$，从表 16.6-2 用线性插值查得

$$K_1 = 17.1, \quad K_2 = 17.5 \quad 和 \quad K_3 = 1.023$$

（2）确定不同变形时的载荷

确定封闭环在压到水平位置时的载荷，$f_1 = H = 2.81mm$，由表 16.2-4 查 60Si2MnA 的弹性模量 $E = 2.06 \times 10^5 MPa$，按式（16.6-3）得

$$F_H = \frac{E}{1 - \mu^2} \times$$

$$\frac{t^3}{D^2} K_1 f_1 \left[1 + \left(\frac{H}{t} - \frac{f_1}{t} \right) \left(\frac{H}{t} - \frac{f_1}{2t} \right) \right] \times$$

$$\left[\left(1 - \frac{D_m}{D} \right) \Big/ \left(1 - \frac{d}{D} \right) \right]$$

$$= \frac{2.06 \times 10^5}{1 - 0.3^2} \times \frac{2^3}{152^2} \times 17.1 \times 2.81 \times$$

$$[1 + 0] \times \left[\left(1 - \frac{132}{152} \right) \Big/ \left(1 - \frac{76}{152} \right) \right] N$$

$$= 991N$$

将上式计算的不同变形量时的载荷列入表

16.6-3。根据式（16.6-4）计算不同载荷时的变形量，载荷和变形量的计算结果见表 16.6-3。

表 16.6-3　载荷和变形的计算结果

载荷 F/N	573	896	974	991
封闭环变形量 f_1/mm	0.71	1.42	2.13	2.81
舌片变形量 f_2/mm	0.17	0.26	0.29	0.30
总变形量 f/mm	2.87	5.66	8.39	10.98

（3）应力校核

按式（16.6-6），封闭环部分在水平位置时 $(f_1 = H = 2.81mm)$ 的应力为

$$\sigma = \frac{E}{1 - \mu^2} \times \frac{t}{D^2} \times$$

$$\frac{D_m}{D} K_2 f_1 \left[1 + K_3 \left(\frac{H}{t} - \frac{f_1}{2t} \right) \right]$$

$$= \frac{2.06 \times 10^5}{1 - 0.3^2} \times \frac{2}{152^2} \times \frac{132}{152} \times 17.5 \times 2.81 \times$$

$$\left[1 + 1.023 \times \left(\frac{2.81}{2} - \frac{2.81}{2 \times 2} \right) \right] MPa$$

$$= 1438MPa$$

材料的屈服强度 $R_{eL} = 1400 \sim 1600MPa$，计算应力虽然较大，但仍可以采用。

第 7 章 环 形 弹 簧

1 环形弹簧的结构、特点和应用

环形弹簧由带有配合圆锥面的外圆环和内圆环组成（见图 16.7-1）。当环形弹簧承受轴向载荷 F 时，内圆环受压缩而直径缩小，外圆环受拉伸而直径扩大，内、外圆环沿圆锥面相对滑动产生轴向变形而起弹簧作用。

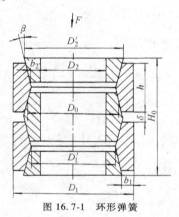

图 16.7-1 环形弹簧

由于环形弹簧工作时摩擦力很大，卸载时摩擦力阻滞了弹簧变形的恢复，使其加载和卸载的特性曲线不重合（见图 16.7-2）。图 16.7-2 中弹簧加载和卸载特性曲线所包围的面积，即是摩擦力转化为热能所消耗的功，其大小几乎可达到加载时所做功的 60% ~ 70%，因此环形弹簧的缓冲减振能力很高，单位体积材料的吸能能力比其他类型弹簧大。

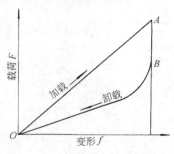

图 16.7-2 环形弹簧的特性曲线

环形弹簧常用在空间尺寸受限制而又要求强力缓冲的场合，如大型管道的吊架、振动机械的支承，以及重型铁路车辆的连接部分等。近来还用作轴衬，以代替轴上装的销、键和花键等。

2 环形弹簧的材料和许用应力

环形弹簧常用材料为 60Si2MnA 或 50CrMn 等弹簧钢，其许用应力见表 16.7-1。任何材料的环形弹簧，都要保证弹簧压缩到并紧高度时，其应力不会超过材料的弹性极限。

表 16.7-1 环形弹簧的许用应力 （MPa）

加工和使用条件	平均许用应力 σ_{mp}	外圆环许用应力 σ_{p1}	内圆环许用应力 σ_{p2}
一般使用寿命	1000	800	1200
使用寿命短，接触表面未经精加工	1150	1000	1300
使用寿命短，接触表面经精加工	1350	1200	1500

注：σ_{mp} 是 σ_{p1} 和 σ_{p2} 的平均值。

3 环形弹簧的设计计算

3.1 设计参数选择

1）圆锥角 β。圆锥角 β 较小，则弹簧刚度较小；β 较大，弹簧缓冲吸振能力减弱。设计时，一般取 $\beta = 12° \sim 30°$；当接触表面加工精度一般时，取 $\beta = 14°3'$，即 $\tan\beta = \frac{1}{4}$；当加工精度较高时，可取 $\beta = 12°$。当润滑条件较差、摩擦因数 μ 较大时，β 应取大些，以免卸载时 $\beta < \rho$，产生自锁，不能回弹。

2）摩擦因数 μ 和摩擦角 ρ。具有良好润滑条件的环形弹簧，圆锥接触表面的摩擦因数 μ 和摩擦角 ρ 可按下列条件选取：

接触面未经精加工，重载荷时，$\rho \approx 9°$，$\mu \approx 0.16$；

接触面经精加工，重载荷时，$\rho \approx 8°30'$，$\mu \approx 0.15$；

接触面经精加工，轻载荷时，$\rho \approx 7°$，$\mu \approx 0.12$。

3）圆环高度 h。一般取圆环直径的 16% ~ 20%。h 过小则接触面导向不足，表面应力较大，圆环截面积较小，内部应力较大；h 过大则环的厚度相对较薄，制造困难。

4）导向圆筒或心轴与圆环的间隙。为保证受载荷后，外圆环外径增大、内圆环内径缩小不受阻碍，外圆环与导向圆筒间、内圆环与心轴间应留有间隙，其值一般为直径的 2%。

设计环形弹簧时，推荐使用参数见表 16.7-2。

表 16.7-2　环形弹簧参数推荐值

结构尺寸/mm							最大应力/MPa		一对接触面的轴向变形量/mm	最大载荷/kN	
圆环直径		节距	圆环厚度		高度	圆角半径				不计摩擦	$\mu=0.16$
D_1	D_2	t	b_2	b_1	h	r	σ_2	σ_1	f		F
489	428.5	102	13.0	9.5	78	3.0			7.90	1249	1998
391	341.8	82	10.5	8.0	62	2.5			6.25	790	1264
313	274.8	66	8.0	6.0	50	2.0			5.00	504	806
250	218.6	52	6.0	5.0	40	1.6			3.90	330	528
200	173.8	42	5.5	4.5	32	1.3	920	1100	3.30	201	322
160	140.5	34	4.0	3.0	26	1.0			2.44	138.8	222
128	111.6	27	3.0	2.5	21	—			2.10	89	142
102	89.5	22	2.5	2.0	17	—			1.65	53	85
82	72.1	18	—	1.5	14	—			1.35	34.7	55.5

3.2　基本计算公式（见表 16.7-3）

表 16.7-3　环形弹簧的基本计算公式

项　目	单位	公式及数据
受轴向力 F 时,外圆环截面中的拉应力 σ_1,内圆环截面中的压应力 σ_2	MPa	$\sigma_1=\dfrac{F}{\pi A_1\tan(\beta\pm\rho)}$, $\sigma_2=\dfrac{F}{\pi A_2\tan(\beta\pm\rho)}$ 式中　A_1—外圆环截面积,$A_1=hb_1+\dfrac{h^2\tan\beta}{4}$ A_2—内圆环截面积,$A_2=hb_2+\dfrac{h^2\tan\beta}{4}$ 加载时,取"+",卸载时,取"−"
加载时外圆环接触面的最大拉应力 σ_{1max}	MPa	$\sigma_{1max}=\dfrac{F}{\pi A_1\tan(\beta\pm\rho)}\times\left[1+\dfrac{2A_1}{\nu D_0(h-\delta)(1-\mu\tan\beta)}\right]$ 式中　ν—材料的泊松比 内圆环的最大压应力仍在截面内
环形弹簧受轴向力 F 时的变形量 f	mm	$f=\dfrac{nF}{2\pi E\tan\beta\tan(\beta\pm\rho)}\times\left(\dfrac{D_{01}}{A_1}+\dfrac{D_{02}}{A_2}\right)$ 式中　D_{01}—外圆环截面中心的直径,$D_{01}=D_1-b_1-\dfrac{h}{4}\tan\beta$ D_{02}—内圆环截面中心的直径,$D_{02}=D_2+b_2+\dfrac{h}{4}\tan\beta$ n—环形弹簧圆锥接触面对数 E—材料的弹性模量
加载时的变形能 U	N·mm	$U=\dfrac{1}{2}Ff$
卸载时释放的变形能 U_R	N·mm	$U_R=U\dfrac{\tan(\beta-\rho)}{\tan(\beta+\rho)}$
圆环厚度 b_1 和 b_2	mm	一般初选时,取 $b_1=b_2\geqslant\left(\dfrac{1}{5}\sim\dfrac{1}{3}\right)h$ 在圆环高度相同、材料相同条件下,为使外圆环和内圆环强度接近,应使 $b_1>b_2$,一般取 $b_1=1.3b_2$
圆环的外径和内径	mm	外圆环外径:$D_1'=D_2+2(b_1+b_2)+(h-\delta)\tan\beta$ 外圆环内径:$D_1'=D_1-2\left(b_1+\dfrac{h}{2}\right)\tan\beta$ 内圆环外径:$D_2'=D_2+2\left(b_2+\dfrac{h}{2}\right)\tan\beta$ 内圆环内径:$D_2=D_1-2(b_1+b_2)-(h-\delta)\tan\beta$ 在安装空间允许范围内,直径宜尽量大些

(续)

项 目	单位	公式及数据
自由状态下相邻两外圆环(内圆环)的轴向间隙 δ	mm	一般取 $\delta=\frac{1}{4}h$ 在弹簧并紧后,刚度趋于无限大,失去弹簧作用,因此需要弹簧在工作极限位置时仍保留一定的间隙,即最小间隙 $\delta_{min}\geqslant 1mm$。当精度低时,取 $\delta_{min}\approx D_0/50$;当精度较高时,取 $\delta_{min}\approx D_0/100$
自由高度 H_0	mm	$$H_0=\frac{1}{2}n(h+\delta)$$
并紧高度 H_b	mm	$$H_b=\frac{1}{2}nh$$
工作极限时变形量 f_j	mm	$$f_j=\frac{1}{2}n(\delta-\delta_{min})$$
工作极限载荷 F_j	N	$$F_j=\frac{2\pi E\tan\beta\tan(\beta\pm\rho)f_j}{n\left(\frac{D_{01}}{A_1}+\frac{D_{02}}{A_2}\right)}$$
圆环件数	个	一般将两端的内圆环做成单锥面圆环,则 外圆环件数:$n_1=\frac{n}{2}$ 内圆环件数:$n_2=\frac{n}{2}+1$

4 环形弹簧的技术要求

环形弹簧的圆锥接触表面粗糙度要求是 $Ra1.6\sim Ra0.4\mu m$。热处理的表面硬度为 40~46HRC。

在制造中应该特别注意不要使圆环产生扭曲。为保证装配时各圆环具有互换性,要求每个圆环的斜角和自由高度尺寸在公差范围内。

为了防止圆锥面的磨损和擦伤,一般在接触面上涂布石墨润滑脂。

在环形弹簧的零件工作图上,应特别注明每个圆锥接触面的试验载荷及相应的变形量,以便进行成品质量检查。

第8章 板 弹 簧

1 板弹簧的类型与结构

1.1 板弹簧的类型

板弹簧（也简称板簧）主要用于汽车、拖拉机等的弹性悬架装置中，起缓冲和减振的作用，一般由钢板组成。按照形状和传递载荷方式的不同，板弹簧可分为椭圆形、弓形、伸臂弓形、悬臂形和直线形几种，如图16.8-1所示。在弓形板弹簧中，根据悬架装置的需要，可以做成对称型和非对称型两种结构。半椭圆形板弹簧在汽车中用得最广。

在车辆中，有时采用刚度随变形增大而增大的变刚度弹簧，它能使车辆在空载和重载下得到同样的减振效果和行驶平顺性。这类板弹簧刚度的变化是通过两种方式实现的：一是某些钢板变形到一定程度时，预留间隙消失，如图16.8-2a所示；二是变形后，弹簧端接触面的位移使弹簧的长度减小，如图16.8-2b所示。

由于所受载荷大小的不同，板弹簧的片数也不同，如小轿车用弓形板弹簧的片数可少至1~3片；而载货汽车的板弹簧除主弹簧外还增设副弹簧以增大刚度，如图16.8-3所示。另外，图16.8-4中所示的板片在沿长度方向上部分制成斜面形或抛物线形，成为变截面形状。它具有较大的承载能力和刚度，因而可以采用少量板片的组合便能承受较大的载荷。与等截面板片弹簧相比，其自身重量可减轻1/3左右。

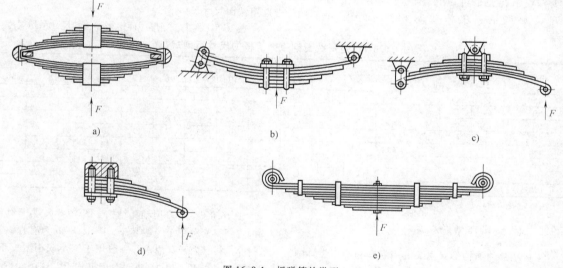

图 16.8-1 板弹簧的类型

a）椭圆形板弹簧 b）弓形板弹簧 c）伸臂弓形板弹簧 d）悬臂形板弹簧 e）直线形板弹簧

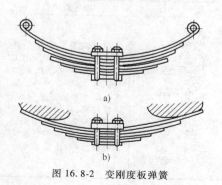

图 16.8-2 变刚度板弹簧

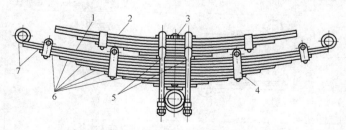

图 16.8-3 载货汽车悬架用板弹簧

1—主弹簧 2—副弹簧 3—中心螺栓 4—弹簧卡

5—骑马螺栓 6—副板 7—主板

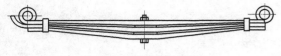

图 16.8-4　变截面板弹簧

1.2　板弹簧的结构

图 16.8-3 所示为载货汽车悬架用板弹簧的一般结构，由主弹簧和副弹簧两部分组成，零件有主板、副板、弹簧卡和骑马螺栓等。

1.2.1　弹簧钢板的截面形状

图 16.8-5 所示为常用板弹簧的截面形状，包括矩形截面、双凹弧截面、带凸肋矩形截面和带梯形槽的矩形截面。在汽车中以矩形截面（见图16.8-5a）和双凹弧截面（见图 16.8-5b）应用最广；有时采用带凸肋的钢板（见图 16.8-5c）以防止板片的侧向滑移；另外，为了延长使用寿命及减少钢板消耗，也可以在承载时产生压缩力的一侧开设梯形槽（单槽或双槽），如图 16.8-5d所示。

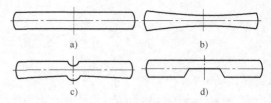

图 16.8-5　弹簧钢板的截面形状
a）矩形截面　b）双凹弧截面
c）带凸肋　d）带梯形槽的截面

在使用带梯形槽的截面时，应将梯形槽开在承载时产生压缩应力的一侧，从而可减轻拉伸应力，提高使用寿命。当槽宽 $a = b/3$（b—板宽），槽深 $c = h/2$（h—板厚），槽两侧的倾角 $\alpha = 30°$ 时，这种截面的二次矩 I 和抗弯截面系数 Z，可按式（16.8-1）进行计算

$$I = 0.067bh^3 , Z = 0.15bh^2 \qquad (16.8-1)$$

在设计时应注意，弹簧板的截面尺寸不能任意选取，因为截面尺寸的种类受轧制工艺装备的限制，不能随意增加新的轧辊，所以应按一定的尺寸系列规范选用截面尺寸。

表 16.8-1 列出了矩形截面钢板弹簧的尺寸系列规范。

表 16.8-1　矩形截面钢板弹簧板的尺寸系列规范　　　　　　　　　　　　　（mm）

板宽	板　厚															
	5	6	7	8	9	10	11	12	13	14	16	18	20	22	25	30
45	○	○					○									
50	○	○	○	○	○	○	○	○	○							
60	○	○	○	○	○	○	○	○	○	○	○					
70	○	○	○	○	○	○	○	○	○	○	○	○	○			
80			○	○	○	○	○	○	○	○	○	○	○	○		
90			○	○	○	○	○	○	○	○	○	○	○	○		
100					○	○	○	○	○	○	○	○	○	○	○	
150													○	○	○	○

注：○表示适用。

1.2.2　主板端部结构

主板端部的结构形状主要有用卷耳和不用卷耳两种。表 16.8-2 和表 16.8-3 列出了两种结构。

图 16.8-6 为卷耳用轴瓦结构。图 16.8-6a 为开有油沟的青铜衬套，用于一般客车；图 16.8-6b 为有青铜衬的衬套，衬套内开有油沟，一般用于客车或小型货车；图 16.8-6c 和图 16.8-6d 为小型轿车中使用的橡胶轴瓦结构。

表 16.8-2　用卷耳的主板端部结构

卷耳型式	简　图	特点及说明	卷耳型式	简　图	特点及说明
上卷耳		这种结构最为常用，制造简单	加强卷耳		在重载荷或使用条件恶劣情况下，需要采用加强卷耳。在左图所示的型式中，以第 2 种用得较多。第 5 种是锻造卷耳，强度较高，它与弹簧主片分开为两个零件，用螺钉连接起来，但由于制造成本较高，目前使用不多
下卷耳		为了保证弹簧运动轨迹和转向机构协调的需要，以及降低车身高度位置时采用。在载荷作用下，卷耳易张开			
平卷耳		平卷耳可以减少卷耳内的应力，因为纵向力作用方向和弹簧主片断面的中线重合，但制造较复杂			

表 16.8-3　不用卷耳的主板端部结构

结构简图	特点及应用	结构简图	特点及应用
图 a)　图 b)	图 a、图 b 所示是最简单的支撑板端,这种结构不能传递推力,因此必须有特殊的推件	图 e)	图 e 是铁路上用的椭圆形板弹簧
图 c)　图 d)	图 d 所示是在板端固装一个带孔的钢枕以代替主板卷耳,可传递很大的推(拉)力	图 f)　图 g)	图 f 和图 g 表示固装在橡胶里的结构,应用于公共汽车或载货汽车

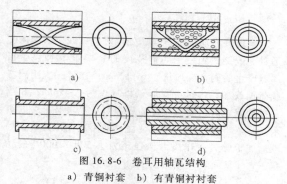

图 16.8-6　卷耳用轴瓦结构
a)青铜衬套　b)有青铜衬衬套
c)、d)橡胶轴瓦

1.2.3　副板端部结构

长度小于板弹簧弦长的钢板称为副板,其端部结构见表 16.8-4。

1.2.4　板弹簧固定结构

1)中部的固定结构。对于汽车板弹簧,其中部除了用高强度中心螺栓定位外,还应用 U 形螺栓紧固。板弹簧也采用簧箍紧固,如图 16.8-7 所示。

2)两侧的固定结构。为了消除弹簧钢板的侧向位移,并将作用力传递给较多的板片,以保护主板,在板弹簧两侧装有若干簧卡,其结构如图 16.8-8 所示。

表 16.8-4　副板端部结构

端部形状	结构简图	特点及应用	端部形状	结构简图	特点及应用
矩形		端部为矩形,制造简单,但板端形状会引起板间压力集中,使磨损加快	压延板端		板端压延成斜面,有利于改善压力分布,减少板间摩擦
梯形		改善了压力分布,接近于等应力梁,材料得到充分利用。目前载货汽车大多用这种弹簧			
椭圆形		按等压力原则压延其端部,取得变截面形状(宽度、厚度均变),应力分布合理,且增加了片端弹性,减少了板间摩擦。在小轿车中应用较多	衬垫板端		除板端压延成斜面,在板端加有衬垫,可防止板间磨损。在小轿车中使用

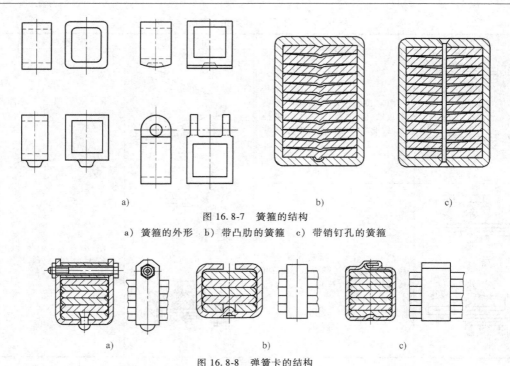

图 16.8-7 簧箍的结构

a）簧箍的外形　b）带凸肋的簧箍　c）带销钉孔的簧箍

图 16.8-8 弹簧卡的结构

a）套管螺栓弹簧卡　b）环形弹簧卡　c）封闭型弹簧卡

2 板弹簧的材料及许用应力

2.1 板弹簧的材料

板弹簧的材料及力学性能见表 16.8-5。

板弹簧的板片经热处理后硬度应达到 39～47HRC，并在其凹面进行喷丸处理，以提高其使用寿命。

当组装完成后进行强压处理时，加载所引起的变形量一般要达到使用时静挠度的 2～3 倍，使整个板弹簧产生的剩余变形量为 6～12mm；在第二次用同样载荷加载之后，剩余变形量将减少为 1～2mm；在第三次加载之后，制造较好的板弹簧就不再有显著的剩余变形。当大量生产时，往往只做一次强压处理，处理后的板弹簧在作用力比强压力小 500～1000N 的情况下，不应再产生剩余变形。

表 16.8-5 板弹簧材料及力学性能

材 料	R_{eL}/MPa	R_m/MPa	$A_{11.3}$(%)	Z(%)	使 用 范 围
60Si2Mn	1180	1275	6	25	
60Si2MnA	1375	1570	5	20	一般在厚度<9.5mm 时采用
55SiMnVB	1225	1375	5	30	一般在厚度为 10～14mm 时采用
55SiMnMoVNb	1274	1372	8	35	一般在厚度为 16～25mm 时采用

2.2 板弹簧的许用应力

板弹簧在实际使用时，主要载荷是垂直方向的作用力，但同时也受到其他各种载荷的作用（纵向和横向力及转矩等）。在设计时，一般仅按垂直载荷产生的应力来设计。板弹簧的许用弯曲应力见表 16.8-6。汽车用板弹簧的许用应力也可按照图 16.8-9 选取，也适用于热处理后经喷丸和预压处理的板弹簧。

表 16.8-6 板弹簧的许用弯曲应力

板弹簧种类	许用弯曲应力 σ_p/MPa
货车、电车等的板簧	441～490
轻型汽车的前板簧	441～490
轻型汽车的后板簧	490～588
载重汽车的前板簧	343～441
载重汽车、拖车的后板簧	441～490
缓冲器板簧	294～392

弹簧板片的疲劳极限如图 16.8-10 所示。当已知

板片的应力变化幅度时，由图可查得板片的疲劳极限，进而确定其许用应力。

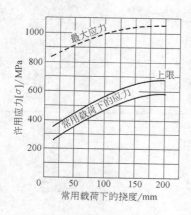

图 16.8-9　汽车用板弹簧的许用应力

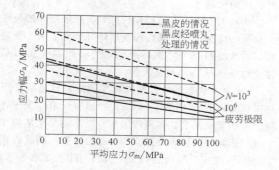

图 16.8-10　弹簧板片的疲劳极限

3　板弹簧的设计计算

3.1　单板弹簧的设计计算

单板弹簧的计算是分析多板弹簧的基础。为了便于计算，假设：钢板的曲率不大，可以当作直板考虑；钢板的变形量与它的长度相比很小，在变形中板弹簧承受的载荷不变。参照直片弹簧的分析可以得到悬臂单板弹簧的计算公式，见表 16.8-7。

3.2　多板弹簧的设计计算

多板弹簧有时几组不同厚度的板片组成，各板片在组装前（自由状态下）具有不同的曲率；组装后，由于中心螺栓拉紧而使板片产生不同的预紧力，因此多板弹簧受载时很难做到等应力。

3.2.1　多板弹簧主要形状尺寸参数的选择

多板弹簧的主要尺寸和参数是伸直状态下弹簧的工作长度 l、板片的数量 n 及其截面尺寸 $b×h$。

1）板片数量。汽车板弹簧一般由 $n=6～14$ 片组成，受重载的弹簧片数可大于 14，甚至超过 20。为了减少片数，可适当增加厚板的数量。

2）板片截面尺寸的确定。当板弹簧采用相同厚度的板片时，取 $b/h=6～10$，b 和 h 要符合现有扁钢的规格；然后按式（16.8-2）计算出板片的数量。

$$n=\frac{12I_0}{bh^3}\qquad(16.8\text{-}2)$$

表 16.8-7　悬壁单板弹簧的计算公式

钢板形状	自由端挠度 y/mm	刚度 $k/N\cdot mm^{-1}$	距固定端 x 处的应力 σ_x/MPa	固定端最大应力 σ_{max}/MPa	变形能 $U/N\cdot mm$	材料利用系数 k
矩形	$\dfrac{Fl^3}{3EI_0}$	$\dfrac{3EI_0}{l^3}$	$\dfrac{F(l-x)}{Z_{m0}}$	$\dfrac{Fl}{Z_{m0}}$	$\dfrac{F^2l^3}{6EI_0}=kV\dfrac{\sigma_{max}^2}{E}$	$\dfrac{1}{18}$
三角形	$\dfrac{Fl^3}{2EI_0}$	$\dfrac{2EI_0}{l^3}$	$\dfrac{Fl}{Z_{m0}}$（沿板全长不变）	$\dfrac{Fl}{Z_{m0}}$	$\dfrac{F^2l^3}{4EI_0}=kV\dfrac{\sigma_{max}^2}{E}$	$\dfrac{1}{6}$
抛物线形	$\dfrac{2Fl^3}{3EI_0}$	$\dfrac{3EI_0}{2l^3}$	$\dfrac{Fl}{Z_{m0}}$（沿板全长不变）	$\dfrac{Fl}{Z_{m0}}$	$\dfrac{F^2l^3}{3EI_0}=kV\dfrac{\sigma_{max}^2}{E}$	$\dfrac{1}{6}$

（续）

钢板形状	自由端挠度 y/mm	刚度 k/N·mm⁻¹	距固定端 x 处的应力 σ_x/MPa	固定端最大应力 σ_{max}/MPa	变形能 U/N·mm	材料利用系数 k
梯形 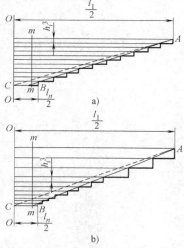	$\eta_2\dfrac{Fl^3}{3EI_0}$	$\dfrac{3EI_0}{\eta_2 l^3}$	$\dfrac{Fl\left(1-\dfrac{x}{l}\right)}{Z_{m0}\left[1-(1-\beta)\dfrac{x}{l}\right]}$	$\dfrac{Fl}{Z_{m0}}$	$\eta_2\dfrac{F^2l^3}{6EI_0}=kV\dfrac{\sigma_{max}^2}{E}$	$\dfrac{1}{9}\times\dfrac{\eta_2}{1+\beta}$

注：I_0—弹簧钢板固定端截面的二次矩，$I_0=b_0h^3/12$（mm⁴）。

$\quad\ \ Z_{m0}$—弹簧钢板固定端截面的抗弯截面系数，$Z_{m0}=b_0h^2/6$（mm³）。

$\quad\ \ V$—弹簧钢板的体积（mm³）。

$\quad\ \ k$—弹簧钢板的材料利用系数，$k=UE/(V\sigma_{max}^2)$。

$\quad\ \ \beta$—弹簧钢板的形状系数，$\beta=b/b_0$（矩形 $\beta=1$，三角形 $\beta=0$）。

$\quad\ \ \eta_2$—挠度系数，$\eta_2=\dfrac{3}{1-\beta}\left[\dfrac{3}{2}-\dfrac{1}{1-\beta}-\left(\dfrac{\beta}{1-\beta}\right)^2\ln\beta\right]$。

用相同厚度板片组成的板弹簧，制造比较简单，但材料利用率低。有些板弹簧用不同厚度的板片组成，一般厚度不多于三种，以最厚的作主板，最薄的作副板中的短板。

3）各板片长度的确定。板弹簧工作长度由其结构及车辆布置确定。板弹簧的各板片长度用作图法确定比较方便。如图 16.8-11a 所示，作一直线 $O\text{-}O$ 代表中心螺栓轴线，沿垂线逐片截取板片厚度的立方值 h_i^3。在最上面一根水平线上截取自中心螺栓轴线至卷耳中心线或支撑中点的距离 $l_1/2$（得交点 A），而在下面倒数第二根水平线上截取中心螺栓轴线至最短片板端的距离 $l_n/2$（得交点 B），用直线连接 A、B 两点，即求得各板片的长度。图中按虚线 AC 组成的各板片长度（极端取压延斜面）表示等强度板弹簧的板片外形。图 16.8-11b 所示为板片厚度不同时各板

片长度的确定法。

在利用作图法确定板片长度时，最短板片的长度应根据结构决定：如果板弹簧用骑马螺栓安装，则最短板片长度的一半应比自中心螺栓轴线 $O\text{-}O$ 至骑马螺栓轴线 $m\text{-}m$ 的距离要大些。

4）自由状态下板弹簧弧高的确定。自由状态下板弹簧弧高 H_0（见图 16.8-12）指组装后未经预压处理的板弹簧的弧高，其值取决于：①车辆悬架结构在满载时所需要的板弹簧弧高 H；②板弹簧在满载时产生的静挠度 y；③预压处理造成的剩余变形量 γ。因此

$$H_0=H+y+\gamma \tag{16.8-3}$$

其中，γ 值可根据经验按下列不同情况选取：对制造条件较完善并经过严格处理的板弹簧 $\gamma=0.05y_0$（y_0 为预压时的近似挠度）；对制造和热处理条件较差的板弹簧 $\gamma=0.06y_0$；用手工方式生产的板弹簧 $\gamma=0.07y_0$（已达允许的极限值）。

5）自由状态下板弹簧曲率半径及弦长的计算，如图 16.8-12 所示。设卷耳的内径为 d，伸直的板弹簧两卷耳的中心距离为 L，则板弹簧中主板的曲率半径 R_0 可用式（16.8-4）计算：

$$R_0=\frac{\left(\dfrac{L}{2}\right)^2}{2H_0-d} \tag{16.8-4}$$

图 16.8-11 确定板片长度的作图法

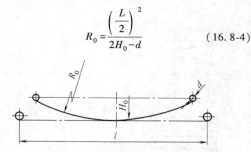

图 16.8-12 板片曲率参数计算

组装的板弹簧的半个弦长 $\overline{L}$（自中心螺栓至卷耳中心的距离）用式（16.8-5）计算：

$$\overline{L} = \left[\sqrt{\left(\frac{L}{2}\right)^2 + \left(H_0 - \frac{d}{2}\right)^2}\right]\left(1 - \frac{d}{2R_0}\right)$$

$$(16.8\text{-}5)$$

为计算简便起见，也可将卷耳内径 d 忽略不计。

3.2.2 多板弹簧的展开计算法

理想的等厚度多板弹簧板片的展开面应是等强度的三角形板片（见图 16.8-13）。由于主板的三角形板端不便制作卷耳，常需采用近似于梯形的板端。因而设计时，一般用梯形单板弹簧的计算公式来近似确定多板弹簧的主要尺寸和参数。由于这样的方法是假定各板片具有相同曲率的情况下进行的，所以也是共同曲率法的一种。各类多板弹簧的挠度和最大弯矩的计算公式见表 16.8-8。

对不同结构特征的板弹簧，在挠度计算公式中，用变形修正系数 η_3 来修正，其值见表 16.8-9。

静载荷下的挠度以及附加动挠度值根据不同车辆行驶平顺性要求给定。这些数值确定后，利用表 16.8-8 中公式，便可求得板弹簧所需的截面总二次矩 I_0，即

$$I_0 = \frac{b \sum h_i^3}{12}$$

$$(16.8\text{-}6)$$

式中　b——板宽（mm）；

　　　h_i——板弹簧第 i 片的厚度（mm）。

表 16.8-8　多板弹簧的挠度和最大弯矩的计算公式

板弹簧的类型	板弹簧的挠度 y/mm a) 有骑马螺栓　b) 没有骑马螺栓	由 F 力引起的最大弯矩 $M/\text{N·mm}$	预压时的近似挠度 y_0/mm
	a) $y = \eta_3 \dfrac{F\left(l - \frac{s}{2}\right)^3}{24EI_0}$ b) $y = \eta_3 \dfrac{Fl^3}{24EI_0}$	$M = \dfrac{F(l-s)}{2}$	$y_0 = \dfrac{l^2}{800h_1}$
	a) $y = \eta_3 \dfrac{2F\left[l_1^2\left(l_2 - \frac{s}{4}\right)^3 + l_2^2\left(l_1 - \frac{s}{4}\right)^3\right]}{3EI_0 l^2}$ b) $y = \eta_3 \dfrac{2Fl_1^2 l_2^2}{3EI_0 l}$	$M = \dfrac{2Fl_2\left(l_1 - \frac{s}{2}\right)}{l}$ 或 $M = \dfrac{2Fl_1\left(l_2 - \frac{s}{2}\right)}{l}$	$y_0 = \dfrac{l_1 l_2}{200h_1}$

（续）

板弹簧的类型	板弹簧的挠度 y/mm a) 有骑马螺栓　b) 没有骑马螺栓	由 F 力引起的最大弯矩 M/N·mm	预压时的 近似挠度 y_0/mm
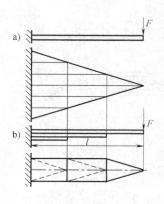 　　a) 　　b)	a) $y = \eta_3 \dfrac{F\left[\left(l_1 - \frac{s}{4}\right)^3 + \left(\frac{l_1}{l_2}\right)^2 \left(l_2 - \frac{s}{4}\right)^3\right]}{3EI_0}$ b) $y = \eta_3 \dfrac{Fl_1^2 l}{3EI_0}$	$M = F\left(l_1 - \dfrac{s}{2}\right)$ 或 $M = \dfrac{2Fl_2\left(l_2 - \dfrac{s}{2}\right)}{l_2}$	$y_0 = \dfrac{l_1 l_2}{200 h_1}$ （设在预压时弹簧是在中心螺栓轴线处受载）
a)　　b)	a) $y = \eta_3 \dfrac{F\left(l_1 - \frac{s}{4}\right)^3}{3EI_0}$ b) $y = \eta_3 \dfrac{Fl^3}{3EI_0}$	$M = F\left(l - \dfrac{s}{2}\right)$	$y_0 = \dfrac{l^2}{200 h_1}$

注：η_3—变形修正系数，其值见表 16.8-9；h_1—主板厚度（mm）。

表 16.8-9　变形修正系数 η_3 值

板弹簧的结构特征	变形修正系数 η_3
等强度梁	1.5
与等强度梁相近的板端具有压延斜面的板弹簧	1.4~1.45
板端为直角形的板弹簧，其第二板片与主板长度相同，同时主板上面的钢板不多于一片者	1.35
板端为直角形的板弹簧，其中有 2~3 片长度与主板相同，同时主板上面有数片钢板者	1.3
具有多片等于主板长度的钢板的特重型板弹簧	1.25

图 16.8-13　等强度板弹簧

$$\sigma = \frac{M_{\max} h_1}{2I_0} \leqslant [\sigma] \quad (\text{MPa}) \qquad (16.8\text{-}7)$$

确定的片数和截面尺寸除应满足 I_0 的要求外，还要用式（16.8-7）验算最厚板片（一般是主板）的应力：

式中　$M_{\max}$——最大静弯矩（N·mm）；

I_0——板弹簧计算截面的总二次矩（mm^4）；

h_1——最厚钢板的厚度（mm）。

对于不承受制动或牵引力的板弹簧，最大静弯矩 M_{max} 等于静垂直外载荷所引起的弯矩；对于承受制动或牵引力的板弹簧，最大静弯矩是静垂直外载荷所引起的弯矩和制动（或牵引）力所引起的弯矩的代数和。

如果应力 σ 超过许用范围，必须增加 I_0 或重选 h_1。为使板弹簧刚度满足设计要求，在增加 I_0 的同时要相应加大板弹簧的工作长度。

3.2.3　多板弹簧的共同曲率计算法

按表 16.8-8 中公式所求得的挠度是近似值，在确定了板弹簧的片数和尺寸后，可以较精确地计算其挠度（或刚度）。假设各板片在弯曲时曲率相等，即把板弹簧当作一变截面梁来分析，这时每个截面的二次矩等于该截面的各片二次矩之和 $\sum I_i$。利用能量法求变截面梁变形的原理，得到计算悬臂板弹簧（见图 16.8-14）的挠度公式。

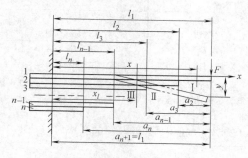

图 16.8-14　板弹簧挠度精确计算

$$y = \alpha \frac{E}{3E} \sum_{i=1}^{n} a_{i+1}^3 (Y_i - Y_{i+1}) \qquad (16.8-8)$$

在线性特性下的刚度为

$$k = \frac{3E}{\alpha \sum_{i=1}^{n} a_{i+1}^3 (Y_i - Y_{i+1})} \qquad (16.8-9)$$

$$a_i = l_1 - l_i, Y_i = \frac{1}{\sum_{1}^{i} I_i} \qquad (16.8-10)$$

$$a_{n+1}^3 = l_1^3 \quad （因为 l_{n+1} = 0）$$

$Y_{n+1} = 0$（因为在固定截面外二次矩是无穷大）

式中　α——板弹簧与变截面梁之间的修正系数。其值为 1.15 ~ 1.21，大值用于载货汽车，小值用于小轿车。

对于对称的弓形板弹簧，如作用在中心螺栓处的载荷为 $2F$，则板端所受载荷为 F，用 F 代入表 16.8-8 中的公式即可求得其挠度。

3.3　变刚度和变截面板弹簧的设计计算

3.3.1　变刚度板弹簧的设计计算

通常通过两种方式使板弹簧的刚度变化；一是用主、副簧的组合方式，当载荷大到一定程度时，副簧参与承担载荷，致使刚度改变；二是在板弹簧变形过程中簧端接触点产生位移，使板片的长度改变，致使刚度改变，如图 16.8-15 所示。

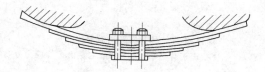

图 16.8-15　主、副簧组合式变刚度板弹簧

变刚度板弹簧的特性线呈非线性，在载荷变化时具有较稳定的固有频率，可以提高车辆行驶的平顺性。

对主副簧组合式变刚度弹簧，当载荷较小时，载荷仅由主簧承受，特性线是直线，刚度为定值；当载荷增大到某一值 F_1，主、副簧开始接触，随载荷继续增大，接触范围逐渐增大 F_2，直至完全接触，主、副簧成一体。在载荷由 F_1 增大到 F_2 的范围内，弹簧特性线是曲线，刚度为变值；载荷继续增大，主副簧成为一个弹簧，特性线为直线，刚度为定值。其变形量、刚度及应力计算见表 16.8-10。

3.3.2　变截面板弹簧的设计计算

变截面板弹簧有梯形变截面和抛物线形变截面两种。

1）梯形变截面板弹簧。梯形变截面板弹簧板片的两边沿长度方向部分制成斜面形状（见图 16.8-16），从而使各板片的应力较均匀，达到减轻弹簧自身重量的目的。当进行设计计算时，可把弹簧看成是板片的叠加，取其一板分析计算。

2）抛物线形变截面板弹簧。抛物线形变截面板弹簧板片的两边沿长度方向部分制成抛物线形状（见图 16.8-17），使板片的应力接近相同，达到减轻弹簧重量的目的，计算时可取其一片进行。

梯形、抛物线形变截面板弹簧的变形量、刚度及应力计算见表 16.8-11 和表 16.8-12。

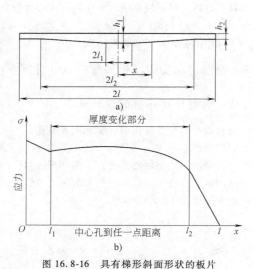

图 16.8-16　具有梯形斜面形状的板片
a) 梯形变截面板片形状　b) 梯形变截面板片应力分布

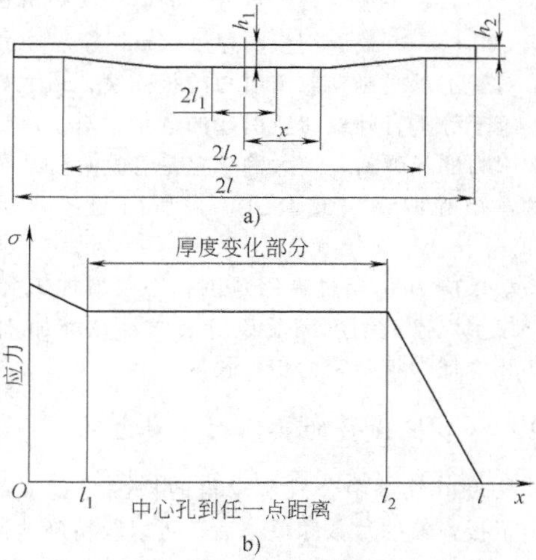

图 16.8-17　抛物线形变截面板片及其应力分布
a) 抛物线形板片　b) 沿板长应力的分布

表 16.8-10　变刚度板弹簧的计算

	主、副簧组合式变刚度板弹簧载荷、变形量和刚度的计算式		
项　目	两端的载荷	变形量	刚度
变形量与刚度	主副簧开始接触	$F_1 = (EI_{z0}/l_z)(1/R_z - 1/R_f)$	$f_1 = F_1 l_z^3 [1+(K_{x1}-1)$ $(1-l_f/l_z)^2]/(3EI_{z0})$	$k_1 = 3EI_{z0}/\{z_z^3[1+(K_{x1}-1)$ $(1-l_f/l_z)^2]\}$

| 主副簧完全接触 | $F_2 = [EI_{z0}/(l_z-l_f)]$ $(1/R_z - 1/R_f)$ | $f_2 = F_2 l_z^3 [1-\eta+(K_{x1}-1)$ $(1-l_f/l_z)^3]/(3EI_{z0})$ | $k_2 = (3EI_{z0}/l_z^3)\times 1/\{K_{x1}[1-$ $(1-l_f/l_z)^3]-3K_{x3}/[\varphi(1-\beta)]\}$ |

| 说明 | I_{z0}—主簧中央部分整个截面的二次矩;l_z—主弹簧的跨距;l_f—副弹簧的跨距;K_{x1}—变形修正因子;R_z—主弹簧组装后的曲率半径;R_f—副弹簧组装后的曲率半径;$\eta = F(l_f)/[\varphi(1-\beta)]$;$F(l_f) = (l_f/l_z)^3[6A-3-\varphi(1-\beta)]/2-3(l_f/l_z)^2[2-\varphi(1-\beta)]/2+3(l_f/l_z)^2(A-1)[A(l_f/l_z)-1]\ln(1-1/A)$;$A = (1+\varphi)/[\varphi(1-\xi)]$;$\varphi = l_f/l_z$;$\beta = b/b_0$;$K_{x3} = (l_f/l_z)^3(1+2A)/2-2(l_f/l_z)^2+(l_f/l_z)[A(l_f/l_z)-1]\ln(1-1/A)$ | | |

应力部分:

主副板弹簧上的应力计算公式为
当 $F \leqslant F_1$ 时

$$\sigma_z = Fl_z/Z_{bz}, \sigma_f = 0$$

当 $F > F_1$ 时

$$\begin{cases} \sigma_z = (l_z/Z_{bz})[(F+\varphi F_1)/(1+\varphi)] \\ \sigma_f = (l_z/Z_{bf})[\varphi(F-F_1)/(1+\varphi)] \end{cases}$$

式中　Z_{bz}—主弹簧的抗弯截面系数
　　　　Z_{bf}—副弹簧的抗弯截面系数

表 16.8-11　梯形变截面板弹簧的变形量、刚度及应力计算

项目	计算和数据
变形量 f 和刚度 k	对称形斜面板片两端作用载荷为 F 时, $$f = \dfrac{\eta_5 Fl^3}{3EI_0}$$ $$k = \dfrac{3EI_0}{\eta_5 l^3}$$ 式中　I_0—板片中央截面二次矩(mm^4),$I_0 = \dfrac{bh_1^3}{12}$ 　　　　η_5—变形系数

（续）

项目	计算和数据

变形量 f 和刚度 k

$$\eta_5 = 1-(1-\lambda_2)^3+(h_1/h_2)^3(1-\lambda_2)^3+3(h_1/h_2)^3\left(\frac{\lambda_2-\lambda_1}{(h_1/h_2)-1}\right)^3\left\{\ln\frac{h_1}{h_2}-2\left(\frac{1-(h_1/h_2)-\lambda_1+(h_1/h_2)\lambda_2}{\lambda_2-\lambda_1}\right)\right\}\times$$

$$\left(1-\frac{1}{(h_1/h_2)}\right)+\frac{1}{2}\left(\frac{1-(h_1/h_2)-\lambda_2+(h_1/h_2)\lambda_2}{\lambda_2-\lambda_1}\right)^2\left(1-\frac{1}{(h_1/h_2)^2}\right)$$

$$\lambda_1=\frac{l_1}{l},\lambda_2=\frac{l_2}{l}$$

板片应力

$$\sigma_x=\frac{6Fl}{bh^2}\cdot\frac{1-\mu}{\left\{1-\left(1-\frac{h_2}{h_1}\right)\times\left(\frac{\mu-\lambda_1}{\lambda_2-\lambda_1}\right)\right\}^2}$$

式中　$\mu=\dfrac{x}{l}$

中央截面处的应力最大,其值为

$$\sigma_0=\frac{6Fl}{bh^2}$$

表 16.8-12　抛物线形变截面板弹簧的变形量、刚度及应力计算

项目	计算和数据

变形量 f 和刚度 k

对称抛物线形变截面板片两端作用载荷为 F 时,

$$f=\frac{\eta_6Fl^3}{3EI_0}$$

$$k=\frac{3EI_0}{\eta_6l^3}$$

式中　$\eta_6=1+\left(1-\frac{l_1}{l}\right)^3\left[1-2\left(1-\frac{l_2-l_1}{l-l_1}\right)^{\frac{3}{2}}\right]+\left(1-\frac{l_2}{l}\right)^3\left(\frac{h_1}{h_2}\right)$

若弹簧由 2 片以上的板片组成,则弹簧刚度为各板片刚度之和

板片的应力

当板片两端受到载荷 F 的作用时,各截面上的应力计算式为

$$\sigma=\begin{cases}6F(1-x)/(bh_1^2)&0\le x\le l_1\\6F(1-l_1)/(bh_1^2)=6F(1-l_2)/(bh_2^2)&l_1\le x\le l_2\\6F(1-x)/(bh_2^2)&l_2\le x\le l\end{cases}$$

非对称变截面弹簧的计算,可以载荷作用点为界,将其分成两部分,各自按照悬臂梁分别计算出刚度,然后求变形量和应力

4　板弹簧的技术要求

1) 板弹簧板片经热处理后,硬度应达到 39~47HRC,在组装前应进行喷丸处理,以提高其使用寿命。

2) 组成的板弹簧都应进行强压处理。

3) 板弹簧的板片横向扭曲量(以安装中心为基准,从两头测量)的偏差应不大于钢板宽度的 0.8%。

4) 板片纵向波折量:在 75mm 长度内应不大于 0.5mm。

5) 板弹簧总成静载弧高偏差:一般弹簧±5mm,重型车弹簧±7mm。

6) 主片装入支架内的侧面弯曲不应大于 1.5mm/m,其他板片不大于 3mm/m。

7) 板弹簧加紧后板片应该均匀相贴,不得有弯曲,总成在自由状态相邻两片横向穿通间隙应小于短片全长的 1/4(片间加有垫片者除外),长度小于 75mm 时的间隙不应大于表 16.8-13 所示的值。

表 16.8-13　叶片间隙允许值　（mm）

叶片厚度	最大间隙允许值
≤8	1.2
>8~12	1.5
>12	2.0

8) 板弹簧总成夹紧后,在 U 形螺栓及支架滑动范围内的总成宽度偏差应符合表 16.8-14 的规定。

表 16.8-14　板弹簧总成宽度偏差

（mm）

总成宽度	宽度偏差
≤100	+2.5
>100	+3

9）板弹簧总成放入支架滑动范围内后，其中心线应与钢板底层基面中心线在同一直线上，其偏差应不大于 1.5mm/m。

10）板片表面不应有过烧、过热、裂纹、氧化皮、麻点和损伤等缺陷，表面脱碳层（包括铁素体和过渡层）深度不能超过表 16.8-15 的规定。

表 16.8-15　脱碳层（全脱碳和标准脱碳）深度

（mm）

板片厚度	脱碳层深度
≤8	≤板片厚度的 3%
>8	≤板片厚度的 2.5%或 0.5,取小值

第9章 片弹簧和线弹簧

1 片弹簧

1.1 片弹簧的结构和特点

片弹簧用金属薄板制成，利用板片的弯曲变形而起弹簧作用。主要用于载荷和变形均不大、要求弹簧刚度较小的场合。片弹簧因用途各异而制成各种形状。按外形有直片和弯片等；按板片形状有长方形、梯形和阶梯形等；按板片数量有单片和叠片等。片弹簧一般用螺钉或铆钉固定，如图 16.9-1 所示。也可以利用结构间制约关系和其他零件镶嵌在一起。

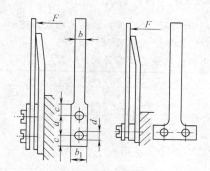

图 16.9-1 片弹簧结构

注：$a = (1.1 \sim 1.2) b_1$，$b_1 = 1.2b$，$c = (0.60 \sim 0.64) b_1$，$d = (0.72 \sim 0.77) b_1$。

片弹簧在工作平面（最小刚度平面）上容易弯曲，在其他方向上具有较大的拉伸及弯曲刚度，因此片弹簧常用于检测仪表或自动装置中的敏感元件、弹性支承、定位装置和挠性连接等。

由片弹簧制作的弹性支承和定位装置，实际上没有摩擦和间隙，不需要经常润滑，同时比刃形支承具有更大的可靠性。

1.2 片弹簧的应力集中

由于片弹簧的结构中具有圆弧、圆孔和截面形状的变化，在这些地方会产生应力集中。当静载荷或载荷变化次数较少时，可不予考虑；在变载荷作用下，应力集中对疲劳强度的影响很大，则必须考虑。此时的实际最大应力 σ' 为

$$\sigma' = K_\sigma \sigma_{max} \qquad (16.9\text{-}1)$$

式中 K_σ——应力集中系数；

σ_{max}——表 16.9-2 中计算得到的应力。

图 16.9-2 所示为片弹簧弯曲部分的应力集中系数，按弯曲半径 r 和厚度 h 的比值查取。

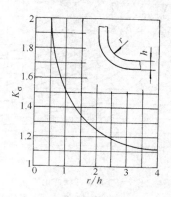

图 16.9-2 片弹簧弯曲部分的应力集中系数

图 16.9-3 所示为片弹簧上圆孔的应力集中系数，按圆孔直径 d 和宽度 b 的比值查取。

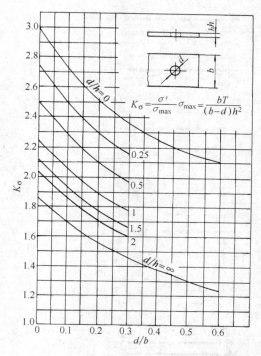

$$K_\sigma = \frac{\sigma'}{\sigma_{max}} \quad \sigma_{max} = \frac{bT}{(b-d)h^2}$$

图 16.9-3 片弹簧上圆孔的应力集中系数

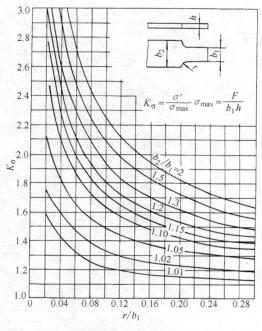

$$K_\sigma = \frac{\sigma'}{\sigma_{max}} \quad \sigma_{max} = \frac{F}{b_1 h}$$

图 16.9-4　板片宽度呈阶梯状变化的应力集中系数

图 16.9-4 所示为板片宽度呈阶梯状变化的应力集中系数，按过渡圆角半径 r 和较小宽度 b_1 的比值查取。

1.3　片弹簧的材料和许用应力

片弹簧的材料大多采用碳钢；当要求强度较高时采用合金钢；当要求耐蚀、耐热及导电性能良好时，可分别采用不锈钢、耐热钢或铜合金等材料。片弹簧一般采用轧制材料，并需经过热处理。表 16.9-1 列出了几种片弹簧常用材料的许用应力。

表 16.9-1　几种片弹簧常用材料的许用应力

材　　料	弹性模量 E/GPa	许用应力 $[\sigma]$/MPa	
		动载荷	静载荷
硅锰钢 60Si2Mn	206	412	640
铍青铜 QBe2	115	196~245	294~367
锌白铜 BZn15-20	124	176~215	269~318
锡青铜 QSn4-3	120	166~196	250~298

1.4　片弹簧的设计计算

常用的各种形状片弹簧的结构和受力情形、应力和变形量的计算公式见表 16.9-2。

表 16.9-2　片弹簧的结构和受力情形、应力和变形量的计算公式

序号	结构简图和受力情形	最大应力 σ_{max}/MPa	变形量 f_x 或 f_y/mm
1		$\sigma_{max} = \dfrac{Fl_1}{Z}$，在 A 点	当 $l_1 < x < l$ 时，$f_y = \dfrac{Fl_1^3}{6EI}\left(\dfrac{3x}{l_1} - 1\right)$ 当 $0 < x < l_1$ 时，$f_y = \dfrac{Fl_1 x^2}{6EI}\left(3 - \dfrac{x}{l_1}\right)$
2		$\sigma_{max} = \dfrac{Fl}{Z}$，在 A 点	$f_y = \dfrac{Fl^3}{3EI}$
3		$\sigma_{max} = \dfrac{Fl}{Z}$，在 A 点	$f_y = \dfrac{Fl^3 K_1}{3EI}$ 式中　K_1—形状系数，根据 $\dfrac{b_1}{b_2}$，从图 16.9-5 查取
4		$\sigma_{max} = \dfrac{Fl}{Z}$，在 A 点	$f_y = \dfrac{Fll_2^2}{6EI_2}\left(3 - \dfrac{l_2}{l}\right) + \dfrac{Fll_1 l_2}{2EI_2}\left(2 - \dfrac{l_2}{l}\right) + \dfrac{Fl_1^3}{3EI_1}$
5		$\sigma_{max} = \dfrac{Fl}{2Z}$，在 A 点	$f_y = \dfrac{Fl^3}{12EI}$

（续）

序号	结构简图和受力情形	最大应力 σ_{max}/MPa	变形量 f_x 或 f_y/mm
6		$\sigma_{max} = \dfrac{Fl}{4Z}$，在 A 点	$f_y = \dfrac{Fl^3}{48EI}$
7		$\sigma_{max} = \dfrac{Fl_1}{Z}$，在 A 点	$f_y = \dfrac{Fl_1 l_2^2}{2EI}$ $f_x = \dfrac{Fl_1^3}{3EI}\left(1 + \dfrac{l_2}{l_1}\right)$
8		当 $l_1 > \dfrac{l_3}{2}$ 时，在 BC 段 $\sigma_{max} = \dfrac{Fl_1}{Z}$ 当 $l_1 < \dfrac{l_3}{2}$ 时，在 D 点 $\sigma_{max} = \dfrac{F(l_3 - l_1)}{Z}$	$f_y = \dfrac{F}{3EI}(l_1^3 + 3l_1^2 l_2 + 3l_1^2 l_3 - 3l_1 l_3^2 + l_3^3)$
9		$\sigma_{max} = \dfrac{F_y r(\cos\alpha - \cos\varphi)}{Z}$，在 A 点 $\sigma_{max} = \dfrac{F_x r(\sin\varphi - \sin\alpha)}{Z}$，在 A 点	当 $\beta < \alpha$ 时， $f_y = (F_y r^3/EI)[(\varphi-\alpha)\cos\alpha\cos\beta - (\cos\alpha+\cos\beta)\times$ $(\sin\varphi-\sin\alpha) + \dfrac{1}{2}(\varphi-\alpha) + \dfrac{1}{4}(\sin2\varphi - \sin2\alpha)]$ 当 $\beta > \alpha$ 时， $f_y = (F_y r^3/EI)[(\varphi-\beta)\cos\alpha\cos\beta - (\cos\alpha+\cos\beta)\times$ $(\sin\varphi-\sin\beta) + \dfrac{1}{2}(\varphi-\beta) + \dfrac{1}{4}(\sin2\varphi - \sin2\beta)]$ 当 $\beta < \alpha$ 时， $f_x = (F_x r^3/EI)[(\varphi-\alpha)\sin\alpha\sin\beta - (\cos\alpha-\cos\beta)\times$ $(\sin\alpha+\sin\beta) + \dfrac{1}{2}(\varphi-\alpha) + \dfrac{1}{4}(\sin2\alpha - \sin2\varphi)]$ 当 $\beta > \alpha$ 时， $f_x = (F_x r^3/EI)[(\varphi-\beta)\sin\alpha\sin\beta - (\cos\beta-\cos\varphi)\times$ $(\sin\alpha+\sin\beta) + \dfrac{1}{2}(\varphi-\beta) + \dfrac{1}{4}(\sin2\beta - \sin2\varphi)]$
10		$\sigma_{max} = \dfrac{F_y r(1-\cos\varphi)}{Z}$，在 A 点 $\sigma_{max} = \dfrac{F_x r\sin\varphi}{Z}$，在 A 点	$f_y = \dfrac{F_y r^3}{4EI}(6\varphi + \sin2\varphi - 8\sin\varphi)$ $f_x = \dfrac{F_y r^3}{4EI}(\cos2\varphi - 4\cos\varphi + 3)$ $f_y = \dfrac{F_x r^3}{4EI}(\cos2\varphi - 4\cos\varphi + 3)$ $f_x = \dfrac{F_x r^3}{4EI}(2\varphi - \sin2\varphi)$
11		$\sigma_{max} = \dfrac{F_y r(1+\cos\alpha)}{Z}$，在 A 点 $\sigma_{max} = \dfrac{F_x r(1-\sin\alpha)}{Z}$ 当 $\alpha < 30°$时，在 A 点 $\sigma_{max} = \dfrac{F_x r\sin\alpha}{Z}$ 当 $\alpha > 30°$时，在 B 点	$f_y = \dfrac{F_y r^3}{EI}\left[(\pi-\alpha)\left(\dfrac{1}{2} + \cos^2\alpha\right) + \dfrac{3}{4}\sin2\alpha\right]$ $f_x = \dfrac{F_x r^3}{EI}\left[(\pi-\alpha)\left(\dfrac{1}{2} + \sin^2\alpha\right) + \dfrac{3}{4}\sin2\alpha - 2\sin\alpha\right]$

序号	结构简图和受力情形	最大应力 σ_{max}/MPa	变形量 f_x 或 f_y/mm
12		$\sigma_{max}=\dfrac{Fr(1+\cos\alpha)}{Z}$，在 A 点	$f_y=\dfrac{Fr^3}{EI}\left[(\pi-\alpha)(1+2\cos^2\alpha)+\dfrac{3}{2}\sin2\alpha\right]$ 当 $\alpha=0°$ 时，$f_y=\dfrac{3\pi Fr^3}{EI}$
13		$\sigma_{max}=\dfrac{F_yr}{Z}$，在 A 点 $\sigma_{max}=\dfrac{F_xr}{Z}$，在 A 点	$f_y=\dfrac{\pi F_yr^3}{4EI}$ $f_x=\dfrac{F_yr^3}{2EI}$ $f_y=\dfrac{F_xr^3}{2EI}$ $f_x=\dfrac{F_xr^3}{EI}\left(\dfrac{3\pi}{4}-2\right)$
14		$\sigma_{max}=\dfrac{2F_yr}{Z}$，在 A 点 $\sigma_{max}=\dfrac{F_xr}{Z}$，在 B 点	$f_y=\dfrac{3\pi F_yr^3}{2EI}$ $f_x=\dfrac{2F_yr^3}{EI}$ $f_y=\dfrac{2F_xr^3}{EI}$ $f_x=\dfrac{\pi F_xr^3}{2EI}$
15		$\sigma_{max}=\dfrac{Fr}{Z}$，在 A 点	$f_y=\dfrac{3\pi Fr^3}{4EI}$ 水平方向有约束时，$f_y=\dfrac{Fr^3}{EI}\left(\dfrac{9\pi^2-8}{12\pi}\right)$
16		$\sigma_{max}=\dfrac{F_y(l+r\sin\alpha)}{Z}$ 当 $\alpha\leqslant\dfrac{\pi}{2}$ 时，在 A 点 当 $\alpha>\dfrac{\pi}{2}$ 时，在 B 点 $\sigma_{max}=\dfrac{F_xr(1-\cos\alpha)}{Z}$ 在 A 点	$f_y=\dfrac{F_yr^3}{EI}\left[\dfrac{l_3}{3r^3}+\dfrac{\alpha l^2}{r^2}+\dfrac{2l}{r}(1-\cos\alpha)+\dfrac{\alpha}{2}-\sin2\alpha\right]$ $f_x=\dfrac{F_yr^3}{EI}\left[\dfrac{l}{r}(\alpha-\sin\alpha)-\cos\alpha+\dfrac{1}{4}\cos2\alpha+\dfrac{3}{4}\right]$ $f_y=\dfrac{F_xr^3}{EI}\left[\dfrac{l}{r}(\alpha-\sin\alpha)-\cos\alpha+\dfrac{1}{4}\cos2\alpha+\dfrac{3}{4}\right]$ $f_x=\dfrac{F_xr^3}{4EI}\left[6\alpha-8\sin\alpha+\sin2\alpha\right]$
17		$\sigma_{max}=\dfrac{F_y(l+r)}{Z}$，在 A 点 $\sigma_{max}=\dfrac{F_xr}{Z}$，在 A 点	$f_y=\dfrac{F_yr^3}{EI}\left(\dfrac{l^3}{3r^3}+\dfrac{\pi l^2}{2r^2}+\dfrac{2l}{r}+\dfrac{\pi}{4}\right)$ $f_x=\dfrac{F_yr^3}{EI}\left(\dfrac{\pi l}{2r}-\dfrac{l}{r}+\dfrac{1}{2}\right)$ $f_y=\dfrac{F_xr^3}{EI}\left(\dfrac{\pi l}{2r}-\dfrac{l}{r}+\dfrac{1}{2}\right)$ $f_x=\dfrac{F_xr^3}{EI}\left(\dfrac{3\pi}{4}-2\right)$
18		$\sigma_{max}=\dfrac{F[r(1-\cos\alpha+l\sin\alpha)]}{Z}$， 在 A 点	$f_y=\dfrac{Fr^3}{EI}\times$ $\left[\dfrac{l^3}{3r^3}+\dfrac{\alpha l^2}{r^2}+\dfrac{2l}{r}(1-\cos\alpha)+\dfrac{\alpha}{2}-\dfrac{1}{4}\sin2\alpha\right]\sin^2\alpha$

（续）

序号	结构简图和受力情形	最大应力 σ_{max}/MPa	变形量 f_x 或 f_y/mm
19		$\sigma_{max} = \dfrac{F[\,r(1-\cos\alpha)+l\sin\alpha\,]}{Z}$, 在 A 点	$f_y = \dfrac{2Fr^3}{EI} \times$ $\left[\dfrac{l^3}{3r^3} + \dfrac{\alpha l^2}{r^2} + \dfrac{2l}{r}(1-\cos\alpha) + \dfrac{\alpha}{2} - \dfrac{1}{4}\sin2\alpha\right] \times$ $\sin^2\alpha$
20		$\sigma_{max} = \dfrac{F_y(l+r)}{Z}$, 在 A 点 $\sigma_{max} = \dfrac{2F_x r}{Z}$, 在 B 点	$f_y = \dfrac{F_y r^3}{EI}\left(\dfrac{l^3}{3r^3} + \dfrac{\pi l^2}{r^2} + \dfrac{4l}{r} + \dfrac{\pi}{2}\right)$ $f_x = \dfrac{F_y r^3}{EI}\left(\dfrac{\pi l}{r} + 2\right)$ $f_y = \dfrac{F_x r^3}{EI}\left(\dfrac{\pi l}{r} + 2\right)$ $f_x = \dfrac{3\pi F_x r^3}{2EI}$
21		$\sigma_{max} = \dfrac{F_y(l+r)}{Z}$, 在 A 点 $\sigma_{max} = \dfrac{F_x r}{Z}$, 在 A 点	$f_y = \dfrac{F_y r^3}{EI}\left(\dfrac{l^3}{3r^3} + \dfrac{l^2}{r^2} + \dfrac{l}{r} + \dfrac{3\pi}{4} - 2\right)$ $f_x = \dfrac{F_y r^3}{EI}\left(\dfrac{l^2}{2r^2} + \dfrac{l}{r} + \dfrac{1}{2}\right)$ $f_y = \dfrac{F_x r^3}{EI}\left(\dfrac{l^2}{2r^2} + \dfrac{l}{r} + \dfrac{1}{2}\right)$ $f_x = \dfrac{F_x r^3}{EI}\left(\dfrac{l}{r} + \dfrac{\pi}{4}\right)$
22		$\sigma_{max} = \dfrac{2F_y r}{Z}$, 在 A 点 $\sigma_{max} = \dfrac{F_x l}{Z}$, 在 A 点	$f_y = \dfrac{F_y r^3}{EI}\left(\dfrac{4l}{r} + \dfrac{3\pi}{2}\right)$ $f_x = \dfrac{F_y r^3}{EI}\left(2 - \dfrac{l^2}{r^2}\right)$ $f_y = \dfrac{F_x r^3}{EI}\left(2 - \dfrac{l^2}{r^2}\right)$ $f_x = \dfrac{F_x r^3}{EI}\left(\dfrac{l^3}{3r^3} + \dfrac{\pi}{2}\right)$
23		$\sigma_{max} = \dfrac{F(l_1 + r)}{Z}$ 当 $l_1 > l_2$ 时, 在 A 点; 当 $l_1 < l_2$, 且 $(l_2 - l_1) < (l_1 + r)$ 时, 在 A 点; 当 $l_1 < l_2$, 且 $(l_2 - l_1) > (l_1 + r)$ 时, 在 B 点	$f_y = \dfrac{Fr^3}{EI}\left[\dfrac{1}{3}\left(\dfrac{l_1^3}{r^3} + \dfrac{l_2^3}{r^3}\right) + \dfrac{l_1^2}{r^2}\left(\pi + \dfrac{l_2}{r}\right) + \dfrac{l_1}{r}\left(4 - \dfrac{l_2^2}{r^2}\right) + \dfrac{\pi}{2}\right]$

（续）

序号	结构简图和受力情形	最大应力 σ_{max}/MPa	变形量 f_x 或 f_y/mm
24	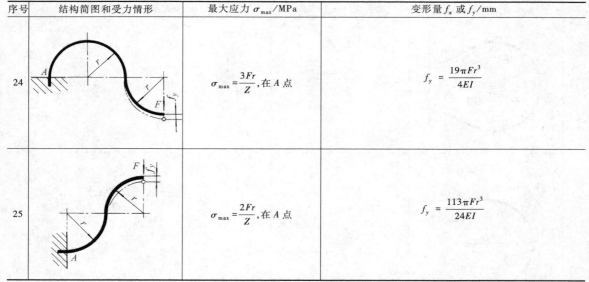	$\sigma_{max} = \dfrac{3Fr}{Z}$，在 A 点	$f_y = \dfrac{19\pi Fr^3}{4EI}$
25		$\sigma_{max} = \dfrac{2Fr}{Z}$，在 A 点	$f_y = \dfrac{113\pi Fr^3}{24EI}$

注：E—材料的弹性模量（MPa）；Z—抗弯截面系数（mm³）；I—截面二次矩（mm⁴）。表中片弹簧为矩形截面时，抗弯截面系数 $Z = \dfrac{bh^2}{6}$，截面二次矩 $I = \dfrac{bh^3}{12}$，其中 b 为截面宽度（mm），h 为截面厚度（mm）；片弹簧截面为圆形时，$Z = \dfrac{\pi d^3}{32}$，$I = \dfrac{\pi d^4}{64}$，其中 d 为圆形截面直径（mm）。

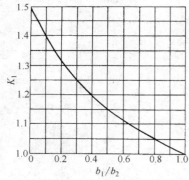

图 16.9-5　形状系数 K_1

1.5　片弹簧技术要求

1）弯曲加工部分的半径。片弹簧在成形时，大多数要进行弯曲加工。若弯曲部分的曲率半径相对较小，则这些部分将产生很大的应力，因此设计时应使弯曲半径至少是板厚的 5 倍。

2）缺口处或孔部位的应力集中。片弹簧常会有阶梯部分以及开孔，在尺寸急剧变化的阶梯处，将产生应力集中。孔的直径越小，板宽越大，则这一应力集中系数越大。

当安装片弹簧时，常在安装部分开孔用螺栓固定，而安装部分大多是产生最大应力处，这样就意味着在最大应力处还要叠加开孔产生的应力集中，从而使该处成为最易产生损坏的薄弱部位。特别是螺栓未拧牢固时，开孔处又承受往复载荷而更易产生损坏。因此，为了使计算值和实际弹簧的载荷与变形间的关系相一致，应要求将固定部位紧固。

3）弹簧形状和尺寸公差。片弹簧多用冲压加工，在设计时要考虑选择适宜冲压加工的形状和尺寸；同时，还要充分考虑弹簧在弯曲加工时的回弹及热处理时产生的变形等尺寸公差，不应提出过高的精度要求，以免提高成本和增加制造难度。板厚的公差执行相应国家标准或行业标准的规定。

4）应根据使用性能要求提出对弹簧进行热处理的要求，热处理后的硬度一般可以在 36～52HRC 之间确定。

1.6　设计计算示例

例 16.9-1　圆环形片弹簧的形状和尺寸如图16.9-6 所示，用弹簧钢 60Si2Mn 制造。当缺口处扩大到距离为 10mm 时，验算其所受的载荷大小及其应力是否在许用范围内。

解：

1）根据弹簧所用材料，由表 16.9-1 查得其许用应力 $[\sigma] = 640$MPa，材料的弹性模量 $E = 206000$MPa。

2）计算弹簧的最大应力。从表 16.9-2 查得圆环

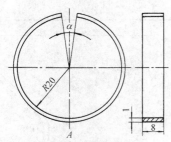

图 16.9-6　圆环形片弹簧

形片弹簧的最大应力 $\sigma_{max} = \dfrac{Fr(1+\cos\alpha)}{Z}$ ，位置在 A 点。当缺口处夹角 α 为 0° 时，弹簧的变形量 $f = \dfrac{3\pi Fr^3}{EI}$ 。由此两公式计算出最大应力 σ_{max}

$$\sigma_{max} = \frac{2fEI}{3\pi r^2 Z} = \frac{fEh}{3\pi r^2}$$

$$= \frac{10 \times 206000 \times 1}{3 \times \pi \times 20^2}\text{MPa} = 546\text{MPa}$$

此值没有超过许用应力 $[\sigma]$ ，因此弹簧的最大应力在许用范围内。

3）计算对应于变形量 $f = 10\text{mm}$ 的相应载荷。由表 16.9-2 中公式得

$$F = \frac{fEI}{3\pi r^3} = \frac{10 \times 206000 \times \frac{8 \times 1^3}{12}}{3 \times \pi \times 20^3}\text{N} = 18.2\text{N}$$

2　线弹簧

线弹簧是用线材按一定形状制造的弹簧，一般用于载荷较小、对弹簧特性没有严格要求的场合。线材的截面形状多半是圆形，向任何方向施加载荷，都可以获得相同的变形，即各个方向的弹簧刚度是相等的。另外，线弹簧和片弹簧不同，片弹簧的扭转刚度较大，而线弹簧的扭转刚度则较小。因此，线弹簧在工作中不仅承受弯曲应力，也可以承受扭转应力，或者是弯曲和扭转的复合应力。线弹簧的形状和作用是多种多样的。

当线弹簧的结构和受力情形与表 16.9-2 中相同时，该表中计算公式均可采用，只需将表中抗弯截面系数 Z 和惯性矩 I 按线材截面形状考虑。当截面形状是圆形，圆的直径为 d 时，$Z = \dfrac{\pi d^3}{32}$ ，$I = \dfrac{\pi d^4}{64}$ ；当截面形状是方形，其边长为 a 时，$Z = \dfrac{a^3}{6}$ ，$I = \dfrac{a^4}{12}$ 。

线弹簧大多用冷拉钢丝和其他金属线材制造。大量生产时，常用专门的线成形机进行加工成形，成形后再低温退火和做防锈处理。当弹簧承受弯曲应力时，可参照本篇第 2 章中扭转螺旋弹簧选用相应的许用应力，如承受扭转应力则参照压缩螺旋弹簧选用相应的许用应力。

2.1　线弹簧的基本计算公式 （见表 16.9-3）

表 16.9-3　线弹簧的基本计算公式

类型	结构及计算公式
圆弧线弹簧的计算	图 a 为圆弧线弹簧,钢丝挡圈、弹簧圈即为这类线弹簧 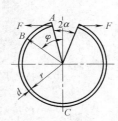 a）圆弧线弹簧 若缺口处的作用力为 F ，则该处的变形量为 $$f = (2Fr^3/EI)[(\pi-\alpha)(\cos^2\alpha+1/2)+3\sin(2\alpha)/4]$$ 式中,E、I 的意义同前,r、α 的意义见图 a 弹簧的刚度为 $$k = EI/\{r^3[(\pi-\alpha)(\cos^2\alpha+1/2)+3\sin(2\alpha)/4]\}$$ 变形能为 $$U = (F^2r^3/2EI)[(\pi-\alpha)(\cos^2\alpha+1/2)+3\sin(2\alpha)/4]$$ 最大应力产生在缺口对面的 C 点,其值为 $$\sigma = Fr(\cos\alpha+1)/Z_m$$

（续）

类型	结构及计算公式
圆弧和直线构成的线弹簧的计算	在两端作用载荷 F 时,在载荷作用方向上的变形量 $f=2Fl^3\cos^2\alpha/(3EI)+[2Fr\cos^2\alpha/(EI)]\left[l^2\beta+2lr(1-\cos\beta)+r^2\left(\beta-\dfrac{1}{2}\sin^2\beta\right)/2\right]$ 式中,E 和 I 的意义同前,其余各符号的意义见图 b 弹簧的刚度为 $k=3EI/\left\{\cos^2\alpha\left[l^3+3r\left(l^2\beta+2lr-2lr\cos\beta+r^2\beta/2-\dfrac{1}{4}r^2\sin\beta\right)\right]\right\}$ 弹簧的变形能为 $U=F^2l^3\cos^2\alpha/(6EI)+[F^2r\cos^2\alpha/(2EI)]\left[l^2\beta+2lr(1-\cos\beta)+r^2\left(\beta-\dfrac{1}{2}\sin^2\beta\right)/2\right]$ 最大应力产生在 A 点,其值为 $\sigma=F(r\sin\beta+l)\cos\alpha/Z_m$ 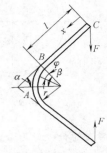 b)圆弧与直线构成的线弹簧

2.2　设计计算示例

例 16.9-2　图 16.9-7 所示为用圆截面钢丝制造的卡簧。其尺寸 $r=15$mm、$L=40$mm、$R=5$mm。当张开卡簧、其载荷 F 为 18N 时, 其相应变形量 f 为 5mm。卡簧用油淬火-回火碳素弹簧钢丝制作, 计算制作卡簧的钢丝直径 d, 并验算其强度和变形量。

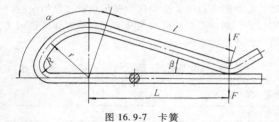

图 16.9-7　卡簧

解:

（1）卡簧结构分析

略去半径 R 和载荷 F 的右侧部分, 此卡簧可简化为在圆弧 R 处分割的由表 16.9-2 中序号 2 情形和序号 18 情形构成的线弹簧, 弹簧的总变形量为两种情形变形量之和。

（2）计算卡簧材料钢丝的直径 d

假设卡簧两组成部分的变形量各为其总变形量的一半。由表 16.9-2 中序号 2 情形的变形量公式 $f_y=\dfrac{Fl^3}{3EI}$

$=\dfrac{64Fl^3}{3\pi d^4E}$, 得到计算钢丝直径 d 的公式

$$d=\sqrt[4]{\dfrac{64Fl^3}{3\pi Ef_y}}=\sqrt[4]{\dfrac{64\times18\times(15+40)^3}{3\times\pi\times206000\times5/2}}\text{mm}$$

$=2.506$mm

取钢丝直径为 2.5mm。校核卡簧下半部分的变形量。

$$f_{y1}=\dfrac{64Fl^3}{3\pi d^4E}=\dfrac{64\times18\times(15+40)^3}{3\times\pi\times2.5^4\times206000}\text{mm}$$

$=2.527$mm

（3）计算卡簧上半部分的变形量 f_{y2}

为了能采用表 16.9-2 序号 18 情形中变形量的计算公式, 用图 16.9-7 中尺寸 r 和 L 算出其余尺寸的数值, 得到 $l=34.4$mm, $\beta=22°$, $\alpha=112°$ (计算过程从略)。由此计算其变形量 f_{y2}

$$f_{y2}=\dfrac{64Fr^3}{\pi d^4E}\left[\dfrac{l^3}{3r^3}+\dfrac{\alpha l^2}{r^2}+\dfrac{2l}{r}(1-\cos\alpha)+\dfrac{\alpha}{2}-\dfrac{\sin2\alpha}{4}\right]\sin^2\alpha$$

$$=\dfrac{64\times18\times15^3\text{mm}}{\pi\times2.5^4\times206000}\left[\dfrac{34.4^3}{3\times15^3}+\dfrac{1.96\times34.4^2}{15^2}+\right.$$

$$\left.\dfrac{2\times34.4}{15}(1-\cos112°)+\dfrac{1.96}{2}-\dfrac{\sin(2\times112°)}{4}\right]\times\sin^2112°$$

$=2.876$mm

两部分变形量之和为

$$f=f_{y1}+f_{y2}=(2.527+2.876)\text{mm}=5.4\text{mm}$$

此值与设计要求接近, 因此钢丝直径为 2.5mm 是合适的。

（4）验算强度

从表 16.2-8 查得油淬火-回火碳素弹簧钢丝的抗拉强度 R_m 为 1270MPa, 按 Ⅲ 类载荷考虑, 从表 16.2-12 得到其许用弯曲应力 $[\sigma_B]=0.80R_m=0.8\times1270MPa=1016$MPa。

由表 16.9-2 中序号 2 情形, 卡簧的最大应力公式计算得到其应力为

$$\sigma_{max}=\dfrac{Fl}{Z}=\dfrac{18\times55}{\pi\times2.5^3/32}\text{MPa}=645.4\text{MPa}$$

考虑卡簧的圆弧 R 处存在有应力集中, 由其半径 R 和钢丝直径 d 之比值 5:3, 从图 16.9-2 查得应力集中系数为 1.3。卡簧的实际最大应力 $\sigma'=K_\sigma\sigma_{max}=1.3\times645.4MPa=839$MPa。此值小于许用应力, 因此卡簧在强度上是安全的。

第10章 平面涡卷弹簧

1 平面涡卷弹簧的特点和类型

平面涡卷弹簧是将等截面的细长材料绕制成平面螺旋线形,工作时一端固定,另一端施加转矩,线材各截面承受弯曲力矩而产生弯曲弹性变形,在本身平面内产生扭转,其变形角的大小和施加的转矩成正比。它的刚度较小,一般在静载荷下工作。由于卷绕圈数可以很多,变形角大,能在较小体积内储存较多能量。材料截面形状多半是长方形的,也有是圆形的。平面涡卷弹簧依据相邻圈是否接触分为两类:非接触型和接触型。

非接触型平面涡卷弹簧常用来产生反作用力矩,如用于电动机电刷的压紧弹簧和仪表、钟表中的游丝等均属于这一类。

接触型平面涡卷弹簧可储存较多能量,常用作各种仪器或钟表机构中的原动机,俗称发条。

2 平面涡卷弹簧的材料和许用应力

平面涡卷弹簧的常用材料有碳素工具钢T7~T10和高弹性合金钢60Si2MnA、50CrVA和60Si2CrA等。对于有特殊要求的场合,也可采用不锈钢、青铜或其他耐蚀的高弹性合金材料。通常用来制作弹簧的钢带有弹簧钢、工具钢冷轧钢带、热处理弹簧钢带和汽车车身附件用异形钢丝等。表16.10-1列出了热处理弹簧钢带的硬度和强度。

表16.10-1 热处理弹簧钢带的硬度和强度
（摘自 YB/T 5063—2007）

钢带的强度级别	硬 度		抗拉强度 R_m /MPa
	HV	HRC	
I	375~485	40~48	1270~1560
II	486~600	48~55	1560~1860
III	>600	>55	>1860

材料的许用应力可参考本篇第2章圆柱扭转弹簧的规定选取。作为动力用的接触型弹簧的许用应力较高,接近于材料的强度极限,其疲劳强度可按作用次数选取相应的有限疲劳极限。

3 平面涡卷弹簧的设计计算

3.1 非接触型平面涡卷弹簧的设计计算

非接触型平面涡卷弹簧（见图16.10-1）在工作

中各圈均不接触,常用来产生反作用力矩,如电动机电刷的压紧弹簧和仪器、钟表中的游丝等均属于这种弹簧。非接触型平面涡卷弹簧分为外端固定和外端回转两种,它们的强度和变形角计算略有差异,但它们的特性都属于线性的。

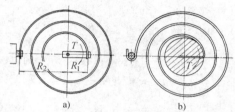

图16.10-1 非接触型平面涡卷弹簧
a) 外端固定 b) 外端回转

在弹簧的心轴上施加转矩 T 后,它使弹簧产生角变形,其变形角 φ、弹簧刚度 k 和弯曲应力 σ 的计算式分别为

$$\varphi = \frac{m_1 Tl}{EI} \qquad (16.10\text{-}1)$$

$$k = \frac{T}{\varphi} = \frac{EI}{m_1 l} \qquad (16.10\text{-}2)$$

$$\sigma = \frac{m_2 T}{Z} \leqslant \sigma_p \qquad (16.10\text{-}3)$$

式中　l——弹簧的工作长度（mm）;

E——材料弹性模量（MPa）;

I——材料截面二次矩（mm^4）,矩形截面 $I = \dfrac{bh^3}{12}$,圆形截面 $I = \dfrac{\pi d^4}{64}$,其中 b、h 和 d 为截面的宽度、厚度和直径;

Z——材料抗弯截面系数（mm^3）,矩形截面 $Z = \dfrac{bh^2}{6}$,圆形截面 $Z = \dfrac{\pi d^3}{32}$;

σ、σ_p——弯曲应力和许用弯曲应力（MPa）;

m_1——系数,外端固定时,$m_1 = 1$;外端回转时,$m_1 = 1.25$;

m_2——系数,外端固定时,$m_2 = 1$;外端回转时,$m_2 = 2$。

如变形角改用转数 n 表示,式（16.10-1）可改写为

$$n = \frac{Tl}{2\pi EI} \qquad (16.10\text{-}4)$$

在设计中,一般是给出承受的转矩和相应的变形角 φ,根据工作条件选取材料,计算弹簧的各有关参数。

（1）弹簧材料的截面尺寸

先根据安装空间的要求选取宽度 b，然后计算材料的厚度。

$$h = \sqrt{\frac{6m_2 T}{b\sigma_p}} \qquad (16.10\text{-}5)$$

（2）弹簧材料的长度

$$l = \frac{EI\varphi}{m_1 T} = \frac{2\pi nEI}{m_1 T} \qquad (16.10\text{-}6)$$

材料的总长度为

$$L = l + 两端固定部分的长度$$

（3）弹簧的半径和节距

弹簧的内半径 R_1、外半径 R_2 和节距 t 按下列公式计算：

$$R_1 = (8 \sim 15)h \qquad (16.10\text{-}7)$$

$$R_2 = R_1 + nt \qquad (16.10\text{-}8)$$

$$R_2 = \frac{2l}{\varphi} - R_1 \qquad (16.10\text{-}9)$$

$$t = \frac{\pi(R_2^2 - R_1^2)}{l} \qquad (16.10\text{-}10)$$

3.2　接触型平面涡卷弹簧的设计计算

3.2.1　结构和特性线

接触型平面涡卷弹簧常用来作为各仪器和钟表机构中的发条。弹簧外端固定在簧盒内壁上，内端固定在心轴上。当心轴上施加转矩时，弹簧被卷紧并储蓄能量。卷紧后如图 16.10-2a 所示，弹簧各圈紧密接触，紧抱在心轴上。松卷时释放变形能而输出工作力矩，完全松卷时如图 16.10-2b 所示，弹簧各圈也紧密接触，紧贴在簧盒内壁上。在卷紧和松卷过程中，各圈间有滑动摩擦，加上弹性滞后的影响，其特性曲线如图 16.10-3 所示。卷紧特性线为图中的 BC，松卷特性线为 EFB，图中 AD 为理论特性线。

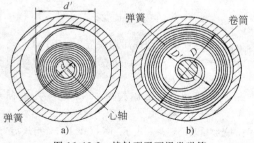

图 16.10-2　接触型平面涡卷弹簧

a）卷紧状态　b）松卷状态

弹簧内端和外端的固定形式及性能见表 16.10-2、表 16.10-3。

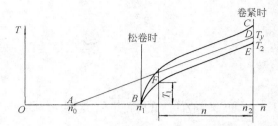

图 16.10-3　接触型平面涡卷弹簧的特性曲线

表 16.10-2　弹簧内端的固定形式及性能

（摘自 JB/T 7366—1994）

形　式	说　　明
	这种固定形式结构简单，销子端使弹簧材料产生应力集中，用于不太重要机构中的弹簧
	这种固定形式用于材料较厚的弹簧
	这种固定形式用于具有较大心轴直径的弹簧
	这种固定形式是将心轴表面制成螺旋线形状，用弯钩将弹簧端部固定，用于重要和精密机构中的弹簧

3.2.2　设计计算

接触型平面涡卷弹簧的转矩与变形角间的关系不但与弹簧材料、簧盒内径、心轴直径、弹簧长度、截面尺寸和内、外端固定形式有关，还与弹簧材料的表面粗糙度和润滑条件有关。要精确计算比较困难，所列有关计算式多为近似式，计算结果与实际情况有一定误差，对精度要求高的弹簧应通过试验修正。

接触型平面涡卷弹簧多用钢带制作，所以下列公式仅适用于矩形截面材料制成的弹簧。

（1）弹簧的转矩

参看图 16.10-3，弹簧的极限转矩 T_j、最大工作转矩 T_{max} 和最小工作转矩 T_{min} 用下列公式计算：

表 16.10-3　弹簧外端的固定形式及性能

（摘自 JB/T 7366—1994）

形式及其系数	说　　　明
铰式固定 $m_3 = 0.65 \sim 0.70$	圈间摩擦较大,使输出力矩降低很多,且刚度不稳,不适用于精密和特别重要机构中的弹簧
销式固定 $m_3 = 0.72 \sim 0.78$	圈间摩擦比铰式固定为低,适用于尺寸较大的弹簧
V 形固定 $m_3 = 0.80 \sim 0.85$	结构简单,但弯曲处容易断裂,适用于尺寸较小的弹簧
衬片固定 $m_3 = 0.90 \sim 0.95$	在端部铆接衬片,衬片两侧凸耳分别插入盒底和盒盖的长方形孔中,衬片在方孔中可移动,减少了圈间摩擦,有较稳定的刚度,是较合理的固定形式

$$T_j = \frac{bh^2}{6} R_m \qquad (16.10\text{-}11)$$

$$T_{max} = m_3 T_j = m_3 \frac{bh^2}{6} R_m \qquad (16.10\text{-}12)$$

$$T_{min} = (0.5 \sim 0.7) T_{max} = (0.5 \sim 0.7) m_3 \frac{bh^2}{6} R_m$$

$$(16.10\text{-}13)$$

式中　R_m——材料的抗拉强度（MPa）;

　　　b——材料截面的宽度（mm）;

　　　h——材料截面的厚度（mm）;

　　　m_3——强度系数,与外端固定形式有关,从表 16.10-3 中查取。

（2）弹簧材料截面尺寸

一般先根据安装空间的要求先选定宽度 b,然后计算厚度 h。

$$h = \sqrt{\frac{6T_j}{bR_m}} = \sqrt{\frac{6T_{max}}{m_3 bR_m}} \qquad (16.10\text{-}14)$$

（3）弹簧材料的长度

弹簧的工作部分长度 l 根据理论工作转数 n 由下式计算:

$$l = \frac{\pi Ehn}{m_3 m_4 R_m} = \frac{\pi Eh}{m_3 R_m}(n_2 - n_1) \qquad (16.10\text{-}15)$$

式中　E——材料弹性模量（MPa）;

　　　m_4——转数 n 的有效系数,根据心轴直径 d 和材料厚度 h 之比从图 16.10-4 中查取;

　　　n_2——弹簧卷紧在心轴上的圈数;

　　　n_1——弹簧在簧盒内,松卷状态下的圈数。

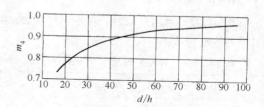

图 16.10-4　有效系数 m_4

弹簧材料的总长度为

$$L = l + l_d + l_D \qquad (16.10\text{-}16)$$

式中　l_d——固定在心轴上的长度,一般取 $l_d = (1 \sim 1.5)\pi d$;

　　　l_D——固定在簧盒上的长度,一般取 $l_D = 0.8\pi d$。

设计时,一般取 $l/h = 3000 \sim 7000$,最大不超过 15000。

（4）心轴和簧盒尺寸

心轴直径 d 应在 $(15 \sim 25)h$ 范围内选取,一般取 $d \approx 20h$。直径 d 过小,将使 σ_j 增大;d 过大则转矩和圈数将减小。

簧盒内径是簧盒内有效面积和弹簧所占面积之比决定的。当比值为 2 时,弹簧的变形圈数最多,此时簧盒内径为

$$D = \sqrt{2.55lh + d^2} \qquad (16.10\text{-}17)$$

（5）弹簧的转数和圈数

当弹簧的工作圈数、工作长度、心轴直径和簧盒内径确定后,弹簧的有关转数和圈数可由下列公式计算得到。

弹簧卷紧在心轴上的外直径（见图 16.10-2a）为

$$d' = \sqrt{\frac{4lh}{\pi} + d^2} \qquad (16.10\text{-}18)$$

弹簧松卷时簧圈内直径（见图 16.10-2b）为

$$D' = \sqrt{D^2 - \frac{4lh}{\pi}} \qquad (16.10\text{-}19)$$

弹簧在簧盒内,松卷状态下的圈数为

$$n_1 = \frac{1}{2h}(D - D') \qquad (16.10\text{-}20)$$

弹簧卷紧在心轴上的圈数为

$$n_2 = \frac{1}{2h}(d' - d) \qquad (16.10\text{-}21)$$

自由状态下弹簧的圈数为

$$n' = n_2 - n \qquad (16.10\text{-}22)$$

4　平面涡卷弹簧的技术要求

4.1　材料尺寸系列

材料的厚度尺寸系列见表 16.10-4。材料的宽度尺寸系列见表 16.10-5。

表 16.10-4　材料的厚度尺寸系列　　（mm）

0.5	0.55	0.60	0.70	0.80	0.90	1.00	1.10	1.20	1.40
1.50	1.60	1.80	2.0	2.2	2.5	2.8	3.0	3.2	3.5
3.8	4.0								

表 16.10-5　材料的宽度尺寸系列　　（mm）

5	5.5	6	7	8	9	10	12	14	16
18	20	22	25	28	30	32	35	40	45
50	60	70	80						

4.2　各尺寸与几何参数的允许偏差

弹簧各圈应在垂直于涡旋中心线的同一平面上，其平面度公差见表 16.10-6；非接触型平面涡卷弹簧圈数的极限偏差见表 16.10-7；弹簧内、外径的极限偏差见表 16.10-8；弹簧弯钩钩部长度的极限偏差见表 16.10-9。

表 16.10-6　平面度公差　　（mm）

弹簧外径	≤50	>50~100	>100~200	>200
平面度公差	1	2	3	协议

表 16.10-7　非接触型平面涡卷弹簧圈数的极限偏差

精度等级	1 级	2 级
极限偏差/圈	±0.125	±0.25

表 16.10-8　弹簧内、外径的极限偏差　　（mm）

精度等级		1 级	2 级
极限偏差	D_2	±0.03D_2，最小±0.5	±0.04D_2，最小±0.7
	D_1	±0.03D_1，最小±0.3	±0.04D_1，最小±0.4

表 16.10-9　弹簧弯钩钩部长度的极限偏差　　（mm）

弯钩钩部长度	≤10	>10~30	>30
极限偏差	±1.0	±1.5	±2.0

5　设计计算示例

例 16.10-1　设计一接触型平面涡卷弹簧。已知其工作转矩 T_{max} 为 1000N·mm，工作转数为 8 圈，弹簧外端采用 V 形固定。

解：

（1）选用材料

选用热处理弹簧钢带制作，取其材料为 T8A，硬度为 53HRC，对应的抗拉强度 $R_m = 1780$MPa。

（2）计算最小工作转矩和极限转矩

取最小和最大工作转矩之比为 0.6，按式（16.10-13）计算最小工作转矩，得

$$T_{min} = 0.6T_{max} = 0.6 \times 1000\text{N·mm} = 600\text{N·mm}$$

从表 16.10-3 查得 V 形固定的系数 $m_3 = 0.82$，按式（16.10-12）计算极限转矩，得

$$T_j = T_{max}/m_3 = (1000/0.82) \text{ N·mm} \approx 1220\text{N·mm}$$

（3）计算材料截面尺寸

取材料的截面宽度 $b = 12$mm。按式（16.10-14）计算截面的厚度，得

$$h = \sqrt{\frac{6T_j}{bR_m}} = \sqrt{\frac{6 \times 1220}{12 \times 1780}}\text{mm} = 0.585\text{mm}$$

按表 16.10-4 取值 $h = 0.6$mm。

（4）确定材料的长度

选定心轴直径 d 和弹簧厚度之比为 20。

心轴直径 $d = 20h = 20 \times 0.6$mm = 12mm。

从图 16.10-4 查得对应的有效系数 $m_4 = 0.8$。按式（16.10-15）计算弹簧工作长度，得

$$l = \frac{\pi Ehn}{m_3 m_4 R_m} = \frac{\pi \times 206000 \times 0.6 \times 8}{0.82 \times 0.8 \times 1780}\text{mm} = 2660\text{mm}$$

取心轴上固定部分的长度 $l_d = 1.5\pi d = 1.5 \times \pi \times 12$mm = 57mm。取簧盒上固定部分的长度 $l_D = 0.8\pi d = 0.8 \times \pi \times 12$mm = 30mm。弹簧材料的总展开长度 $L = l + l_d + l_D = (2660 + 57 + 30)$ mm = 2747mm。

（5）弹簧各部分的圈数

按式（16.10-17）~ 式（16.10-22）计算各部分的直径大小和圈数。

簧盒内径为

$$D = \sqrt{2.55lh+d^2}$$
$$= \sqrt{2.55\times2660\times0.6+12^2}\,\text{mm}$$
$$= 64.9\text{mm}，取 D=65\text{mm}$$

弹簧卷紧在心轴上的外直径为

$$d' = \sqrt{\frac{4lh}{\pi}+d^2} = \sqrt{\frac{4\times2660\times0.6}{\pi}+12^2}\,\text{mm} = 46.6\text{mm}$$

弹簧在簧盒内，松卷时簧圈内直径为

$$D' = \sqrt{D^2-\frac{4lh}{\pi}} = \sqrt{65^2-\frac{4\times2660\times0.6}{\pi}}\,\text{mm} = 46.8\text{mm}$$

弹簧在簧盒内，松卷状态下的圈数为

$$n_1 = \frac{1}{2h}(D-D') = \frac{1}{2\times0.6}(65-46.8)\,圈$$
$$= 15.2\,圈$$

弹簧卷紧在心轴上的圈数为

$$n_2 = \frac{1}{2h}(d'-d) = \frac{1}{2\times0.6}(46.6-12)\,圈$$
$$= 28.8\,圈$$

自由状态下即工作转矩最小时的圈数为

$$n' = n_2-n = (28.8-8)\,圈 = 20.8\,圈。$$

（6）弹簧工作图见图 16.10-5。

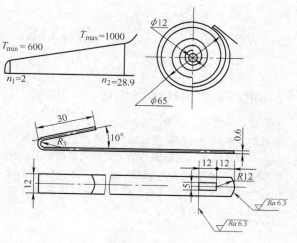

技 术 要 求

1. 材料为 $T8A$，硬度 53HRC。
2. 弹簧自由状态圈数 $n'=20.8$ 圈。
3. 弹簧的有效工作转数 $n=8$ 圈。
4. 弹簧材料的展开长度 $L=2747mm$。
5. 表面处理，氧化涂防锈油。

图 16.10-5　弹簧工作图

第 11 章 扭杆弹簧

1 扭杆弹簧的结构和特点

扭杆弹簧的主体为一直杆，一端固定，另一端承受载荷，利用杆的扭转变形起弹簧作用。扭杆的截面形状可以是圆形、空心圆环形、矩形或多边形等。杆的端部则制成花键轴形或多边形，如图 16.11-1 所示。为了保证机构的刚度，扭杆弹簧可以采用组合式，如串联式和并联式，如图 16.11-2 所示。

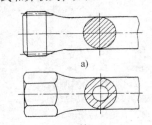

图 16.11-1 扭杆弹簧的端部形状
a) 圆形 b) 空心圆环形

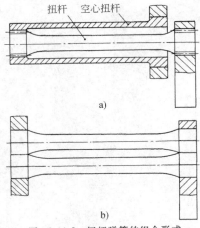

图 16.11-2 扭杆弹簧的组合形式
a) 串联式 b) 并联式

扭杆弹簧具有重量轻、结构简单、占空间小等优点，其缺点是需精选材料，端部加工困难。主要用在车辆的牵引和悬挂装置。

扭杆弹簧的应用如下：

1）作为轿车和小型车辆的悬挂弹簧。

2）在使用空气弹簧缓冲的铁道车辆和汽车上，采用大型扭杆弹簧作为稳压器。

3）在高速内燃机中可用扭杆弹簧作为阀门弹簧，主要是利用扭杆弹簧在承受高频振动载荷时，不会像螺旋弹簧那样产生颤动的特性。

4）在驱动轴中插入扭杆弹簧，用以缓和转矩的变化。

5）小型车辆上用的稳压器多采用柄和杆为一体的扭杆弹簧，其形状较复杂，如图 16.11-3 所示。其中 A、B 两处受到方向相反、大小相等且垂直于纸面的载荷，C、D 两处为支承点；图 16.11-3a 和 b 分别为采用孔和螺栓固定。

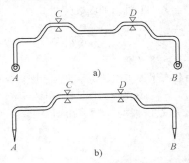

图 16.11-3 柄和杆成为一体的扭杆弹簧

2 扭杆弹簧的材料和许用应力

扭杆弹簧一般采用热轧弹簧钢，要注意其淬透性和加工性，经热处理后，其硬度应能达到 50HRC 左右。常用的材料有 40CrNiMoA、45CrNiMoVA、50CrVA 和 60Si2MnA 等。

扭杆弹簧的使用应力高，同时直径的误差对弹簧刚度影响较大，一般使用经过磨削或车削加工去除了表层缺陷的材料。直径的公差要求较严，通常用 js11。

对扭杆弹簧进行喷丸、强扭和滚压等机械强化处理都能提高疲劳寿命。喷丸和强扭一般同时使用，但必须先喷丸后强扭，如果只使用强扭，效果较差。杆体滚压强化，尤其是两端花键部分滚压，对提高寿命效果显著。机械强化处理不能提高塑性变形率，因此在确定许用应力时，要注意塑性变形率的允许程度。

对仅承受单向载荷的扭杆弹簧，若其材料是 45CrNiMoVA，热处理后硬度达到 44~50HRC 时，其相应屈服强度 R_{eL} 约为 1300~1400MPa，若再经滚压和强化处理，并取许用应力 $[\tau_p]$ = 810~890MPa，可得到 10^5 次以上的疲劳寿命。对承受对称载荷或平均应力比较小的扭杆弹簧，应根据对称疲劳极限确定其许用应力。其对称疲劳极限：当 $N = 10^6$ 时，$\sigma_{-1} = 800\text{MPa}$，$\tau_{-1} = 410\text{MPa}$。

3　扭杆弹簧的端部结构和有效工作长度

3.1　扭杆弹簧的端部结构

扭杆弹簧是具有一定截面的直杆。为了扭杆弹簧和转臂之间的安装，其端部（安装连接部分）多制成多边形、细齿形或花键形，如图 16.11-4 所示。

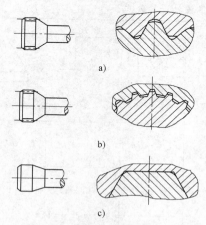

图 16.11-4　扭杆弹簧的端部结构
a) 花键形　b) 细齿形　c) 六边形

矩形和渐开线形花键的尺寸根据扭杆弹簧直径由 GB/T 1144—2001 和 GB/T 3478.1—2008 确定。

细齿形扭杆弹簧端部的几何尺寸参照表 16.11-1；细齿形扭杆弹簧外径为扭杆弹簧直径的 1.15 ~ 1.25 倍，长度为扭杆弹簧直径的 0.5 ~ 0.7 倍。

表 16.11-1　细齿形扭杆弹簧端部的几何尺寸

模数 m/mm	齿数 z	齿顶圆直径 d_a/mm	齿根圆直径 d_f（>杆径）/mm
0.75	10	15.00	13.50
	22	17.25	15.75
	25	19.50	18.00
	28	21.75	20.25
	31	24.00	22.50
	34	26.25	24.75
	37	28.50	27.00
	40	30.75	29.25
	43	23.00	31.50
	46	35.25	33.75
	49	37.50	36.00
1.0	38	39.00	37.00
	40	41.00	39.00
	43	44.00	42.00
	46	47.00	45.00
	49	50.00	48.00

当端部为六边形时，其对边间距离约为扭杆弹簧直径的 1.2 ~ 1.4 倍，长度约为杆径 0.7 ~ 1.0 倍；当端部为花键形时，取渐开线花键的压力角为 45°，模数为0.75或1.0，花键外径约为杆径的 1.2 ~ 1.3 倍，长度为杆径的 0.5 ~ 0.7 倍。为防止疲劳破坏，花键齿底部圆角半径应足够大，并保证装配后在全长上啮合，以避免降低寿命。

如果安装扭杆弹簧的结构件刚性不足，会使扭杆弹簧受到弯曲载荷，这也是扭杆弹簧折损的原因之一。为避免此种情形，在两端或一端加橡胶衬垫。

为避免产生过大的应力集中，扭杆弹簧端部和杆体连接处的过渡圆角半径必须大于扭杆弹簧直径的 3 ~ 5 倍（见图 16.11-5）。如果用圆锥形过渡（见图 16.11-6），圆锥锥顶角 β 一般取 30°，圆锥和杆体间的过渡圆角半径约为杆体直径的 1.5 倍。

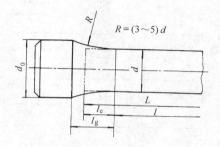

图 16.11-5　扭杆弹簧端部的圆弧过渡

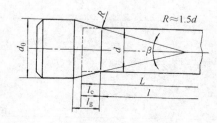

图 16.11-6　扭杆弹簧端部的圆锥形过渡

3.2　扭杆弹簧的有效工作长度

因杆体两端过渡部分也要产生扭转变形，在计算时应将两端的过渡部分换算为当量长度。对于圆形截面扭杆弹簧，当取图 16.11-5 或图 16.11-6 所示的结构时，其过渡部分的当量长度 l_e 可由图 16.11-7 中查取，此时扭杆弹簧的有效长度为

$$L = l + 2l_e \qquad (16.11-1)$$

式中　l——杆体长度。

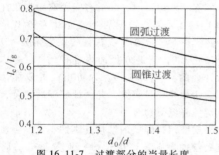

图 16.11-7　过渡部分的当量长度

4　扭杆弹簧的设计计算

4.1　单根扭杆弹簧的设计计算

将扭杆弹簧的一端固定，另一端施加扭矩 T，各种截面形状扭杆弹簧的扭转变形角 φ、扭转切应力 τ，以及扭转刚度 k 等的计算公式见表 16.11-2。表中矩形截面的边长 b 是长边，a 是短边，计算公式中系数 k_1 和 k_2 的值由表 16.11-3 查取。

表 16.11-2　各种截面形状扭杆弹簧的设计计算公式

	圆形	空心圆形	椭圆形	矩形	正方形	三角形
扭杆的截面形状	(d)	(d_2, d_1)	(d_1, d_2)	(b, a)	(a)	(a)
截面二次极矩 $I_{\mathrm{p}}/\mathrm{mm}^4$	$I_{\mathrm{p}}=\dfrac{\pi d^4}{32}$	$I_{\mathrm{p}}=\dfrac{\pi(d_1^4-d_2^4)}{32}$	$I_{\mathrm{p}}=\dfrac{\pi d_1^3 d_2^3}{16(d_1^2+d_2^2)}$	$I_{\mathrm{p}}=k_1 a^3 b$	$I_{\mathrm{p}}=0.141a^4$	$I_{\mathrm{p}}=0.0216a^4$
扭转截面系数 $Z_{\mathrm{t}}/\mathrm{mm}^3$	$Z_{\mathrm{t}}=\dfrac{\pi d^3}{16}$	$Z_{\mathrm{t}}=\dfrac{\pi(d_1^4-d_2^4)}{16d_1}$	$Z_{\mathrm{t}}=\dfrac{\pi d_1 d_2^2}{16}$	$Z_{\mathrm{t}}=k_2 a^2 b$	$Z_{\mathrm{t}}=0.208a^3$	$Z_{\mathrm{t}}=0.05a^3$
扭转变形角 $\varphi=\dfrac{TL}{GI_{\mathrm{p}}}$ /rad	$\varphi=\dfrac{32TL}{\pi d^4 G}$ $=\dfrac{2\tau L}{dG}$	$\varphi=\dfrac{32TL}{\pi(d_1^4-d_2^4)G}$ $=\dfrac{2\tau L}{dG}$	$\varphi=\dfrac{16TL(d_1^2+d_2^2)}{\pi d_1^3 d_2^3 G}$ $=\dfrac{\tau L(d_1^2+d_2^2)}{d_1^3 d_2 G}$	$\varphi=\dfrac{TL}{k_1 a^3 bG}$ $=\dfrac{k_2\tau L}{k_1 aG}$	$\varphi=\dfrac{TL}{0.141a^4 G}$ $=\dfrac{1.482\tau L}{aG}$	$\varphi=\dfrac{TL}{0.0216a^4 G}$ $=\dfrac{2.31\tau L}{aG}$
扭转切应力 $\tau=\dfrac{T}{Z_{\mathrm{t}}}$ /MPa	$\tau=\dfrac{16T}{\pi d^3}$ $=\dfrac{\varphi dG}{2L}$	$\tau=\dfrac{16Td_1}{\pi(d_1^4-d_2^4)}$ $=\dfrac{\varphi dG}{2L}$	$\tau=\dfrac{16T}{\pi d_1 d_2^2}$ $=\dfrac{\varphi d_1^2 d_2 G}{L(d_1^2+d_2^2)}$	$\tau=\dfrac{T}{k_2 a^2 b}$ $=\dfrac{k_1\varphi aG}{k_2 L}$	$\tau=\dfrac{T}{0.208a^3}$ $=\dfrac{0.675\varphi aG}{L}$	$\tau=\dfrac{20T}{a^3}$ $=\dfrac{0.43\varphi aG}{L}$
扭转刚度 $k=\dfrac{T}{\varphi}$ /N·mm·rad^{-1}	$k=\dfrac{\pi d^4 G}{32L}$	$k=\dfrac{\pi(d_1^4-d_2^4)G}{32L}$	$k=\dfrac{\pi d_1^3 d_2^3 G}{16L(d_1^2+d_2^2)}$	$k=\dfrac{k_1 a^3 bG}{L}$	$k=\dfrac{0.141a^4 G}{L}$	$k=\dfrac{a^4 G}{46.2L}$
载荷作用点刚度 $k'=\dfrac{\mathrm{d}F}{\mathrm{d}f}$/N·mm^{-1}	$k'=\dfrac{\pi d^4 G}{32LR^2}$	$k'=\dfrac{\pi(d_1^4-d_2^4)G}{32LR^2}$	$k'=\dfrac{\pi d_1^3 d_2^3 G}{16LR^2(d_1^2+d_2^2)}$	$k'=\dfrac{k_1 a^3 bG}{LR^2}$	$k'=\dfrac{0.141a^4 G}{LR^2}$	$k'=\dfrac{a^4 G}{46.2LR^2}$
变形能 $U=\dfrac{T\varphi}{2}$ /N·mm	$U=\dfrac{\tau^2 V}{4G}$	$U=\dfrac{\tau^2(d_1^2+d_2^2)V}{4d_1^2 G}$	$U=\dfrac{\tau^2(d_1^2+d_2^2)V}{8d_1^2 G}$	$U=\dfrac{k_2^2\tau^2 V}{2k_1 G}$	$U=\dfrac{\tau^2 V}{6.48G}$	$U=\dfrac{\tau^2 V}{7.5G}$

注：L—扭杆弹簧长度（mm）；V—扭杆弹簧的体积（mm^3）；G—材料的切变模量（MPa）；k_1、k_2—矩形截面材料的系数，见表 16.11-3。

表 16.11-3　矩形截面材料弹簧受扭转
载荷的计算公式中系数 k_1、k_2 的值

b/a	k_1	k_2
1.00	0.1406	0.2082
1.05	0.1474	0.2112
1.10	0.1540	0.2139
1.15	0.1602	0.2165
1.20	0.1661	0.2189
1.25	0.1717	0.2212
1.30	0.1771	0.2236
1.35	0.1821	0.2254
1.40	0.1869	0.2273
1.45	0.1914	0.2289
1.50	0.1958	0.2310
1.60	0.2037	0.2343
1.70	0.2109	0.2375
1.75	0.2143	0.2390
1.80	0.2174	0.2404
1.90	0.2233	0.2432
2.00	0.2287	0.2459
2.25	0.2401	0.2520
2.50	0.2494	0.2576
2.75	0.2570	0.2626
3.00	0.2633	0.2672
3.50	0.2733	0.2751
4.00	0.2808	0.2817
4.50	0.2866	0.2870
5.00	0.2914	0.2915
10.00	0.3123	0.3123

注：b 是矩形截面的长边，a 是矩形截面的短边。

4.2　扭杆弹簧和转臂组合时的设计计算

在扭杆弹簧和转臂组合在一起使用的情形下，转臂受力点垂直方向的弹簧刚度随转臂的安装角度和转角变化。扭杆弹簧和转臂的结构如图 16.11-8 所示。

按图 16.11-8 所示机构有下列计算式：

扭杆弹簧所受转矩 T 为

$$T = FR\cos\alpha \qquad (16.11\text{-}2)$$

扭杆弹簧的刚度 $k = \dfrac{T}{\varphi}$，转矩 T 作用下的扭转角 $\varphi = \alpha + \beta$，将此关系代入式（16.11-3），得

$$F = \frac{k(\alpha+\beta)}{R\cos\alpha} = C_1 \frac{k}{R} \qquad (16.11\text{-}3)$$

式中　C_1——计算系数，$C_1 = \dfrac{\alpha+\beta}{\cos\alpha}$。

沿载荷 F 方向的弹簧刚度 k' 为

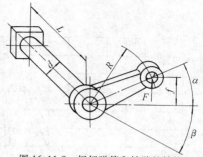

图 16.11-8　扭杆弹簧和转臂的结构

F—作用于转臂端部垂直方向的载荷（N）　R—转臂的长度（mm）

f—转臂端部力作用点到水平线的距离（mm）

α—载荷 F 作用时转臂中心线和水平线的夹角（rad）

β—无载荷时转臂中心线和水平线的夹角（rad），

α 和 β 在图示位置时取正值

$$k' = \frac{\mathrm{d}F}{\mathrm{d}f} = \frac{k[1+(\alpha+\beta)\tan\alpha]}{R^2\cos^2\alpha} = C_2\frac{k}{R^2}$$
$$(16.11\text{-}4)$$

式中　C_2——计算系数，$C_2 = \dfrac{1+(\alpha+\beta)\tan\alpha}{\cos^2\alpha}$。

取弹簧的静变形量 $f_{st} = \dfrac{F}{k'}$，如图 16.11-9 所示，则

$$f_{st} = \frac{F}{k'} = \frac{R\cos\alpha}{\dfrac{1}{\alpha+\beta}+\tan\alpha} = C_3 R \qquad (16.11\text{-}5)$$

式中　C_3——计算系数，$C_3 = \dfrac{\cos\alpha}{\dfrac{1}{\alpha+\beta}+\tan\alpha}$。

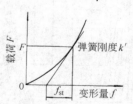

图 16.11-9　静变形量

静变形量 f_{st} 和弹簧自振频率 ν 有如下关系：

$$f_{st} = \frac{g}{(2\pi\nu)^2} \qquad (16.11\text{-}6)$$

式中　g——重力加速度，$g = 9.8\mathrm{m/s^2}$；

ν——自振频率（Hz）。

以上公式中的计算系数 C_1、C_2、C_3 都是 α 和 β 的函数，为便于设计计算，令 $\alpha = \arcsin\dfrac{f}{R}$，用 f/R 和 β 求 C_1、C_2 和 C_3 的列线图，分别如图 16.11-10～图 16.11-12 所示。

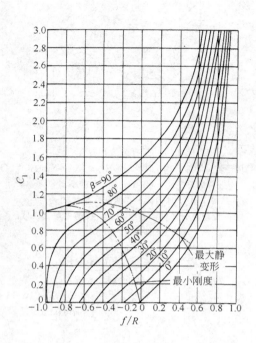

图 16.11-10　系数 C_1 与 $\dfrac{f}{R}$ 和 β 的关系

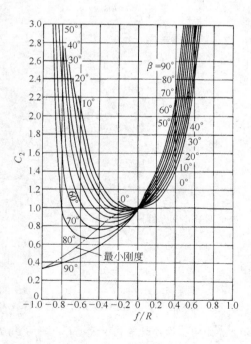

图 16.11-11　系数 C_2 与 $\dfrac{f}{R}$ 和 β 的关系

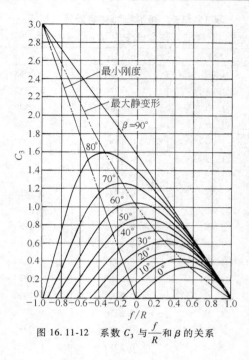

图 16.11-12　系数 C_3 与 $\dfrac{f}{R}$ 和 β 的关系

5　扭杆弹簧的技术要求

1）直径尺寸的偏差。扭杆弹簧直径允许偏差及直线度偏差见表 16.11-4。

表 16.11-4　扭杆弹簧直径允许偏差及直线度偏差

直径允许偏差/mm	$d=6\sim12$	±0.06
	$d=13\sim25$	±0.08
	$d=26\sim45$	±0.10
	$d=46\sim80$	±0.15
扭杆直线度偏差/mm	$L<1000$	<1.5
	$1000<L<1500$	<2.0
	$L>1500$	<2.5

2）表面质量。

① 表面应进行强化处理。

② 要求硬度：合金钢 47～51HRC；高碳钢 48～55HRC。

③ 表面粗糙度 $Ra<0.63\sim1.25\mu m$。

④ 表面不应有裂纹、伤痕、锈蚀和氧化等缺陷。

6　设计计算示例

例 16.11-1　按下列条件设计由圆形截面扭杆和转臂组成的扭杆弹簧。工作载荷 $F=2000N$，转臂长度 $R=300mm$，常用工作载荷作用点与水平位置的距离 $f=-20mm$，最大变形时 $f_{max}=80mm$，工作载荷下扭杆的自振频率 $\nu=1Hz$。

解：

1）计算工作载荷作用下扭杆弹簧的线性静变形量 f_{st}。按式（16.11-6）计算，得

$$f_{st} = \frac{g}{(2\pi\nu)^2} = \frac{9800}{(2\pi \times 1)^2}\text{mm} = 248\text{mm}$$

2）工作载荷作用点的扭杆弹簧刚度 k'。

$$k' = \frac{F}{f_{st}} = \frac{2000}{248}\text{N/mm} = 8.06\text{N/mm}$$

3）按式（16.11-5），由 f_{st} 计算 C_3。

$$C_3 = \frac{f_{st}}{R} = \frac{248}{300} = 0.83$$

4）由 $\dfrac{f}{R} = \dfrac{-20}{300} = -0.066$ 和 $C_3 = 0.83$ 查图 16.11-12，得 $\beta = 50°$。

5）由 $\beta = 50°$ 和 $\dfrac{f}{R} = -0.066$ 查图 16.11-11，得到 $C_2 = 0.95$。

6）根据式（16.11-4），计算扭杆弹簧的扭转刚度。

$$k = \frac{k'R^2}{C_2} = \frac{8.06 \times 300^2}{0.95}\text{N·mm/rad}$$

$$= 7.64 \times 10^5\text{ N·mm/rad}$$

$$= 1.33 \times 10^4\text{ N·mm/(°)}$$

7）计算转臂在最大变形时的夹角 α_{max}。

由

$$\sin\alpha_{max} = \frac{f_{max}}{R} = \frac{80}{300} = 0.267,$$

得

$$\alpha_{max} = 15.466° = 15°27'58''$$

8）计算扭杆的最大扭转角 φ_{max} 和最大扭矩 T_{max}。

$$\varphi_{max} = \alpha + \beta = 15.466° + 50°$$

$$= 65.466°$$

$$T_{max} = k\varphi_{max} = 1.33 \times 10^4 \times 65.466\text{N·mm}$$

$$= 8.7 \times 10^5\text{ N·mm}$$

9）取许用应力 $\tau_p = 850\text{MPa}$，根据表 16.11-2 中的公式计算 d，得

$$d \geqslant \sqrt[3]{\frac{16T}{\pi\tau_p}} = \sqrt[3]{\frac{16 \times 8.7 \times 10^5}{\pi \times 850}}\text{mm} = 17.3\text{mm}$$

取 $d = 18\text{mm}$。

10）计算扭杆弹簧的有效长度 L。取 $G = 76 \times 10^3\text{MPa}$，根据表 16.11-2 中公式计算，得

$$L = \frac{\pi d^4 G}{32k} = \frac{\pi \times 18^4 \times 76000}{32 \times 7.64 \times 10^5}\text{mm}$$

$$= 1025\text{mm}$$

第12章 橡 胶 弹 簧

1 橡胶弹簧的特点、类型及结构

1.1 橡胶弹簧的特点和类型

与钢制弹簧相比，橡胶弹簧具有以下优点：

1）形状不受限制，各个方向的刚度可以根据设计要求自由确定。

2）弹性模量较小，可以得到较大的弹性变形，容易实现理想的非线性特性。

3）具有较高内阻，对突然冲击和高频振动的吸收以及隔声具有良好效果。

4）同一弹簧能同时承受多方向载荷，结构简单。

5）安装和拆卸简便，无须润滑，有利于维护和保养。

橡胶弹簧的缺点是耐高、低温性和耐油性比钢制弹簧差。

橡胶弹簧使用的是黏-弹性材料，力学性能比较复杂，精确计算它的特性相当困难。

按载荷性质分类，橡胶弹簧分为压缩型、剪切型和复合型三类。一般压缩型橡胶弹簧能承受较大的载荷，多用于载荷大或空间小的场合；剪切型橡胶弹簧一般用于希望主方向的刚度特别小的场合，或者载荷小、转速慢的机器支承上。在压缩型和剪切型橡胶弹簧的垂直和横向刚度比均不能达到设计要求时，需采用复合型橡胶弹簧。

表 16.12-1 列出了各类型橡胶弹簧通常的垂直与横向刚度比值的范围。

表 16.12-1 各类型橡胶弹簧通常的垂直与横向刚度比值的范围

类　　型	压缩型	剪切型	复合型
垂直刚度/横向刚度	≥4.5	≤0.2	0.2~4.5

1.2 橡胶弹簧的形状和结构

橡胶弹簧由橡胶元件和金属配件组成，若形状设计不当，将引起应力集中。在图 16.12-1 中，图 16.12-1a 所示的形状是由于变形后橡胶侧面鼓胀而在各个角隅处产生较大的弯曲应力；图 16.12-1b 所示的形状的特点是支承板有稍许凸度，可减小橡胶元件各个角隅处的局部应力；图 16.12-1c 所示的形状的特点是橡胶元件的侧面凹入，能有效减小橡胶元件的应力集中。

为防止形成应力集中源，橡胶弹簧金属配件表面不应该有锐角、凸起、沟和孔，并应使橡胶元件的变形尽量均匀。在图 16.12-2 所示的结构中，图 16.12-2a 所示为不适当的结构，图 16.12-2b 所示为较适当的结构。橡胶弹簧在变形过程中，其横截面不应与其他结构零件接触，以避免产生接触应力和磨损。带有金属配件的橡胶弹簧，其寿命主要取决于橡胶与金属结合的牢固程度，故在结合前，金属配件表面的锈蚀、油污和灰尘等必须清除干净。黏合剂的涂布和干燥必须按规定的工艺，在规定的温度和环境下进行。

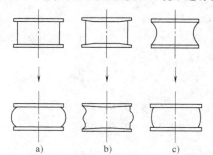

图 16.12-1 几种简单的橡胶弹簧压缩时的形状变化

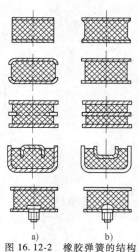

图 16.12-2 橡胶弹簧的结构

a）不适当的结构　b）较适当的结构

2 橡胶弹簧的材料和许用应力

2.1 材料的选择

橡胶弹簧在使用中，要求其弹簧特性不因使用条件的变化而产生太大变化，还要求长期使用而性能不变，因此需针对各种使用条件，选择相应的橡胶材质。表 16.12-2 列出了常用的几种橡胶的性能特点，供设计时选用。

表 16.12-2　几种橡胶的性能特点

橡胶类型	性 能 特 点
天然橡胶	耐低温性能较好,受温度影响小,力学性能好,蠕变量较小,适用于减振弹簧
氯丁橡胶	弹性模量受温度影响较大,轻度耐油,耐氧及日光性能好,适用于长期不调换弹簧
顺丁橡胶	耐低温性能较好,受温度影响小,蠕变量较小,适用于减振弹簧
丁腈橡胶	耐油性能好,弹性模量受温度影响较大
丁基橡胶	耐臭氧及日光性能好,内阻高,力学性能较差
丁苯橡胶	适合做减振弹簧
乙丙橡胶	耐臭氧及日光性能好

橡胶弹簧在承受载荷后，总有一定程度的蠕变，设计时必须将一定量的蠕变预先考虑进去。一般硫化充分的橡胶其蠕变量较小，填料会使橡胶的蠕变量增大。

2.2　弹簧结构对疲劳寿命的影响

橡胶弹簧的疲劳损坏主要是由于应力集中产生的裂纹、橡胶和金属黏合处的剥离，以及压缩时产生褶皱等逐渐发展造成。为了防止应力集中，橡胶弹簧的形状应尽量用圆孔代替方孔，用圆角代替方角或锐角。与橡胶接触的配件表面不应该有锐角、凸起部位或沟孔，并且尽可能使橡胶表面的变形比较均匀。

橡胶与金属结合处制成圆角，如图 16.12-3 所示，这样可提高橡胶弹簧的疲劳寿命。

对于带有金属配件的橡胶弹簧，其寿命主要决定于橡胶与金属黏合的牢靠程度。黏合必须严格按操作规程执行，以保证黏合质量。

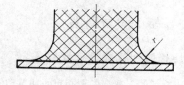

图 16.12-3　橡胶与金属结合处制成圆角

2.3　许用应力和许用应变

表 16.12-3 列出了橡胶的许用应力和许用应变。此表所列为一般形状和材质的平均数值，对于特殊形状和材质的橡胶弹簧，应由试验决定。

表 16.12-3　橡胶的许用应力和许用应变

应力类型	许用应力/MPa		许用应变(%)	
	静态	动态	静态	动态
压缩	3	±1	15	5
剪切	1.5	±0.4	25	8
扭转	2	±0.7	—	—

3　橡胶材料的静弹性特性

橡胶材料在纯拉伸和压缩载荷作用下，应力 σ 和应变 ε 间关系为

$$\sigma = \frac{E}{3}\left[(1+\varepsilon)-(1+\varepsilon)^{-2}\right] \quad (16.12\text{-}1)$$

式中　E——弹性模量（MPa）。

式（16.12-1）在 20%拉伸和 50%压缩的工程应用范围内，具有足够的精确性。当应变在 ±15% 范围内，可以将应力和应变间关系近似地表示为

$$\begin{cases} \sigma = E\varepsilon \\ F = \dfrac{EAf}{h} \end{cases} \quad (16.12\text{-}2)$$

式中　F——橡胶材料承受的载荷（N）；

A——橡胶材料的承载面积（mm^2）；

f——橡胶材料的变形量（mm）；

h——橡胶材料的高度（mm）。

橡胶材料在剪切载荷作用下，当切应变不超过100%的范围时，切应力 τ 和切应变 γ 间的关系为

$$\tau = G\gamma \quad (16.12\text{-}3)$$

式中　G——切变模量（MPa）。

由试验得橡胶材料的弹性模量 E 和切变模量 G 之间具有以下关系

$$E \approx 3G \quad (16.12\text{-}4)$$

橡胶材料的切变模量 G 与橡胶材料的牌号和组成成分几乎无关，而与橡胶的硬度有关。成分不同，硬度相同的橡胶其切变模量之差很小。在设计时，切变模量 G 可由式（16.12-5）计算或由图 16.12-4 查取。

$$G = 0.117e^{0.034HS} \quad (16.12\text{-}5)$$

式中　HS——橡胶材料的肖氏硬度。

以上关于橡胶材料的应力和应变关系式是在理想

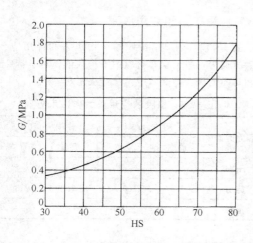

图 16.12-4　橡胶的切变模量 G 和肖氏硬度的关系

条件下得到的，即橡胶材料的端面充分润滑和没有任何约束，并且在承受载荷后仍保持为等截面，但在实际应用中做不到。考虑这些因素的影响，在实际设计中将式（16.12-2）和式（16.12-3）中弹性模量 E 和切变模量 G 以实际的表观弹性模量 E_a 和表观切变模量 G_a 代入，即

$$\sigma = E_a \varepsilon \qquad (16.12\text{-}6)$$

$$\tau = G_a \gamma \qquad (16.12\text{-}7)$$

试验表明，对于拉伸变形 $E_a \approx E$；对于压缩变形，表观弹性模量 E_a 为其几何形状和硬度的函数，用压缩影响系数 i 来表示这些因素的影响，即

$$E_a = iG \qquad (16.12\text{-}8)$$

系数 i 可由式（16.12-9）确定

$$\begin{cases} \text{圆柱体：} i = 3 + ms^2 \\ \text{衬套：} i = 4 + 0.56 ms^2 \\ \text{矩形块（长边为 } a \text{、短边为 } b \text{）：} \\ i = \dfrac{1}{1+\dfrac{b}{a}}\left[4 + 2\dfrac{b}{a} + 0.56\left(1+\dfrac{b}{a}\right)^2 ms^2 \right] \end{cases} \qquad (16.12\text{-}9)$$

式中　m——系数，$m = 10.7 - 0.098\mathrm{HS}$；

　　　s——形状系数，$s = \dfrac{A_L}{A_F}$，A_L 为橡胶的承载面积，A_F 为橡胶的自由面积。

对于直径为 d、高度为 h 的圆柱体，$s = \dfrac{d}{4h}$；对于外径为 d_1、孔径为 d_2、高度为 h 的圆筒形，$s = \dfrac{d_1 - d_2}{4h}$；对于小径为 d_1、大径为 d_2、高度为 h 的圆锥

形，$s = \dfrac{d_1^2 + d_2^2}{4b}\dfrac{1}{(d_1 + d_2)}$；对于底面积为 $a \times b$、高度为 h 的矩形块 $s = \dfrac{ab}{2(a+b)h}$。

对于剪切变形，橡胶材料在受剪切时，除剪切变形外，还同时产生弯曲变形，用剪切影响系数 j 表示其关系，即

$$G_a = jG \qquad (16.12\text{-}10)$$

$$\begin{cases} \text{圆柱体：} j = \left(1 + \dfrac{1}{12is^2}\right)^{-1} \\ \text{方块体：} j = \left(1 + \dfrac{1}{16is^2}\right)^{-1} \end{cases} \qquad (16.12\text{-}11)$$

当圆柱体的比值 h/d 和方块体的比值 h/a 小于 0.5 时，G_a 和 G 的差别不大，可以略去弯曲变形的影响，其误差不到 10%。实际应用时，可近似地取 $G_a = G$。

4　橡胶材料的动弹性特性

橡胶是黏-弹性体，其应变滞后于应力，其动表观切变模量与静表观切变模量不同。当承受冲击载荷或动载荷时，应按动表观切变模量计算。设计时，应尽可能通过接近橡胶弹簧的使用条件来试验确定。当要求不高时，可按橡胶硬度（HS）从图 16.12-5 中查取其动载荷系数。

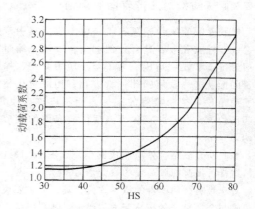

图 16.12-5　硬度与动载荷系数的关系

5　橡胶弹簧的设计计算

5.1　单块橡胶弹簧的设计计算

橡胶压缩弹簧、剪切弹簧和扭转弹簧的变形量和弹簧刚度的计算公式见表 16.12-4～表 16.12-7。

表 16.12-4　橡胶压缩弹簧的变形量和弹簧刚度的计算公式

弹簧形状	变形量 f/mm	弹簧刚度 k/N·mm^{-1}
圆柱体	$f=\dfrac{4Fh}{\pi d^2 E_a}$	$k=\dfrac{\pi d^2 E_a}{4h}$
圆筒	$f=\dfrac{4Fh}{\pi(d_2^2-d_1^2)E_a}$	$k=\dfrac{\pi(d_2^2-d_1^2)E_a}{4h}$
圆锥台	$f=\dfrac{4Fh}{\pi d_1 d_2 E_a}$	$k=\dfrac{\pi d_1 d_2 E_a}{4h}$
矩形块	$f=\dfrac{Fh}{abE_a}$	$k=\dfrac{abE_a}{h}$
矩形锥台	有公共锥顶 $f=\dfrac{Fh}{a_2 b_1 E_a}$ 无公共锥顶 $f=\dfrac{Fh\ln\dfrac{a_1 b_2}{a_2 b_1}}{(a_1 b_2-a_2 b_1)E_a}$	有公共锥顶 $k=\dfrac{a_2 b_1 E_a}{h}$ 无公共锥顶 $k=\dfrac{(a_1 b_2-a_2 b_1)E_a}{h\ln\dfrac{a_1 b_2}{a_2 b_1}}$
圆锥衬套	$f=\dfrac{2Fb}{\pi l(d_1+d_2)(E_a\sin^2\beta+G\cos^2\beta)}$	$k=\dfrac{\pi l(d_1+d_2)(E_a\sin^2\beta+G\cos^2\beta)}{2b}$ 式中　$E_a=iG$ $i=4+0.56ms^2$ $m=10.7-0.098HS$ $s=l/2b$

（续）

弹簧形状	变形量 f/mm	弹簧刚度 k/N·mm^{-1}
圆筒 偏心载荷	A 点处的变形量 $$f=\frac{4Fh}{\pi(d_2^2-d_1^2)E_a}\left(1+16\frac{e^2}{d_1^2+d_2^2}\right)$$ 回转轴的位置和角度 $$r=\frac{d_1^2+d_2^2}{16e},\theta=\frac{64Feh}{\pi(d_2^4-d_1^4)E_a}$$	$$k=\frac{\pi(d_2^2-d_1^2)E_a}{4h\left(1+16\dfrac{e^2}{d_1^2+d_2^2}\right)}$$
矩形块 偏心载荷	A 点处的变形量 $$f=\frac{Fh}{abE_a}\left(1+12\frac{e^2}{a^2}\right)$$ 回转轴的位置和角度 $$r=\frac{a^2}{12e^2},\theta=\frac{12Feh}{a^3bE_a}$$	$$k=\frac{abE_a}{h\left(1+12\dfrac{e^2}{a^2}\right)}$$
两倾斜块 	$$f=\frac{Fh}{2A(E_a\sin^2\beta+G\cos^2\beta)}$$	$$k=\frac{2A}{h}(E_a\sin^2\beta+G\cos^2\beta)$$

表 16.12-5　橡胶剪切弹簧的变形量和弹簧刚度的计算公式

弹簧形状	变形量 f/mm	弹簧刚度 k_r/N·mm^{-1}
圆锥台 	$$f=\frac{F_rh}{\pi r_1 r_2 G}$$	$$k_r=\frac{\pi r_1 r_2 G}{h}$$
矩形块 	$$f=\frac{F_rh}{AG}$$ 式中　A—承载面积	$$k=\frac{AG}{h}$$
菱形块 	$$f=\frac{F_rh}{AG}\left(1+\frac{a^2}{h^2}\right)$$ 式中　a—剪切变形后的尺寸 当 $a=0$ 时 $$f=\frac{F_rh}{AG}$$	$$k_r=\frac{AG}{h}\left(1+\frac{a^2}{h^2}\right)^{-1}$$ 当 $a=0$ 时 $$k_r=\frac{AG}{h}$$
梯形块 	$$f=\frac{F_rh\ln\dfrac{A_2}{A_1}}{(A_2-A_1)G}$$ 近似计算式 $$f=\frac{2F_rh}{(A_2+A_1)G}$$	$$k_r=\frac{(A_2-A_1)G}{h\ln\dfrac{A_2}{A_1}}$$ 近似计算式 $$k_r=\frac{(A_2+A_1)G}{2h}$$

（续）

弹簧形状	变形量 f/mm	弹簧刚度 k_r/N·mm^{-1}
矩形锥台	有公共锥顶 $$f=\frac{F_r h}{a_2 b_1 G}$$ 无公共锥顶 $$f=\frac{F_r h \ln\frac{a_1 b_2}{a_2 b_1}}{(a_1 b_2 - a_2 b_1)G}$$	有公共锥顶 $$k_r=\frac{a_2 b_1 G}{h}$$ 无公共锥顶 $$k_r=\frac{(a_1 b_2 - a_2 b_1)G}{h\ln\frac{a_1 b_2}{a_2 b_1}}$$
衬套 长度 l 不变	$$f=\frac{F_r \ln\frac{d_2}{d_1}}{2\pi l G}$$	$$k_r=\frac{2\pi l G}{\ln\frac{d_2}{d_1}}$$
衬套 长度 l 随直径线性变化	$$f=\frac{F_r(d_2-d_1)\ln\frac{l_1 d_2}{l_2 d_1}}{2\pi(l_1 d_2 - l_2 d_1)G}$$	$$k_r=\frac{2\pi(l_1 d_2 - l_2 d_1)G}{(d_2-d_1)\ln\frac{l_1 d_2}{l_2 d_1}}$$
$l_1 d_1 = l_2 d_2 = ld$	$$f=\frac{F_r(d_2-d_1)}{2\pi l_2 d_2 G}$$	$$k_r=\frac{2\pi l_2 d_2 G}{d_2-d_1}$$
盘形	等径向厚度 $$f=\frac{F_r b \ln\frac{A_2}{A_1}}{2(A_2-A_1)G}$$ 近似计算式 $$f=\frac{F_r b}{(A_2+A_1)G}$$ 等橡胶面积 $(A_1=A_2)$ $f=\dfrac{F_r b}{2AG}$	等径向厚度 $$k_r=\frac{2(A_2-A_1)G}{b\ln\frac{A_2}{A_1}}$$ 近似计算式 $$k_r=\frac{(A_2+A_1)G}{b}$$ 等橡胶面积 $(A_1=A_2)$ $k_r=\dfrac{2AG}{b}$

表 16.12-6　橡胶扭转弹簧的角变形量和弹簧刚度的计算公式

弹簧形状	角变形量 φ/rad	弹簧刚度 k_T/N·mm·rad^{-1}
圆柱体	$$\varphi = \frac{32Th}{\pi d^4 G}$$	$$k_T = \frac{\pi d^4 G}{32h}$$
圆锥体	$$\varphi = \frac{32Th(d_1^2 + d_1 d_2 + d_2^2)}{3\pi d_1^3 d_2^3 G}$$	$$k_T = \frac{3\pi d_1^3 d_2^3 G}{32h(d_1^2 + d_1 d_2 + d_2^2)}$$
矩形块	$$\varphi = \frac{Th}{\beta a b^3 G}$$	$$k_T = \frac{\beta a b^3 G}{h}$$
矩形锥台	有公共锥顶 $$\varphi = \frac{Th(b_1^2 + b_1 b_2 + b_2^2)}{3\beta a_2 b_1^3 b_2^2 G}$$	$$k_T = \frac{3\beta a_2 b_1^3 b_2^2 G}{h(b_1^2 + b_1 b_2 + b_2^2)}$$
衬套 长度 l 不变	$$\varphi = \frac{T}{\pi l G}\left(\frac{1}{d_1^2} - \frac{1}{d_2^2}\right)$$	$$k_T = \frac{\pi l G}{\dfrac{1}{d_1^2} - \dfrac{1}{d_2^2}}$$
长度 l 随直径 d 线性变化	$$\varphi = \frac{T(d_2 - d_1)}{\pi G(l_1 d_2 - l_2 d_1)}\left(\frac{1}{d_1^2} - \frac{1}{d_2^2}\right)$$	$$k_T = \frac{\pi G(l_1 d_2 - l_2 d_1)}{(d_2 - d_1)\left(\dfrac{1}{d_1^2} - \dfrac{1}{d_2^2}\right)}$$

（续）

弹簧形状	角变形量 φ/rad	弹簧刚度 k_T/N·mm·rad^{-1}
衬套 $l_1 d_1 = l_2 d_2 = ld$	$\varphi = \dfrac{2Tl n\dfrac{d_2}{d_1}}{\pi l_2 d_2^2 G}$	$k_T = \dfrac{\pi l_2 d_2^2 G}{2\ln\dfrac{d_2}{d_1}}$
圆柱环	$\varphi = \dfrac{32Tl}{\pi(d_2^4 - d_1^4)G}$	$k_T = \dfrac{\pi(d_2^4 - d_1^4)G}{32l}$
圆锥环	$\varphi = \dfrac{24Tl}{\pi d_2(d_2^3 - d_1^3)G}$	$k_T = \dfrac{\pi d_2(d_2^3 - d_1^3)G}{24l}$
圆锥衬套	$\varphi = \dfrac{32bT\tan\beta}{\pi G}\Big[(d_2^4 - d_1^4) + 4b(d_2^3 - d_1^3) + 2b^2(d_2^2 - d_1^2) + 4b^3(d_2 - d_1) - 4b^4\ln\dfrac{d_2+b}{d_1+b}\Big]^{-1}$	$k_T = \dfrac{\pi G}{32b\tan\beta}\Big[(d_2^4 - d_1^4) + 4b(d_2^3 - d_1^3)2b^2(d_2^2 - d_1^2) + 4b^3(d_2 - d_1) - 4b^4\ln\dfrac{d_2+b}{d_1+b}\Big]$

注：计算式中 β 的值根据 a/b 从图 16.12-6 中查取。

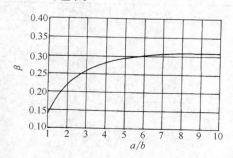

图 16.12-6　系数 β 和 a/b 值的关系

表 16.12-7　橡胶弯曲弹簧计算公式

类别及简图	扭转角 α/rad	弹簧刚度 $k_w/\text{N} \cdot \text{mm} \cdot \text{rad}^{-1}$	备注
圆柱形	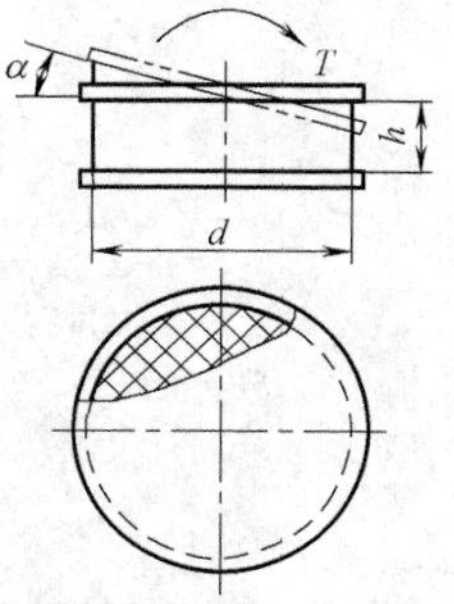 $\alpha = \dfrac{64Th}{E_a \pi d^4}$	$k_w = E_a \dfrac{\pi d^4}{64h}$	$E_a = iG$ $i = 3.6(1 + 1.65S^2)$ $S = \dfrac{d}{4h}$
圆环形	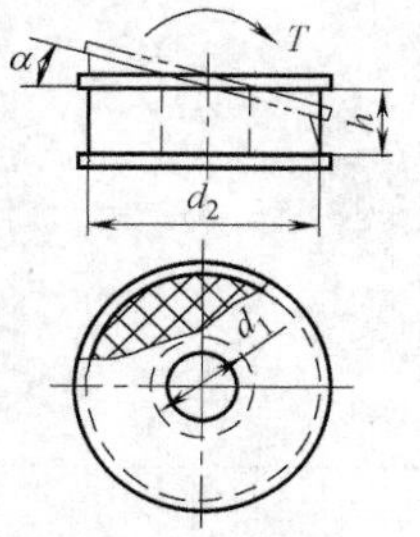 $\alpha = \dfrac{64Th}{E_a \pi (d_2^4 - d_1^4)}$	$k_w = E_a \dfrac{\pi (d_2^4 - d_1^4)}{64h}$	$E_a = iG$ $i = 3.6(1 + 1.65S^2)$ $S = \dfrac{d_2 - d_1}{4h}$
矩形	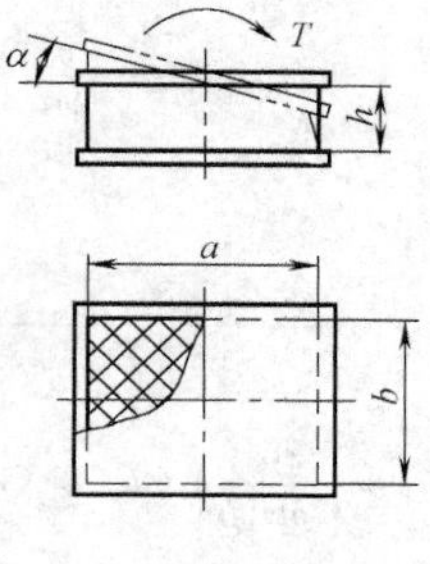 $\alpha = \dfrac{12Th}{E_a a^3 b}$	$k_w = E_a \dfrac{a^3 b}{12h}$	$E_a = iG$ $i = 3.6(1 + 2.22S^2)$ $S = \dfrac{ab}{2(a + b)h}$

5.2　组合橡胶弹簧的设计计算

由几个橡胶元件构成的组合橡胶弹簧的总弹簧刚度依其组合方式不同，分别用表 16.12-8 中的公式计算。

表 16.12-8　组合橡胶弹簧计算公式

类别及简图	变形量 f、f_r/mm	弹簧刚度 k_z、$k_{zr}/\text{N} \cdot \text{mm}^{-1}$	备注
压缩 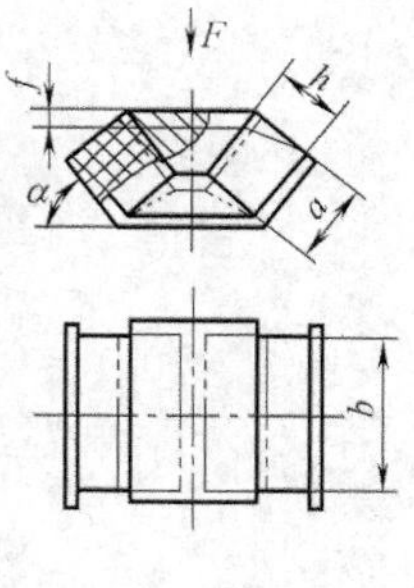	$f = \dfrac{Fh}{2ab} \times \dfrac{1}{E_a \sin^2 \alpha + G\cos^2 \alpha}$	$k_z = \dfrac{2ab}{h}(E_a \sin^2 \alpha + G\cos^2 \alpha)$	$E_a = iG$ $i = 3.6(1 + 1.65S^2)$ $S = \dfrac{ab}{2(a + b)h}$ 式中　a、b—宽度和长度 （mm）

（续）

类别及简图	变形量 f、f_r/mm	弹簧刚度 k_z，k_{zr}/N·mm^{-1}	备注
剪切	$f_r = \dfrac{F_r h}{2ab} \times \dfrac{1}{E_a \sin^2\alpha + G\cos^2\alpha}$	$k_{zr} = \dfrac{2ab}{h}(E_a\sin^2\alpha + G\cos^2\alpha)$	$E_a = iG$
	$f_r = \dfrac{F_r h}{2abG} \times \left[1 + \left(\dfrac{t}{h}\right)^2\right]$	$k_{zr} = \dfrac{2abG}{h} \times \left[1 + \left(\dfrac{t}{h}\right)^2\right]^{-1}$	
	$f_r = \dfrac{F_r h \ln\frac{a_2}{a_1}}{2aG(a_2-a_1)}$ $\approx \dfrac{F_r h}{bG(a_1-a_2)}$ $\left(a = \dfrac{a_1+a_2}{2}\right)$	$k_{zr} = \dfrac{2aG(a_2-a_1)}{h\ln\frac{a_2}{a_1}}$ $\approx \dfrac{bG(a_1-a_2)}{h}$	

5.3 橡胶弹簧不同组合方式的刚度计算（见表 16.12-9）

表 16.12-9 橡胶弹簧不同组合方式的刚度计算

组合方式	结构简图	计算公式	备注
串联		$k = \dfrac{k_1 k_2}{k_1 + k_2}$ 当 $k_1 = k_2$ 时 $k = k_1/2$	串联后总刚度小于原来的每一弹簧的刚度。当 $k_1 = k_2$ 时，为原来弹簧刚度的一半

（续）

组合方式	结构简图	计算公式	备 注
并联	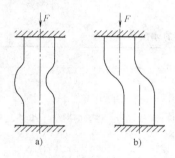	$$k = \frac{(l_1 + l_2)^2}{\dfrac{l_1^2}{k_1} + \dfrac{l_2^2}{k_2}}$$ 当 $l_1 = l_2, k_1 = k_2$ 时 $$k = 2k_1$$	并联时总刚度大于原来的每一弹簧的刚度。当 $k_1 = k_2, l_1 = l_2$ 时，比原弹簧刚度大 1 倍
反联		$$k = k_1 + k_2$$ 当 $k_1 = k_2$ 时 $$k = 2k_1$$	反联后总刚度大于原来的每一个弹簧的刚度。当 $k_1 = k_2$ 时，比原来弹簧刚度大 1 倍

注：k— 组合橡胶弹簧的总刚度，k_1、k_2— 各橡胶弹簧的弹簧刚度；l_1、l_2— 橡胶弹簧中心到载荷 F 的距离。

5.4 橡胶弹簧的稳定性计算

高度比断面高的橡胶弹簧在压缩到一定程度时，可能产生压屈或不稳定现象，如图 16.12-7 所示。图 16.12-7a 所示为橡胶弹簧上、下两端不能相对横向位移时的情况，图 16.12-7b 所示为橡胶弹簧上、下两端可以相对横向位移时的情况。使橡胶弹簧产生压屈或者不稳定的载荷称为临界载荷，相应的应变称为临界应变。

橡胶弹簧的临界应变可由表 16.12-10 中的计算公式来确定。图 16.12-8 所示为由表 16.12-10 中公式作出的临界应变曲线。一般对于圆柱形橡胶弹簧，若其高度 h 与直径 d 之比 $h/d<0.6$，或对于矩形橡胶弹簧，其高度 h 与截面短边长度 b 之比 $h/b < 0.6$，不会产生压屈或不稳定现象。

表 16.12-10 橡胶弹簧的临界应变计算公式

项目	两端不能相对横向位移	两端可以相对横向位移
圆柱形	$\varepsilon_{cr} = \dfrac{1}{1 + 1.62\left(\dfrac{h}{d}\right)^2}$	$\varepsilon'_{cr} = \dfrac{1}{1 + 6.48\left(\dfrac{h}{d}\right)^2}$
矩形	$\varepsilon_{cr} = \dfrac{1}{1 + 1.21\left(\dfrac{h}{b}\right)^2}$	$\varepsilon'_{cr} = \dfrac{1}{1 + 4.84\left(\dfrac{h}{b}\right)^2}$

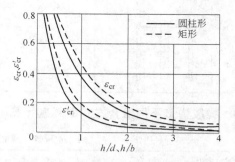

图 16.12-8 圆柱形和矩形橡胶弹簧的临界应变曲线

6 设计计算示例

例 16.12-1 设计一圆柱形橡胶压缩弹簧，当载荷 F 为 8000N 时，其压缩变形量为 10mm。弹簧的最大变形为 15mm。橡胶材料的硬度为 55HS。

图 16.12-7 橡胶弹簧的压屈或不稳定现象

解：

（1）确定弹簧高度 h

由表 16.12-3 选取弹簧的许用应变 ε_p 为 15%，则弹簧高度 $h = f_{max} / \varepsilon_p = 15mm / 0.15 = 100mm$。

（2）初选弹簧直径，计算表观弹性模量 E_a

初选弹簧的直径为 180mm，由它计算形状系数 s：

$$s = \frac{d}{4h} = \frac{180}{4 \times 100} = 0.45$$

用式（16.12-9）计算压缩影响系数 i，式中，

$m = 10.7 - 0.098 HS = 10.7 - 0.098 \times 55 = 5.3$

$i = 3 + ms^2 = 3 + 5.3 \times 0.45^2 = 4.07$

根据橡胶硬度为 55HS，从图 16.12-4 中查得切变模量为 0.76MPa。

用式（16.12-8）计算表观弹性模量，得

$E_a = iG = 4.07 \times 0.76MPa = 3.09MPa$

（3）计算弹簧的直径

按表 16.12-4 中公式计算弹簧的直径，得

$$d = \sqrt{\frac{4Fh}{\pi f E_a}} = \sqrt{\frac{4 \times 8000 \times 100}{\pi \times 10 \times 3.09}} mm = 181.6mm$$

此值与初选尺寸接近，仍取 $d = 180mm$。

（4）验算弹簧的应力 σ

载荷为 8000N 时的应力为

$$\sigma = F/A = 8000 \div \frac{\pi \times 180^2}{4} MPa$$

$$= 0.314MPa$$

最大变形量 15mm 时的应力为

$$\sigma_{max} = \frac{f_{max}}{f} \sigma = \frac{15}{10} \times 0.314MPa = 0.471MPa$$

此值小于表 16.12-3 中的许用应力 $\sigma_p = 3MPa$，因此得到橡胶弹簧各个尺寸是合适的。

7　橡胶-金属螺旋复合弹簧设计计算

7.1　橡胶-金属螺旋复合弹簧的结构型式及代号

橡胶-金属螺旋复合弹簧是在金属螺旋弹簧周围包裹一层橡胶材料复合而成的一种弹簧。该类弹簧既具有橡胶弹簧的非线性和结构阻尼的特征，又具有金属螺旋弹簧大变形的特性，其稳定性能优于橡胶弹簧，具有能够消除高频振动、缓和冲击、结构简单和安全性高等特点，因此该类弹簧广泛应用于铁路车辆和公路车辆、振动输料机及其他机械的支承隔振设备上。

橡胶-金属螺旋复合弹簧的代号、名称和结构型式见表 16.12-11。

表 16.12-11　橡胶-金属螺旋复合弹簧的代号、名称和结构型式

代号	名称	结构型式	图示	代号	名称	结构型式	图示
FA	直筒型	金属螺旋弹簧内外均被光滑筒型的橡胶所包裹		FTA	带铁板直筒型	代号为 FC 的复合弹簧的两端或一端硫化有铁板	
FB	外螺旋内直型	金属螺旋弹簧外表面为螺旋型的橡胶所包裹，金属螺旋弹簧内表面为光滑筒型的橡胶所包裹		FTB	带板外螺旋内直型	代号为 FB 的复合弹簧的两端或一端硫化有铁板	
FC	内外螺旋型	金属螺旋弹簧内外均被螺旋型的橡胶所包裹		FTC	带铁板内外螺旋型	代号为 FA 的复合弹簧的两端或一端硫化有铁板	
FD	外直内螺旋型	金属螺旋弹簧内表面为螺旋型的橡胶所包裹，金属螺旋弹簧外表面为光滑筒型的橡胶所包裹		FTD	带铁板外直内螺旋型	代号为 FD 的复合弹簧的两端或一端硫化有铁板	

注：摘自 JB/T 8584—1997。

7.2　橡胶-金属螺旋复合弹簧的主要计算公式（见表16.12-12）

表16.12-12　橡胶-金属螺旋复合弹簧的主要计算公式

项　目	公式及数据
弹簧刚度	橡胶-金属螺旋复合弹簧的静刚度计算是一种近似计算。其实际值与计算值的差异必须通过修正系数加以修正,修正系数是由试验对比得出的。其计算公式为 $$k' = K(k_J + k)$$ 式中　k'—橡胶-金属螺旋复合弹簧的静刚度(N/mm) 　　　k_J—金属弹簧的静刚度(N/mm) 　　　K—修正系数,K值只在相同尺寸模具做出的橡胶-金属复合弹簧上才为恒定值;若模具有变化,则K值需重做试验得出 　　　k—橡胶弹簧的静刚度 $$k = \left[3 + 4.953\left(\frac{D_2 - D_1}{4H_0}\right)^2 \right] \times \frac{\pi(D_2^2 - D_1^2)}{4H_0}G$$ 式中　D_2—橡胶弹簧外径(mm) 　　　D_1—橡胶弹簧内径(mm) 　　　H_0—橡胶弹簧自由高度(mm) 　　　G—橡胶的切变模量(MPa) $$k_J = \frac{Gd^4}{8D^3}$$ 式中　d—弹簧丝直径(mm) 　　　D—弹簧中径(mm) 　　　G—切变模量(MPa)
固有频率	橡胶-金属螺旋复合弹簧的固有频率 f_n 的计算式为 $$f_n = \left(1.4 \times 980 \times \frac{k'}{F}\right)^{\frac{1}{2}} \times \frac{1}{2\pi}$$ 式中　f_n—橡胶-金属螺旋复合弹簧的固有频率(Hz) 　　　k'—橡胶-金属螺旋复合弹簧的静刚度(N/mm) 　　　F—静载荷(N)
振动传递率	橡胶-金属螺旋复合弹簧的振动传递率可按下式计算 $$t = \frac{f_n}{f - f_n} \times 100\%$$ 式中　t—振动传递率(%) 　　　f—振动机械强制频率(Hz) 　　　f_n—固有频率(Hz)

7.3　橡胶-金属螺旋复合弹簧的选用（见表16.12-13）

表16.12-13　橡胶-金属螺旋复合弹簧的尺寸系列

序号	产品代号	外径 D_2/mm	内径 D_1/mm	自由高度 H_0/mm	最大外径 D_m/mm	静载荷 F/N	静刚度 k'/N·mm^{-1}
1	FB52	52	25	120	62	980	78
2		85	85	120	92	3530	196
3	FB58	85	85	150	92	3720	167
4		85	85	150	108	1860	59
5		102	60	255	120	980	52
6		102	60	255	120	1470	64
7	FC102	102	60	255	120	1960	74
8		102	60	255	120	2450	98
9		102	60	255	120	2940	123
10	FA135	135	60	150	150	1960	74
11		135	60	150	150	2550	98

（续）

序号	产品代号	外径 D_2/mm	内径 D_1/mm	自由高度 H_0/mm	最大外径 D_m/mm	静载荷 F/N	静刚度 k'/N·mm^{-1}
12		148	100	270	170	6370	1270
13		148	100	270	170	4410	147
14	FC148	148	100	270	170	8820	176
15		148	80	270	170	7840	196
16		148	80	270	170	2450	245
17		148	92	270	170	20090	342
18		155	62	290	180	6270	157
19		155	62	290	180	7450	186
20	FC155	155	62	290	180	8330	206
21		155	62	290	180	9800	235
22		155	62	290	180	10780	265
23		155	62	290	180	11760	294
24		196	80	290	220	9800	372
25	FA196	196	90	270	220	11760	392
26		196	100	250	220	13720	412
27		260	120	429	310	12740	230
28	FC260	260	120	429	310	14700	284
29		260	120	429	310	19600	392
30	FC310	310	150	400	370	29400	588

注：D_m 为橡胶-金属螺旋复合弹簧压缩时的最大外径。

表 16.12-13 所列的橡胶-金属螺旋复合弹簧的尺寸系列为机械行业标准 JB/T 8584—1997，可根据下列事项进行选用：

1）所承受的静载荷和空间尺寸。

2）静载荷是指安装在振动机械上的每只弹簧的许用静载荷。

3）静刚度是指垂直方向的静刚度。

4）选用时设备实际载荷应在许用值±15%以内，水平方向刚度是垂直方向刚度的 1/5～1/3。

7.4 橡胶-金属螺旋复合弹簧的技术要求

JB/T 8584—1997 规定：橡胶-金属螺旋复合弹簧的外径（或内径）极限偏差为 ±0.035D_2（或 D_1），自由高度的极限偏差为 ±0.035H_0，复合弹簧的静载荷、静刚度的极限偏差分别为 1、2 和 3 三个等级，其值见表 16.12-14。

表 16.12-14 复合弹簧静载荷、静刚度的极限偏差

精度等级	1	2	3
静载荷极限偏差	±0.05F	±0.10F	±0.15F
静刚度极限偏差	±0.05k'	±0.10k'	±0.15k'

第13章 空 气 弹 簧

1 空气弹簧的结构和特性

空气弹簧是在柔性的橡胶囊中充入有一定压力的空气，利用空气的可压缩性实现弹性作用的非金属弹簧。空气弹簧的橡胶囊（见图16.13-1）由钢丝圈1、帘线层2和内、外橡胶层4、3组成。空气弹簧的载荷主要由帘线承受，内、外层橡胶主要用于密封。空气弹簧的橡胶囊与盖板（或内、外筒）间的密封一般用两种方法：螺钉紧封或靠压力自封。

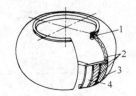

图16.13-1　空气弹簧橡胶囊的结构

1—钢丝圈　2—帘线层　3—外橡胶层　4—内橡胶层

空气弹簧分为两类：

1）囊式空气弹簧，如图16.13-2所示。它的优点是寿命长，制造工艺简单；缺点是刚度大，振动频率高。要使囊式空气弹簧得到比较柔软的特性，需另加较大的附加空气室。

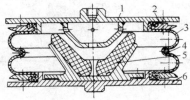

图16.13-2　囊式空气弹簧

1—上盖板　2—压环　3—橡胶囊
4—腰环　5—橡胶垫　6—下盖板

2）膜式空气弹簧。优点是刚度小，振动频率低，特性线的形状容易控制；缺点是橡胶囊的工作情况复杂，寿命较长。膜式空气弹簧又可分为自由膜式（见图16.13-3）和约束膜式（见图16.13-4）。

空气弹簧具有下列特性：

1）同一空气弹簧在承受轴向载荷的同时还能承受径向载荷。

2）空气弹簧具有非线性特性，可以根据需要将特性线设计成理想的形状。

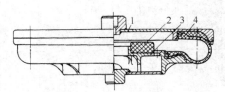

图16.13-3　自由膜式空气弹簧

1—上盖板　2—橡胶垫　3—活塞　4—橡胶囊

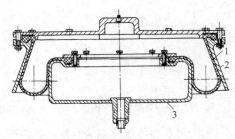

图16.13-4　约束膜式空气弹簧

1—橡胶囊　2—外筒　3—内筒

3）空气弹簧的刚度可以通过改变空气弹簧的内压力加以调整，如用增加附加空气室使其刚度调得很低。

4）空气弹簧的刚度随载荷改变，因而在任何载荷下自振频率几乎不变。

5）可以附加高度控制阀系统，既可使空气弹簧在任何载荷下保持一定的工作高度，也可使空气弹簧在同一载荷下具有不同高度，有利于适应多种结构上的要求。

6）可在附加空气室间设置节流孔，起到阻尼作用。如果孔径大小选择适当，可以不设减振器。

7）吸收高频振动、隔声性能好。

8）在承受剧烈振动载荷时，空气弹簧寿命比钢弹簧长。

2 空气弹簧的刚度计算

在空气弹簧的设计计算中，有效面积 A 是其主要参数。如图16.13-5所示，作一切于空气囊表面且垂直空气囊轴线的平面 $T\text{-}T$。根据薄膜理论基本假设，空气囊不能传递弯矩和横向力，在空气囊切点处只传递平面 $T\text{-}T$ 中的力，平面 $T\text{-}T$ 的有效面积为 A，有效半径为 R，$A = \pi R^2$，因此弹簧上所受的载荷 F 为

$$F = Ap = \pi R^2 p \qquad (16.13\text{-}1)$$

式中　p——空气弹簧的内压力。

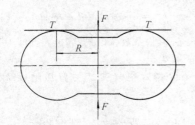

图 16.13-5 弹簧载荷的有效面积

2.1 空气弹簧的轴向刚度

空气弹簧刚度的精确计算难以用解析法处理，只能用图解法。空气弹簧轴向刚度 k 的一般近似计算式为

$$k = m(p + p_a)\frac{A^2}{V} + apA \qquad (16.13\text{-}2)$$

式中　m——多变指数，其值的大小取决于空气变化过程的流动速度。对于等温过程，即热交换充分，温度能保持不变时，$m = 1$；对于绝热过程，$m = 1.4$；一般实际情况时，$1 < m < 1.4$；

p——空气弹簧的内压力（表压力）（MPa）；

p_a——大气压力，计算时取 $p_a = 0.098$ MPa；

A——空气弹簧的有效面积（承载面积）（mm^2）；

V——空气弹簧的有效容积（mm^3），等于空气弹簧本身橡胶囊容积和附加空气室容积之和；

a——空气弹簧轴向变形的形状系数。

几种空气弹簧的形状系数的计算方法如下：

（1）囊式空气弹簧的形状系数（见图 16.13-6）

$$a = \frac{1}{nR}\frac{\cos\theta + \theta\sin\theta}{\sin\theta - \theta\cos\theta} \qquad (16.13\text{-}3)$$

式中　n——空气弹簧的曲数（图 16.13-6 中只画出一曲）；

R——空气弹簧变形前的几何参数，即切点到空气囊轴线的距离，称为有限半径。

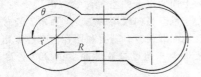

图 16.13-6 囊式空气弹簧的变形

（2）自由膜式空气弹簧的形状系数（见图16.13-7）

$$a = \frac{1}{R}\frac{\sin\theta\cos\theta + \theta(\sin^2\theta - \cos^2\varphi)}{\sin\theta(\sin\theta - \theta\cos\theta)} \qquad (16.13\text{-}4)$$

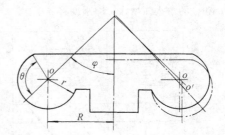

图 16.13-7 自由膜式空气弹簧的变形

（3）约束膜式空气弹簧的形状系数（见图 16.13-8）

$$a = -\frac{1}{R}\times\frac{2\left[\sin(\alpha+\beta) + (\pi+\alpha+\beta)\sin\alpha\sin\beta\right]}{2+2\cos(\alpha+\beta) + (\pi+\alpha+\beta)\sin(\alpha+\beta)} \qquad (16.13\text{-}5)$$

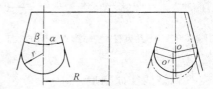

图 16.13-8 约束膜式空气弹簧的变形

根据式（16.13-4）作出的计算线图如图 16.13-9 所示。从图 16.13-9 中可以看出，形状系数 a 随角度 φ 的增加而增加。角度 θ 较小时，φ 对 a 的影响很大，但随 θ 的增加，φ 的影响逐渐减小。利用此图可使形状系数取得很小，以降低轴向刚度。

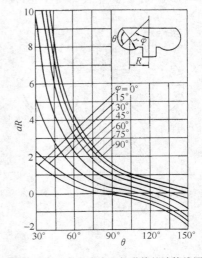

图 16.13-9 自由膜式空气弹簧的计算线图

根据式（16.13-5）作出的计算线图如图 16.13-10 所示。可以从图中看出，内、外筒的倾斜角度 α、β 对形状系数 a 的影响。$\alpha = \beta = 0°$ 时，$a = 0$。a 的绝对值随 α 和 β 的增大而增大，即刚度将减小。

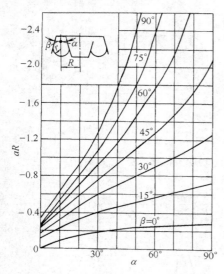

图 16.13-10　约束膜式空气弹簧的计算线图

2.2　空气弹簧的径向刚度

空气弹簧的径向刚度不仅与其几何形状有关，还和空气囊的结构及其材质有很大关系，而橡胶-帘线膜本身的影响需通过试验来确定。

（1）囊式空气弹簧

囊式空气弹簧在径向载荷下的变形是弯曲和剪切作用的合成变形。

1）单曲囊式空气弹簧的弯曲刚度（见图 16.13-11）。

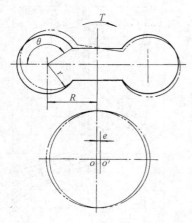

图 16.13-11　单曲囊式空气弹簧的弯曲变形

$$k_\mathrm{T} = \frac{1}{2} a \pi p R^3 (R + r\cos\theta) \qquad (16.13\text{-}6)$$

式中　a——形状系数，由式（16.13-3）（取 $n = 1$）确定。

2）单曲囊式空气弹簧的剪切刚度 k_Q（见图 16.13-12）。

$$k_\mathrm{Q} = \frac{\pi}{16 r \theta} m \rho E_\mathrm{f} (R + r\cos\theta) \sin^2 2\psi \qquad (16.13\text{-}7)$$

式中　m——橡胶囊的帘线层数；
ρ——橡胶囊的帘线密度；
E_f——一根帘线的截面积与其纵向弹性系数的乘积；
ψ——帘线与橡胶囊经线的夹角。

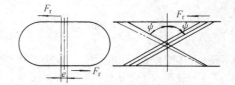

图 16.13-12　单曲囊式空气弹簧的剪切变形

3）多曲囊式空气弹簧的径向刚度。对于多曲囊式空气弹簧，横截面受弯曲和剪切载荷而产生的变形，可以利用力和力矩的平衡关系，将各曲囊的变形叠加求得。当横截面总的变形很小时，多曲囊式空气弹簧的径向刚度为

$$k_\mathrm{r} = \left\{ \frac{n}{k_\mathrm{Q}} + \frac{\left[(n-1)\left(h + h' + \dfrac{F}{k_\mathrm{Q}}\right) \right]^2}{\left(2k_\mathrm{T} + \dfrac{F^2}{2k_\mathrm{Q}} \right) - F\ (n-1)\left(h + h' + \dfrac{F}{k_\mathrm{Q}}\right)} \right\}^{-1}$$

$$(16.13\text{-}8)$$

式中　n——空气弹簧的曲数；
h——一曲橡胶囊的高度；
h'——中间腰环的高度；
F——空气弹簧承受的轴向载荷；
k_T——弯曲刚度，由式（16.13-6）计算；
k_Q——剪切刚度，由式（16.13-7）计算。

由上式看出，空气弹簧的曲数越多，径向刚度越小。实际上四曲以上的空气弹簧，由于弹性不稳定，已不适合于承受径向载荷的场合。通常，囊式空气弹簧在承受轴向载荷时，若要利用径向弹性作用，应使径向振幅最大不超过橡胶囊高度的 20%，尽可能在 10% 以下。

（2）膜式空气弹簧

自由膜式和约束膜式空气弹簧在径向载荷作用下的变形情况如图 16.13-13 和图 16.13-14 所示。它们的径向刚度为

$$k_r = \pi bpR^2 + k_{r0} \qquad (16.13\text{-}9)$$

式中 b ——径向刚度的形状系数；

k_{r0} ——橡胶囊本身的径向刚度。

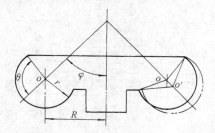

图 16.13-13 自由膜式空气弹簧的径向变形

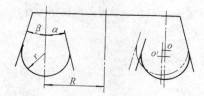

图 16.13-14 约束膜式空气弹簧的径向变形

1) 自由膜式空气弹簧的形状系数 b 用下式计算。

$$b = \frac{1}{2R} \times \frac{\sin\theta\cos\theta + \theta(\sin^2\theta - \sin^2\varphi)}{\sin\theta(\sin\theta - \theta\cos\theta)}$$

$$(16.13\text{-}10)$$

2) 约束膜式空气弹簧的形状系数 b 用下式计算。

$$b = \frac{1}{2R} \times \frac{(\pi + \alpha + \beta)\cos\alpha\cos\beta - \sin(\alpha+\beta)}{1 + \cos(\alpha+\beta) + \frac{1}{2}(\pi+\alpha+\beta)\sin(\alpha+\beta)}$$

$$(16.13\text{-}11)$$

由式（16.13-10）作出的计算线图如图 16.13-15 所示。从图 16.13-15 中可以看出，形状系数 b 随角度 φ 的增加

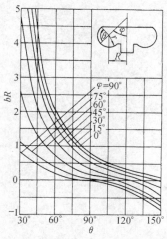

图 16.13-15 自由膜式空气弹簧的计算线图

而减小。当 θ 较小时，φ 的影响很大，而随着 θ 的增加，φ 的影响逐渐变小。

由式（16.13-11）作出的计算线图如图 16.13-16 所示。由图 16.13-16 可以看出，内、外筒倾斜角度对径向刚度的影响，系数 b 随 α 和 β 的增大而减小。

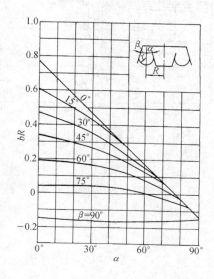

图 16.13-16 约束膜式空气弹簧的计算线图

3 空气弹簧的强度计算

空气弹簧的强度计算主要是橡胶囊的计算，确定它在承载状态下的几何形状、载荷、内压力和应变等因素间的相互关系。其精确计算复杂，为了简化，假设空气弹簧在变形前后，橡胶膜的自由变形部分的径向断面仍保持为圆弧，径向载荷全部由帘线承担，内、外橡胶层只起密封作用。空气弹簧在变形前形状的几何参数为 R、r 和 θ（见图 16.13-6），橡胶囊的临界内压力为

$$p_{cr} = \frac{m\rho N_{cr}}{r}\left(\frac{i}{\cos^2\psi} + \frac{j}{\sin^2\psi}\frac{E_r}{E_\varphi}\right)^{-1}$$

$$(16.13\text{-}12)$$

式中 m ——橡胶囊的帘线层数；

ρ ——橡胶囊的帘线密度；

N_{cr} ——一根帘线的抗拉强度；

ψ ——帘线与橡胶囊经线的夹角；

i、j ——计算系数，由 R、r 和 θ 从图 16.13-17 和图 16.13-18 中查取；

E_r、E_φ ——橡胶囊经线方向和纬线方向的膜厚与弹性模量之积（膜单位宽度的弹性模量）。

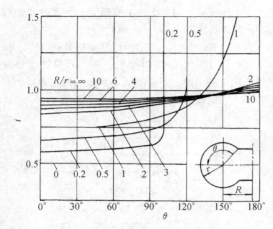

图 16.13-17　临界内压力的计算系数 i

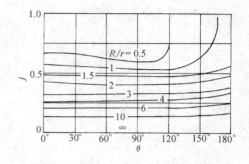

图 16.13-18　临界内压力的计算系数 j

第14章　弹簧的热处理和强化处理

1　弹簧的热处理

1.1　弹簧热处理的目的、要求和方法

弹簧热处理的目的在于充分发挥材料的潜力，使之达到或接近最佳的力学性能，从而保证弹簧在使用状态下长期可靠地工作。

随着机械向速度高、载荷重、质量轻和体积小的方向发展，对弹簧也提出了更高的要求。

弹簧在加工过程中都要进行热处理，对于各种不同类型、材料和用不同方法加工出来的弹簧，其热处理的目的、要求和方法是不相同的。

可以通过不同的热处理方法来满足弹簧设计的要求。螺旋弹簧热处理的基本目的、要求和方法见表16.14-1。

1.2　弹簧的预备热处理

常用碳素弹簧钢和合金弹簧钢的预备热处理工艺见表16.14-2。

不锈弹簧钢的预备热处理工艺见表16.14-3。

表 16.14-1　螺旋弹簧热处理的基本目的、要求和方法

热处理的目的	基本要求	热处理名称	适用材料的种类
预备热处理 （软化组织）	均匀组织 提高塑性,加工方便 强化前应进行组织准备	正火 完全退火 不完全退火	淬火马氏体钢、淬火马氏体不锈钢和铜合金
		固溶处理	奥氏体不锈钢、马氏体时效不锈钢、铍铜、高温合金和精密合金
强化处理 （强化组织）	获得较好的强度、韧性和弹性	淬火+回火	用退火材料或热卷成形的弹簧都应进行淬火和回火处理
	时效前的初步强化	时效	马氏体时效不锈钢、铍铜和精密合金
稳定化处理	消除冷加工应力,稳定弹簧的形状尺寸和弹性性能	去应力回火	冷拔成形并经过强化处理的材料,又在冷状态下加工成形的弹簧以及时效处理后又经变形加工的弹性元件

表 16.14-2　常用碳素弹簧钢和合金弹簧钢的预备热处理工艺

材料牌号	正火	完全（或等温）退火[1]		低温退火
	加热温度/℃	加热温度/℃	布氏硬度压痕直径/mm	加热温度/℃
65、75、85 钢	810~830	770[2]	≥4.4	690~710
65Mn	800~820	810	≥3.7	680~700
60Si2MnA	850~870	860	≥3.5	680~700
50CrVA	850~870	860	3.8~4.8	680~700

① 完全退火时,应该将炉温冷却至 650℃以下出炉空冷。

② 退火时也可以在(770±10)℃保温后,随炉冷却至 620~640℃并保持 1~2h,然后出炉空冷。

表 16.14-3　不锈弹簧钢的预备热处理工艺

材料牌号	不　完　全　退　火			低　温　退　火		
	加热温度/℃	冷却介质	布氏硬度压痕/mm	加热温度/℃	冷却介质	布氏硬度压痕/mm
30Cr13	800~900	随炉冷却至 600℃后出炉空气冷却	≥4.2	730~780	空气	≥4.0
40Cr13			≥4.0	730~780		≥4.0

1.3　弹簧的去应力回火

1.3.1　常用弹簧钢材料的去应力回火

冷拔成形并经过强化处理的材料，在冷状态下加工成弹簧，或者时效处理后又经过变形加工的弹性元件，都应该进行去应力回火处理。处理的规范是由材料的种类和规格决定，既要消除加工应力，又要保证

材料的强度、硬度和韧性等。常用弹簧钢材料去应力回火处理规范见表 16.14-4。

1.3.2　去应力回火温度对弹簧力学性能的影响

去应力回火温度对各种材料弹簧力学性能的影响是客观存在的。回火温度对碳素弹簧钢丝、油淬火-回火钢丝和 12Cr18Ni9 弹簧材料力学性能的影响见表 16.14-5 ~ 表 16.14-7。

表 16.14-4　常用弹簧钢材料去应力回火处理规范

材料牌号		直径/mm	回火温度/℃	保温时间/min	冷却介质	说　明
碳素弹簧钢丝 B、C、D 级，重要用途碳素弹簧钢丝 E、F、G 级		<2	240~300	20~40		1)回火温度可以根据弹簧的使用要求在规定范围内确定 2)保温时间可以根据弹簧丝的直径和装炉数量进行适当的调整 3)由于弹簧加工的需要，去应力回火有时要进行多次。为防止材料强度降低，应注意以后的每次回火温度都要比第一次的回火温度低 20~50℃，保温时间也可以较前一次略短些 4)进行去应力回火处理的弹簧，其硬度不予考虑
		2~4	260~320	20~60		
		>4	280~350	30~80		
油淬火-回火钢丝	50CrVA	≤2	360~380	20~30	空气或水	
		>2	380~400	30~40		
	60Si2MnA	≤2	380~400	20~30		
		>2	400~420	30~40		
	65Si2MnA 70Si2MnA	≤2	420~440	20~30		
		>2	440~460	30~40		
	55CrSiA	≤2	380~400	20~30		
		>2	380~400	40~80		
奥氏体不锈钢丝	12Cr18Ni9 022Cr19Ni10 07Cr17Ni12Mo2	≤2	320~380	20~40	空气或水	
		2~4	320~420	30~60		
		4~6	350~440	40~60		

表 16.14-5　回火温度对碳素弹簧钢丝材料弹簧的力学性能的影响

钢丝直径/mm	材料供应状态	不同回火温度处理 30min 后的 R_m、R_{eL}、σ_e/MPa					
		温度	100℃	200℃	260℃	300℃	400℃
2	冷拉	R_m	1760	1850	1850	1750	1625
		R_{eL}	1350	1500	1600	1380	1300
		σ_e	1050	1350	1350	1200	1060

注：碳素弹簧钢丝在经过 280℃、20min 的回火处理后，硬度可以提高 3~4HRC

表 16.14-6　回火温度对油淬火-回火钢丝材料弹簧的力学性能的影响

钢丝直径/mm	材料供应状态	不同回火温度处理 30min 后的 σ_b、σ_s、σ_e/MPa					
		温度	100℃	200℃	300℃	400℃	500℃
2	冷拉	R_m	1520	1550	1600	1600	1350
		R_{eL}	1400	1400	1400	1380	1200
		σ_e	1300	1300	1280	1260	1150

表 16.14-7　回火温度对 12Cr18Ni9 材料弹簧力学性能（硬度）的影响

钢丝直径/mm	材料供应状态	不同回火温度处理 1h 后的硬度 HRC				
		300℃	350℃	400℃	450℃	500℃
4	冷拉	46.6	48.2	48.2	48.5	47.6
6		44.0	45.5	45.1	45.3	44.9

根据试验：大多数冷加工的奥氏体不锈钢，在经过 320～440℃ 回火处理 10～60min 后，力学性能、弹性、疲劳强度和松弛性能都会得到不同程度的提高，其抗拉强度大约可以增加 10% 左右。这是因为在回火过程中有一种细微的碳化物 $M_{23}C_6$ 在原子晶格结构中析出，使得材料可以增加抗拉强度；另外，弹簧成形后通过回火处理可以减少因为加工成形而引起的内应力，提高了疲劳强度。

1.3.3　去应力回火温度和保温时间对拉伸弹簧初拉力的影响

去应力回火对拉伸弹簧的初拉力是有影响的，回火温度低，保温时间短，保留的初拉力较大，反之，则初拉力保留得小。回火温度、时间对拉伸弹簧初拉力的残存百分比试验值见表 16.14-8。

可以根据拉伸弹簧所需要的初拉力大小，对去应力回火温度与保温时间进行调整。为了弹簧加工的需要，去应力回火有时要进行多次，为了防止材料强度降低，应注意第一次以后每次回火的温度都要比第一次的回火温度低 20～50℃。

1.4　弹簧的淬火和回火

对用退火材料成形或热卷成形热弯成形的弹簧，为了确保弹簧的强度和性能，应进行淬火和回火处理。常用弹簧材料的淬火和回火处理规程见表 16.14-9。热轧弹簧钢的淬火临界直径见表 16.14-10。

表 16.14-8　回火温度、时间对拉伸弹簧初拉力的残存百分比试验值

材料	回火前(%)	去应力回火后的残存百分比(%)				
		150℃	200℃	250℃	300℃	350℃
		15min				25min
碳素弹簧钢丝	100	88	77	68	49	32
不锈弹簧钢丝	100	94	92	88	80	74

表 16.14-9　常用弹簧材料的淬火和回火工艺规程

牌号	淬火			回火			适用范围
	加热温度/℃	冷却介质	硬度 HRC	加热温度/℃	冷却介质	硬度 HRC	
65	780～830	水或油	—	400～600	—	—	材料直径小于 15mm 的螺旋弹簧、弹簧垫圈
75	780～830	水或油	—	400～600	—	—	
85	780～820	水或油	—	380～460	—	36～40	载荷较小的小螺旋弹簧,板簧片
65Mn	810～830	油或水	>60	400～500	水	42～50	5～10mm 的板簧片及材料直径为 7～15mm 的螺旋弹簧
55Si2Mn	860～880	油	>58	400～450	水	45～50	材料直径 10～25mm 的螺旋弹簧
60Si2MnA	860～880	油	>60	400～440	水	45～50	
55Si2Mn	860～880	油	>58	480～500	水	363～444 HBW	厚度 8～12mm 的板簧片
60Si2MnA	860～880	油	>60	500～520	水		
70Si3MnA	840～860	油	>62	420～480	水	48～52	大截面的重载弹簧
65Si2MnWA	840～860	油	>62	430～480	水	48～52	大截面的重载弹簧
50CrMn	840～860	油	>58	400～550	水	—	截面较大的和较重要的板簧片及螺旋弹簧
50CrVA	850～870	油	>58	400～500	水	388～415HBW	大截面重要的弹簧
				370～420	—	45～50	300℃ 以下工作的高温弹簧
60Si2CrVA	850～870	油	>60	430～480	水	45～52	用于制作汽轮机汽封弹簧、调节弹簧及大型螺旋弹簧和板簧
55SiMnMoV 55SiMnMoVB 55SiMnMoVNb	860～880	油	—	440～460	水	45～52	大截面的重载弹簧

表 16.14-10　热轧弹簧钢的淬火临界直径

序号	钢种及钢号	淬火临界直径 /mm		油淬火时的淬火临界板厚/mm
		水淬	油淬	
1	碳素弹簧钢,钢号为 65、70、75、80	<15	<8	<5
2	锰弹簧钢,钢号为 65Mn	<25	15	9
3	硅锰弹簧钢,钢号为 55Si2Mn、60Si2Mn	<30	20	12
4	铬锰弹簧钢,钢号为 50CrMn	≈40	34	20
5	铬钒弹簧钢,钢号为 50CrVA	50	40	24
6	铬锰硼弹簧钢,钢号为 60CrMnB(BSUP11)	55	45	27~30
7	硅铬等弹簧钢,钢号为 60Si2CrA、60Si2CrVA、65Si2MnWA	60~70	50	30
8	多元微合金化弹簧钢,钢号为 55SiMnMoV (Nb)B、60CrMnMo (SAE4161H)	≈100	75 (90~110)	>50

1.5　弹簧的等温淬火

等温淬火就是将弹簧加热到该钢种的淬火温度,保温一定时间,以获得均匀的奥氏体组织,如在 20~50℃ 的熔盐中,等温足够的时间,使过冷奥氏体基本上完全转变成为贝氏组织,再将弹簧取出,在空气中冷却。这种处理比普通淬火、回火处理的材料具有更高的延展性和韧性,而且弹簧极少变形或开裂。如果在等温淬火后再加一次略高于等温淬火温度的回火,则弹性极限和冲击韧性还能有所提高,而强度并没有大的变化。

弹簧的等温淬火规范,即等温淬火温度和等温淬火保温时间,必须按照该钢号的等温转变曲线图确定。几种常用弹簧钢的等温淬火规范见表 16.14-11。

表 16.14-11　几种常用弹簧钢的等温淬火规范

牌号	等温淬火规范			硬度 HRC
	加热温度 /℃	等温淬火温度/℃	等温淬火保温时间/min	
65	820±10	320~340	15~20	46~48
65Mn	820±10	27 320~340	15 15~20	52~54 46~48
60Si2MnA	870±10	290	30	52
50CrVA	850±10	300	30	52

几种弹簧材料等温淬火与普通淬火、回火工艺的力学性能比较见表 16.14-12。

1.6　碳素弹簧钢的热处理

制造弹簧的退火状态弹簧钢有 65、70、75 和 85 钢。这类材料的淬透性比较差,易开裂、易脱碳等,常用于制造弹簧垫圈、片形弹簧和其他不重要的弹簧。材料直径小于 15mm 的弹簧可以在油中淬透。退火状态碳素钢的热处理工艺及力学性能见表 16.14-13。

表 16.14-12　几种弹簧材料等温淬火与普通淬火、回火工艺的力学性能比较

钢号	热处理工艺	硬度 HRC	抗拉强度 R_m/MPa	屈服强度 R_{eL}/MPa	断后伸长率 A(%)	断面收缩率 Z(%)
50CrV	900℃油淬+380℃回火	48	1750	1640	—	48
	900℃+300℃等温 30min	51	1950	1910	—	44
60Si2Mn	860℃油淬+440℃回火	47	1700	1500	11	46
	860℃+290℃等温 30min		2090	1750	11	40
	860℃+290℃等温 30min+290℃回火 60min		1970	1850	12.5	50

表 16.14-13　65、70 和 85 钢的热处理工艺及力学性能

钢号	淬火温度/℃ (以及冷却介质)	淬火后硬度 HRC	回火温度/℃				弹性模量 E/MPa	切变模量 G/MPa
			200	300	400	500		
			回火后硬度　HRC					
65	800~830(油或水)	>60	58	54	44	36	205800	79184
70	790~825(油或水)	>61	59	55	45	38	196000	78792
85	780~829(油或水)	>62	60	56	46	39	191100	78400

1.7 不锈钢的热处理

1.7.1 不锈钢热处理的方法与选择

不锈钢可以分为热处理可强化的钢和热处理不可强化的钢。其中，热处理可强化的钢是可以用热处理的方法改变组织结构进行强化的钢。它们有马氏体不锈钢、马氏体和半奥氏体（或半马氏体）沉淀硬化不锈钢和马氏体时效不锈钢等。

热处理不可强化的钢是不能用热处理的方法改变其组织结构进行强化的钢。它们有奥氏体不锈钢、铁素体不锈钢和奥氏体-铁素体不锈钢。

不锈钢的热处理方法见表 16.14-14。

表 16.14-14 不锈钢的热处理方法

项目	处理方法	目 的
热处理可强化的钢	淬火+回火处理	提高强度、硬度和耐蚀性能
	淬火+中温回火处理	获得较高的强度和弹性极限，但对耐蚀性能提高不高
	淬火+高温回火处理	获得良好的力学性能和一般的耐蚀性能
	退火处理	消除加工应力，降低硬度，提高塑性
	预备热处理（正火+高温回火）	改善内部原始组织
	调整热处理（固溶+深冷处理或者冷变形+时效处理等方法）	得到所需的良好力学性能和耐蚀性的沉淀硬化型不锈钢
热处理不可强化的钢	固溶热处理	消除冷作硬化，提高塑性和耐蚀性
	去应力回火	对零件形状复杂、不适合做固溶热处理的材料进行热处理
	稳定化回火处理	使含钛（Ti）或铌（Nb）的不锈钢达到稳定的耐蚀性能

注：1. 固溶处理是将合金加热到高温单相区恒温保持，使得过剩相充分溶解在固体中后，快速冷却，以得到过饱和固溶体的一种工艺。

2. 稳定化处理是稳定组织，消除残余应力，使得零件形状和尺寸变化保持在规定的范围内而进行的一种热处理工艺。

3. 时效处理是合金零件经过固溶热处理后在室温（自然时效）或者高于室温（人工时效）下保温，以达到沉淀硬化的目的。

1.7.2 奥氏体不锈弹簧钢稳定回火处理

部分奥氏体不锈弹簧钢稳定回火处理规范及设备见表 16.14-15。

表 16.14-15 部分奥氏体不锈弹簧钢稳定回火处理规范及设备

材料牌号	处理温度/℃	保温时间/h	设备	作用
12Cr18Ni9	420~450	1~2	真空回火炉或时效炉	消除应力，稳定弹簧的外形尺寸，经过稳定回火后的弹簧可以在<350℃的条件下使用
06Cr18Ni11Ti				
022Cr17Ni12Mo2	400~450	1~2		
06Cr17Ni12Mo2Ti				

1.7.3 马氏体不锈弹簧钢的热处理

用马氏体不锈弹簧钢制成弹簧后的最终热处理是淬火和回火。几种常用马氏体不锈弹簧钢的最终热处理工艺见表 16.14-16。

表 16.14-16 常用马氏体不锈弹簧钢的最终热处理工艺

材料牌号	淬火		回火		达到的硬度 HRC
	加热温度/℃	冷却介质	加热温度/℃	冷却介质	
30Cr13	980~1050	油或空气	按需要的强度选择200~620	油、水或者空气	48~44
40Cr13	1000~1050	油或空气	按需要的强度选择200~640	油、水或者是空气	48~52

1.7.4 沉淀硬化不锈弹簧钢的热处理

沉淀硬化不锈弹簧钢是通过马氏体相变强化和沉淀析出强化两者综合强化的，基本热处理工艺为固溶处理和时效处理。对于半奥氏体型钢，固溶处理后在室温下得到不稳定的奥氏体，没有完成马氏体转变，没有充分强化，因此在固溶处理的时效处理之间，增加一个调整处理，使得不稳定奥氏体转变为马氏体。常用的调整处理有调节处理（T 处理）、冷处理（L 处理）和塑性处理（C 处理）三种方法。

常用沉淀硬化不锈弹簧钢热处理工艺见表16.14-17。

1.8 合金弹簧钢的热处理

当弹簧的截面较大或使用条件较苛刻时，碳素弹簧钢已不能满足使用要求。这类弹簧必须使用合金弹簧钢制造。在合金弹簧钢中由于添加了合金元素，不仅使淬透性增加，而且具有碳素弹簧钢所没有的性能。下面介绍常用合金弹簧钢的热处理规范。

1.8.1 硅锰弹簧钢的热处理

硅锰弹簧钢是弹簧钢中应用广泛的材料之一，具有成本低，淬透性好，抗拉强度、屈服强度和弹性极限高，回火稳定性好等优点。但硅锰弹簧钢为本质粗晶粒钢，过热敏感、脱碳倾向大，易石墨化，所以在热处理时淬火温度不宜过高，保温时间不宜过长，以防止晶粒粗大和脱碳。常用硅锰弹簧钢的热处理工艺规范及力学性能见表 16.14-18，不同回火温度下的硬度值见表 16.14-19。

表 16.14-17 常用沉淀硬化不锈弹簧钢热处理工艺

类 别	材料牌号	固溶处理		调整处理	时效处理	
		加热温度/℃	冷却介质		加热温度/℃	冷却介质
半奥氏体沉淀强化型	07Cr17Ni7Al	1040~1060	水或空气	750~770℃空冷	555~545	空气
				940~960℃空冷 −78℃冷处理	500~520	
				冷变形	470~490	
	07Cr15Ni7Mo2Al	1050~1080	空气或水	750~770℃空冷	555~547	
				940~960℃空冷 −78℃冷处理	500~520	
				冷变形	470~490	
	07Cr12Mn5Ni4Mo3Al	1040~1060	空气	750~770℃空冷	450~490	
				−78℃冷处理	510~530 550~570	
				冷变形	340~360 510~570 550~570	
马氏体沉淀强化型	05Cr17Ni4Cu4Nb	1020~1060	空气		450~550	

表 16.14-18 常用硅锰弹簧钢热处理工艺规范及力学性能

材 料	淬火温度/℃	冷却剂	硬度 HRC	回火温度/℃	硬度 HRC	抗拉强度 R_m/MPa	屈服强度 R_{eL}/MPa	断面收缩率 Z(%)	断后伸长率 A(%)
60Si2Mn	850~870	油	>60	440	48	1680	1470	44	11
60Si2MnA	850~870	油	>60	440	48	1680	1470	44	11

表 16.14-19 不同回火温度下的硬度值

硬度 HRC	温 度/℃							
	材料	200	250	300	350	400	450	500	550
	60Si2Mn	58	57	56	54	51	45	40	38
	60Si2MnA	59	58	57	54	52	46	41	39

注：试件 $d=8mm$，硝盐炉，保温 60min，±2HRC。

1.8.2 铬钒弹簧钢和铬锰弹簧钢的热处理

常用的制造弹簧的铬钒弹簧钢和铬锰弹簧钢有：50CrV、55CrMn、60CrMn、51CrMnV 和 60Si2CrV 等。由于钢中含有 Cr、V 等元素，使钢的淬透性得到了显著的改善。同时，V 和 Cr 都是强烈的碳化元素，它们的碳化物存在于晶界附近，能有效地阻止晶粒长大。这类钢材虽然碳含量不高，强度稍低一些，但具有很好的韧性，特别优良的疲劳性能，因此对要求高疲劳性能的弹簧，如气门弹簧、调压弹簧和安全阀弹簧等，多选用 50CrV 来卷制。

表 16.14-20 列出了 50CrV 和 55CrMn 的热处理工艺规范和力学性能。

表 16.14-20　50CrV 和 55CrMn 的热处理工艺规范和力学性能

钢号	热处理			力学性能			
	淬火温度/℃	淬火介质	回火温度/℃	R_m/MPa	R_{eL}/MPa	Z(%)	A(%)
50CrV	850±20	油	500±50	>1275	>1130	>40	>10
55CrMn	840±20	油	485±50	>1225	>1080	>20	>9

1.8.3　高强度弹簧钢的热处理

这类弹簧钢的特点是强度高、淬透性好，在油中的淬透直径都在 50mm 以上，用于制造工作温度在 250℃ 以下的高应力弹簧，如气门弹簧、油泵弹簧和汽车悬架弹簧等。这类弹簧在较高温度下回火仍保持较高的强度。为获得高的强度，硬度一般在 48～52HRC 之间选取。高强度弹簧钢的热处理规范和不同回火温度下的力学性能见表 16.14-21。

表 16.14-21　高强度弹簧钢的热处理工艺规范和力学性能

钢号	热处理			力学性能			
	淬火温度/℃	淬火介质	回火温度/℃	R_m/MPa	R_{eL}/MPa	Z(%)	A(%)
60Si2Cr	870±20	油	420±50	>1765	>1570	>20	>6
60Si2CrV	850±20	油	410±50	>1860	>1665	>20	>6
60Si2MnCrV	860±20	油	400±50	>1700	>1650	>30	>5

1.8.4　硅锰弹簧钢新钢种的热处理

这类钢是在硅锰弹簧钢的基础上，在钢中加入了硼、钼、钒或铌等合金元素，淬透性比硅锰钢有较大的提高，直径 50mm 以下在油中都能淬透，脱碳和过热的倾向比硅锰弹簧钢低，韧性和疲劳性能则优于硅锰弹簧钢，主要用于制造汽车钢板弹簧。常用的牌号有 55SiMnVB 和 40SiMnVBE。其热处理规范和力学性能见表 16.14-22。

表 16.14-22　55SiMnVB 和 40SiMnVBE 的热处理工艺规范和力学性能

钢号	热处理			力学性能			
	淬火温度/℃	淬火介质	回火温度/℃	R_m/MPa	R_{eL}/MPa	Z(%)	A(%)
55SiMnVB	860±20	油	460±50	>1375	>1225	>30	>5
40SiMnVBE	880±20	油	320±50	>1800	>1680	>40	>9

1.8.5　耐热弹簧钢的热处理

耐热弹簧钢主要用于制造汽轮机及锅炉中高温下工作的弹簧。这类材料的淬火和加热温度较高，导热系数低，故在高温加热之前要经过预热。一般预热温度为 820～870℃，预热保温系数为 0.5min/mm。在高温炉中的加热时间不宜过长，否则容易引起弹簧表面的氧化和脱碳，一般取 10～20s/mm。30W4Cr2V 是常用的耐热弹簧钢，其热处理规范及力学性能见表 16.14-23。

1.8.6　高速弹簧钢的热处理

要求在 450～600℃ 的高温条件下工作的弹簧一般用 W18Cr4V 高速弹簧钢来制造。这种弹簧材料以退火状态供应，卷制成形后需要淬火与回火处理。其热处理工艺是：820～850℃ 预热，预热的时间是加热时间的 2 倍；在 1270～1290℃ 的温度加热，在 580～620℃ 低温盐浴中分级冷却或油冷，然后在 600℃ 进行二次回火，每次 1h；或者第二次回火加热到 700℃，保温 2h，以提高弹簧的疲劳强度，热处理硬度为 52～60HRC。

1.9　铜合金弹簧材料的热处理

1.9.1　锡青铜的热处理

锡青铜不能经热处理强化，而要通过冷变形来提高强度和弹性，主要方式如下：

1）完全退火。用于中间软化工序，以保证后续工序大变形量加工的塑性变形性能。

2）不完全退火。用于弹性元件成形前得到与后续工序相一致的塑性，以保证后续工序一定的成形变形量，并使弹簧达到使用性能。

3）稳定退火。用于弹簧成形后的最终热处理，以消除冷加工应力，稳定弹簧的外形尺寸及弹簧性能。

锡青铜弹簧材料的退火规范见表 16.14-24。

1.9.2　铍铜的热处理

铍铜的热处理可以分为退火处理、固溶处理和固溶处理后的时效处理。

退火处理分类如下：中间软化退火，用来做加工中间的软化工序；消除应力退火，用于消除机械加工和校正时产生的加工应力；稳定化退火，用于消除精密弹簧和校正时所产生的加工应力，稳定外形尺寸。

铍铜弹簧材料的退火规范见表 16.14-25。铍铜弹簧材料的固溶处理和时效处理的规范见表 16.14-26。

表 16.14-23　30W4Cr2V 的热处理规范及力学性能

钢　号	热处理状态	抗拉强度 R_m/MPa	屈服强度 R_{eL}/MPa	断后伸长率 A(%)	断面收缩率 Z(%)	冲击韧度 /(J/cm²)
30W4Cr2V	预热 850℃ 1000~1050℃油冷 600℃回火	1750~1770	1600~1610	10	39~46	74~100

表 16.14-24　锡青铜弹簧材料的退火规范

材料牌号	完全退火		不完全退火[①]		稳定退火	
	温度/℃	时间/h	温度/℃	时间/h	温度/℃	时间/h
QSn4-0.3	500~650	1~2	350~450	1~2	150~280	1~3
QSn4-3	500~600	1~2	350~450	1~2	150~260	1~3
QSn6.5-0.1	500~610	1~2	320~430	1~2	150~280	1~3
QSn6.5-0.4	550~620	1~2	360~420	1~2	200~300	1~3

① 不完全退火的规范可以根据弹簧后续成形的变形量来进行调整。

表 16.14-25　铍铜弹簧材料的退火规范

材料牌号	中间化退火		去应力回火		稳定化回火(时效处理)	
	温度/℃	时间/h	温度/℃	时间/h	温度/℃	时间/h
TBe1.7	540~570	2~4	200~260	1~2	110~130	4~6
TBe1.9	540~570	2~4	200~260	1~2	110~13	4~6
TBe2	540~570	2~4	200~260	1~2	110~130	4~6

表 16.14-26　铍铜弹簧材料的固溶处理和时效处理的规范

牌号	固溶处理		处理目的及使用范围	时效处理	
	温度/℃	厚度/时间		温度/℃	时间/h
TBe1.7	800±10	0.1~1.0mm/5~9min	适于较厚、直径比较粗的材料	315±5 (板、带、丝) 320±5 (直径 5~30)	Y 态:1~2
TBe1.9	780±10	1.0~5.0mm/12~30min	综合性能好,用于软化处理和时效前的组织准备		Y2 态:2
TBe2	760±10	5.0~10mm/25~30min	获得细小的晶粒组织,有利于提高弹簧的疲劳强度		C 态:2~3

注: 固溶处理的保温时间对材料的晶粒度和沉淀硬化后的性能影响很大,应该按材料的直径的厚度并通过试验来确定。
时效处理保温时间结束后可以在空气中冷却。

1.9.3　硅青铜的热处理

硅青铜具有较好的强度、硬度、弹性、塑性和耐磨性,其冷、热加工性能也比较好,但是只能在退火和加工硬化状态下使用。弹簧成形后只需要进行 200~280℃去应力回火处理。

1.9.4　铝青铜的热处理

淬火温度的选择应使合金组织转变为单一的 α相。铝质量分数为 9%~10% 的铝青铜,这一温度为 1000℃左右,接近该合金的熔化温度,因此其淬火温度应比这一温度略低,一般为 850~950℃,保温时间

一般为 1~2h,在水中冷却。

回火温度根据所要求的力学性能确定。在要求具有高强度、高硬度和低塑性时,可以采用低温回火,温度为 250~350℃;在要求具有较高强度、硬度和较高塑性、韧性时,则采用高温回火,温度为 500~650℃。回火时间一般为 2h 左右。

铝青铜的淬火及回火工艺规范见表 16.14-27。

1.10　高温弹性合金和钛合金的热处理

1.10.1　高温弹性合金的热处理

高温下使用的弹性合金有铁基和镍基两大类。

表 16.14-27　铝青铜的淬火与回火工艺规范

合金牌号	淬火			回火			硬度 HBW
	加热温度 /℃	保温时间 /h	冷却剂	加热温度 /℃	保温时间 /h	冷却剂	
QAl9-4	850±10	2~3	水	500~550	2~2.5	空气	110~178
QAl10-3-1.5	900±10	2~3	水	600~650	2~2.5	空气	130~170

1）铁基高温合金。用来制作弹簧的铁基高温合金有 GH2135、GH2132 等。其中铬的作用是主要使金属表面形成一层致密的氧化膜；镍的作用是使基体保持奥氏体组织（因为在高温时奥氏体钢比铁素体钢具有更高的热强性），并与钛、铝等元素形成具有强烈沉淀强化作用的金属间化合物 γ′相 Ni3（TiAl）和 Ni3（AlTi）；钨和钼主要起固溶强化的作用；硼的作用是净化晶界，提高抗蠕变的能力。GH2132、GH2135 的热处理规范及不同温度下的力学性能见表 16.14-28。

2）镍基高温合金。常用的有 GH4169（Inconel-718）、GH4145（Inconel-X-750）。这类材料比铁基高温合金有更高的耐热性能和耐蚀性能。GH4169 和 GH4145 的热处理规范和力学性能见表 16.14-29。

高温弹性合金主要用于制造在较高温度下使用的弹簧，高温下工作的弹簧除会发生通常的蠕变和松弛等现象外，还会由于分子热运动的加剧而导致原子间结合力下降。材料的弹性模量 E 和切变模量 G 本质上是反映了原子间的结合力，因此温度升高，原子间距增大，必然导致 E 值和 G 值的下降。一般钢的温度每升高 100℃，E 值和 G 值下降 3%~5%。因为弹簧的弹性力和扭矩都和材料的弹性模量成正比，所以在高温下即使弹簧的几何尺寸不发生变化，其弹性力和扭矩也要低于常温下的弹簧。在计算时 G 值可参照表 16.14-30 进行估算。

1.10.2　钛合金的热处理

钛合金的特点是密度小（$\rho = 4.4 \sim 4.6 \mathrm{g/cm^3}$），具有高的比强度和良好的耐蚀性能。除此之外，钛合金还有较好的热强性和低温性能，有些类型的钛合金能通过热处理时效进行强化。钛合金主要用于制造特殊用途的弹簧。常用的是 α+β 型钛合金 TC3（Ti-5Al-4V）和 TC4（Ti-6Al-4V）。TC3 的固溶温度为 800~850℃，TC4 的固溶温度为 900~950℃，保温时间可按下面的经验公式计算：

$$T = 3d + (5 \sim 8)\mathrm{min} \qquad (16.14\text{-}1)$$

式中　d——弹簧钢丝的直径（mm）。

TC3 和 TC4 经热处理后的力学性能见表 16.14-31。

表 16.14-28　GH2132、GH2135 的热处理规范及不同温度下的力学性能

合金	热处理状态	试验温度 /℃	动态弹性模量 E_0/MPa	抗拉强度 R_m/MPa	断后伸长率 A （%）
GH2132	985℃,8~10min 空冷 700℃,16h 空冷 （1.5~2.0mm 板材）	20	20170	1130~1230	26~29
		400	17500	1020~1100	16~20
		500	16650	1020~1100	18~19
		600	16050	920	24~26
		700	15200		27~37
GH2135	1030℃,7min 空冷 750℃,16h 空冷 （1.5~2.0mm 板材）	20	20065	1190~1210	21~23
		400	—	1190~1270	16~19
		500	17300	1260~1270	19~20
		600	16460	1130~1150	21~24
		700	15550	87~89	13~14

表 16.14-29　GH4169、GH4145 热处理规范和力学性能

合金	热处理方法	抗拉强度 R_m/MPa	规定塑性延伸强度 $R_{P0.2}$/MPa	断面收缩率 Z（%）	断后伸长率 A（%）	硬度 HV
GH4169 （Inconel-718）	1000℃ 固溶 + 30% 冷变形 + 720℃×8h;620℃×8h	1750	1650	44	11	460
GH4145 （Inconel-X-750）	固溶 + 冷拔 730℃ × 16h + 650℃×2h（试样为 φ2mm 冷拔钢丝）	1770~1800	—	2~3 （弯曲次数）	5.5 （扭转次数）	

表 16.14-30　不同温度下高温弹性合金的切变模量

温度/℃	20	100	200	300	400	500	600	700
切变模量 G/MPa	80500	77500	74800	72400	70200	68300	65100	61900

表 16.14-31　钛合金弹簧热处理工艺及力学性能

牌号	固溶处理		时效			抗拉强度 R_m/MPa	规定塑性延伸强度 $R_{P0.2}$/MPa	强性模量 E/MPa	切变模量 G/MPa	断后伸长率 A(%)	断面收缩率 Z(%)	硬度 HBW
	加热温度/℃	冷却介质	加热温度/℃	时效时间/h	冷却介质							
TC3	800~850	水	420~500	4~6	空气	1200~1300	1100~1250	111700	49000	10~14	30~40	350~390
TC4	910	水	480	4	空气	1190	—	—	49000	13	49	—

注：试样为棒，冷拔钛合金材料卷制弹簧可直接进行时效。

2　弹簧的强化处理

　　弹簧在理想的情况下应符合胡克定律，即在弹性范围内应力和应变呈直线关系。但由于弹簧钢是多相多晶体材料，必然存在成分、组织和弹性等的不一致，故在弹性范围内应力和应变偏离直线关系。这称为弹性不完整性或滞弹性，由此产生弹性后效、弹性滞后、应力松弛和弹性模量降低等现象。弹簧回火后进行稳定化处理可以减少弹性不完整性，在现场一般将稳定化处理称为立定处理。弹簧的强化处理有立定处理、强压处理和喷丸处理。

2.1　弹簧的立定处理

　　对压缩弹簧，是把弹簧压缩到工作极限高度或并紧高度；对拉伸弹簧，是把弹簧长度拉至工作极限长度数次；对扭转弹簧，是把弹簧顺工作方向扭转至工作极限扭转角数次。如此作用 7 次之后，弹簧将趋于稳定，现场操作，一般取 3~5 次。

　　在高于弹簧工作温度下的立定处理称为加温立定处理，它能保证弹簧在高温下正常工作。各种弹簧加温立定处理时的高度（扭转角）、温度和时间都应该根据弹簧的使用条件专门设定，并且要经过反复认真的试验才能确定。

　　必须说明的是拉伸弹簧经过立定处理后初拉力会减少或者消失，所以对于有初拉力要求的拉伸弹簧一般就不能做加温立定处理。

　　弹簧经过立定处理后自由高度要降低。为了使弹簧达到图样上规定的自由高度，在卷簧时的卷制高度除自由高度外要留出变形量，这个高度称为预制高度。因为立定处理影响的因素较多，故变形量不能精确地计算。下面介绍两个计算预制高度的经验公式，作为确定参数的参考。

　　立定处理时螺旋压缩弹簧的预制高度

$$H_0' = K_0 f_j + (H_0 - f_j) \qquad (16.14-2)$$

式中　H_0——弹簧的自由高度；
　　　f_j——处理时的压缩变形量；
　　　K_0——系数，根据弹簧材料在表 16.14-32 中查取。

表 16.14-32　系数 K_0 值

τ/σ_b	E 组[1]、C 级[2]	50CrV	τ/σ_b	E 组[1]、C 级[2]	50CrV
≤0.46	1.0000	—	0.74	1.1060	1.0596
0.47	1.0002	—	0.75	1.1121	1.0645
0.48	1.0008	—	0.76	1.1184	1.0696
0.49	1.0018	—	0.77	1.1250	1.0748
0.50	1.0032	—	0.78	1.1313	1.0801
0.51	1.0049	—	0.79	1.1380	1.0855
0.52	1.0069	—	0.80	1.1445	1.0910
0.53	1.0092	1.0000	0.81	1.1512	1.0968
0.54	1.0118	1.0002	0.82	1.1581	1.1030
0.55	1.0147	1.0007	0.83	1.1650	1.1085
0.56	1.0179	1.0017	0.84	1.1720	1.1144
0.57	1.0212	1.0028	0.85	1.1790	1.1210
0.58	1.0248	1.0043	0.86	1.1861	1.1270
0.59	1.0286	1.0061	0.87	1.1930	1.1330
0.60	1.0327	1.0081	0.88	1.2010	1.1392
0.61	1.0369	1.0105	0.89	1.2080	1.1460
0.62	1.0413	1.0131	0.90	1.2150	1.1520
0.63	1.0460	1.0160	0.91	1.2220	1.1590
0.64	1.0506	1.0190	0.92	1.2300	1.1650
0.65	1.0555	1.0221	0.93	1.2380	1.1720
0.66	1.0606	1.0256	0.94	1.2460	1.1790
0.67	1.0659	1.0292	0.95	1.2530	1.1860
0.68	1.0712	1.0331	0.96	1.2604	1.1920
0.69	1.0769	1.0371	0.97	1.2681	1.2000
0.70	1.0823	1.0413	0.98	—	1.2080
0.71	1.0880	1.0456	0.99	—	1.2140
0.72	1.0939	1.0501	1.00	—	1.2210
0.73	1.1000	1.0548	—	—	—

① 重要用途碳素弹簧钢丝。
② 碳素弹簧钢丝。

　　立定处理后，如果进行低温回火，弹簧的比例极限和承受载荷的能力将有所提高，尤其是对于精密的弹簧和使用温度稍高的弹簧，在改善弹簧性能和提高合格率方面有着明显的效果。

对立定处理后的低温回火，考虑到加工中金属晶格间微观的剩余应变和不使强化的宏观剩余应力的下降，回火温度应稍低于去应力退火的温度。一般来说，铜弹簧的回火温度为 160~200℃，保温 1h；钢弹簧的回火温度为 200~400℃，保温 30min 左右。

2.2　弹簧的强压处理

作用在背景簧上的应力对螺旋压缩、拉伸弹簧主要是切应力，对螺旋扭转弹簧、板弹簧和片弹簧主要是弯曲应力，但不论是受切应力还是弯曲应力或两者合成应力的弹簧，都是在材料的表层产生最大的应力。

弹簧材料中的剩余应力如果与工作应力方向相反，则可提高弹簧的承载能力；如果与工作应力方向相同，则降低弹簧的承载能力。在弹簧的制作过程中，由于卷制和冷加工所产生的残余应力（即内应力）多为后一种情况，因此要采用去应力退火处理来消除这种内应力，这在前面已经阐明。在弹簧制造中所有用的强压（拉、扭）处理、喷丸处理和滚压处理等机械强化工艺，能使弹簧材料表面内产生有利的残余应力，从而可提高弹簧的承载能力。

强压（强拉、强扭）处理对压缩弹簧来说，就是把弹簧压至材料层的应力超过屈服强度，使表面产生负残余应力，心部产生正残余应力。

其工艺方法有两种。一种方法是静强压，把弹簧压至要求高度，停放 6~48h，然后放开。这种方法占用工艺装置及设备较多，占用场地也较大，但性能较稳定，宜用于一些小弹簧。另一种方法是用较慢速度（约 1min）把弹簧压至规定高度，然后缓慢放开（约 1min），使弹簧产生塑性变形，然后在该高度下进行立定处理。这种方法与静强压有同样效果，适用于各类大弹簧。

不同类型弹簧的强压处理的方法不一样。对扭杆弹簧，是对扭杆在工作载荷的方向加以超过扭杆切变弹性极限的扭矩；对压缩和拉伸弹簧，分别加以超过弹簧材料切变弹性极限的压缩和拉伸载荷；对扭转弹簧，加以超过弹簧材料弹性极限的扭矩。总之，在处理时所加的载荷与弹簧所受的工作载荷类型和方向应一致。残余应力是由残余变形的程度来确定的，而残余变形使得弹簧的尺寸公差难以控制，所以处理载荷的大小，必须在设计时考虑，计算方法见各种弹簧的设计。

如果强压处理适当，在同样的工作条件下，弹簧的疲劳寿命可以提高 5%~35%；反之，如果处理不当，如预加载荷过大，反而会使疲劳寿命下降。另外，弹簧经过一定时间的工作之后，随着剩余变形和弹簧性能的变化，会使弹簧的正常工作遭到破坏。

在高温条件下工作的弹簧，为了防止蠕变和松弛，应进行加温强压处理或蠕变回火。加温强压处理是将弹簧在高于工作温度的条件下进行的强压处理。在加载荷的状态下（一般为工作时的变形状态，即并紧状态）进行低温回火的工艺称为蠕变回火。两者的主要区别在于应力和保温时间，它们都具有强化和去应力退火的双重作用。这对于在温度稍高的环境中工作的弹簧是有利的，一方面可以防止弹簧的松弛，另一方面可提高疲劳强度。

加温强压处理和蠕变回火，主要用于冷加工成形的螺旋弹簧上。它们的处理条件（温度、应力和时间）根据弹簧的设计要求来选择。一般常用的钢质弹簧，温度多在 200~400℃，蠕变回火时间为 30min 左右，加温强压处理的保持时间可为 2~6h；对于耐热弹簧材料，温度可再高一些，时间可再长一些。

强压处理后，如果进行低温回火将取得与立定处理后进行低温回火同样的效果，其低温回火工艺参照立定处理后低温回火工艺。

弹簧经过强压处理后自由高度要降低，为了达到图样规定的要求，在卷簧时对自由高度要留出此变形量，也就是预制高度。各参数的含义参见式（16.14-2）。

强压处理时螺旋压缩弹簧的预制高度

$$H_0' = (0.12 ~ 0.13)f_j + H_0 \qquad (16.14-3)$$

2.3　弹簧的喷丸处理

弹簧喷丸处理又称喷丸强化，它是以高速运动的弹丸向弹簧表面喷射，使弹簧表面产生压缩应力，以提高弹簧的疲劳强度，改善弹簧的松弛性能，延长弹簧使用寿命并改善弹簧耐应力腐蚀性能的一种工艺手段。另外，弹簧在制造过程中出现的一些不可避免的轻微划伤、压痕或比较轻微的脱碳等，也可在喷丸处理的过程中得到消除或改善，从而消除或减少了疲劳源。对重要的、工作应力较高的拉伸弹簧钩环转接处进行喷丸处理，可以提高它的使用寿命。

喷丸处理工艺参数包括弹丸材料、弹丸尺寸、弹丸硬度、弹丸速度、弹丸流量、喷射角度、喷射时间、喷枪或离心轮至被喷射表面的距离。合理地选择这些工艺参数，可以获得好的喷丸效果。

弹簧喷丸类型主要有普通喷丸、应力喷丸和多级喷丸。普通喷丸是指弹簧在无任何外力作用和常温下自由接受喷丸强化处理。应力喷丸是一种经典喷丸工

艺，应力喷丸的预应力一般设定在 700~800MP，经
应力喷丸后，残余应力的峰值可达到 1200~
1500MPa，具有很好的疲劳强度。多级喷丸是一种组
合喷丸工艺，多数工艺采用二次喷丸工艺，第一次采
用弹丸粒度较大以便获得残余压应力峰值和深度，第
二次采用较小弹丸粒度来提高表面和次表面残余压应
力以及表面质量。常用的二次喷丸工艺见表
16.14-33。

表 16.14-33 常用的二次喷丸工艺

弹簧类型	弹丸直径/mm	一般喷丸效果
喷油嘴、变速器弹簧（材料直径 ≤ 3mm）	第一次 0.4~0.6 第二次 ≤0.3	峰值 900~1000MPa 总深度 0.30~0.35mm
气门弹簧（材料直径 3~5mm）	第一次 0.6~0.7 第二次 ≤0.4	峰值 900~1100MPa 总深度 0.30~0.35mm
悬架弹簧（材料直径 9~16mm）	第一次 0.6~1.2 第二次 ≤0.7	峰值 1000~200MPa 总深度 0.35~0.48mm
较大弹簧（材料直径 16~25mm）	第一次 0.8~1.2 第二次 ≤0.7	峰值 950~1100MPa 总深度 0.35~0.40mm

　　弹丸的种类主要有铸钢丸、铸铁丸、钢丝丸、玻
璃丸和陶瓷丸，弹丸的直径一般为 0.05~0.35mm，
可以根据不同的要求选择弹丸的种类和规格。弹丸的
形状对喷丸效果影响很大，规范的弹丸外形表面光滑
呈球形或椭圆形，而且尺寸符合规格。根据被强化弹
簧的材料、表面粗糙度及喷丸强度进行弹丸种类的选
择。钢制弹簧可使用任何种类的弹丸；铜合金、钛合
金及镍基合金等有色金属弹簧最好使用不锈钢丸或陶
瓷丸，强化后需要立即清洗，去除粘在表面上的铁
粉，以防腐蚀。弹丸种类及喷丸强度见表 16.14-34。
　　经过喷丸处理后的弹簧由于表面残余应力的存
在，使得自由高度变得不太稳定。另外，喷丸处理后
的弹簧直接进行立定处理的变形量也比较大，所以对

表 16.14-34 弹丸种类及喷丸强度

钢丝直径/mm	弹丸种类	弹丸直径/mm	喷丸强度[①] f_1	说明
<2	玻璃丸	0.1~0.35	0.1~0.35	1）弹簧间隙应大于 3 倍的弹丸直径 2）弹簧钢丝直径小于 1.2mm 及弹簧间隙比较小时，可以用湿吹砂代替喷丸
2~4	铸钢丸或钢丝丸	0.4~0.8	0.3~0.45	
4~8	铸钢丸或钢丝丸	0.8~1.2	0.4~0.6	
>8	铸钢丸	1.0~1.5	0.4~0.6	

　　① 喷丸强度 f_1 是把弧高度曲线上饱和点处的弧高度定
　　　义为喷丸强度，它是喷丸工艺参数（弹丸直径、弹
　　　丸速度、流量、喷丸时间和角度等）的函数。

于精度要求高的、经过喷丸处理后的弹簧，在立定处
理前可以增加一次（200±10）℃、20~30min 的低温
应力回火处理，以稳定弹簧的几何尺寸。
　　常见的弹簧喷丸设备主要有气压式、机械离心式
和机械液压式三种。
　　喷丸处理对弹簧其他性能的影响
　　1）经过喷丸处理后的弹簧由于其钢丝直径的变
化，使得弹簧自由高度和特性呈现下降趋势，这些变
化量都应该通过首批试验后加以分析并控制。
　　2）钢丝直径较细、弹簧外径较大的低刚度弹
簧，在喷丸处理过程中会发生歪斜，弹簧的垂直度和
直线度会有一定程度的破坏。而有时，喷丸处理后还
需用修正和磨削端面来校正，这样就又削弱了喷丸强
化的效果。所以，垂直度和直线度要求比较高的弹簧
不适宜做喷丸处理。
　　3）由于经过喷丸处理所产生的表面压缩强化残
余应力在热温度情况下会逐渐消除，并且随着温度的
升高而全部消失，因此在热状态下工作的弹簧不适合
做喷丸处理。
　　4）通过试验还可以发现：经过喷丸处理后的弹
簧再进行表面氧化处理，会使它的疲劳循环次数比喷
丸处理后不氧化处理的弹簧减少 45% 左右，所以要
合理地采用喷丸处理进行弹簧的表面处理。

参 考 文 献

[1] 机械工程手册电机工程手册编辑委员会. 机械工程手册：机械零部件设计卷 [M]. 2 版. 北京：机械工业出版社，1997.

[2] 闻邦椿. 机械设计手册：第 3 卷 [M]. 5 版. 北京：机械工业出版社，2010.

[3] 闻邦椿. 现代机械设计师手册：上册 [M]. 北京：机械工业出版社，2012.

[4] 闻邦椿. 现代机械设计实用手册 [M]. 北京：机械工业出版社，2015.

[5] 机械设计手册编辑委员会. 机械设计手册：第 2 卷 [M]. 新版. 北京：机械工业出版社，2004.

[6] 成大先. 机械设计手册：第 3 卷 [M]. 6 版. 北京：化学工业出版社，2016.

[7] 王启义. 中国机械设计大典：第 3 卷 [M]. 南昌：江西科学技术出版社，2002.

[8] 秦大同，谢里阳. 现代机械设计手册：第 2 卷 [M]. 北京：化学工业出版社，2011.

[9] 张英会，刘辉航，王德成. 弹簧手册 [M]. 2 版. 北京：机械工业出版社，2008.

[10] 吴宗泽. 机械设计实用手册 [M]. 3 版. 北京：化学工业出版社，2010.